CAD/CAM/CAE 工程应用丛书

# AutoCAD 2016 中文版入门 进阶 精通
## 第 4 版

博创设计坊 组编

钟日铭 等编著

机械工业出版社

AutoCAD 是一款功能强大、应用广泛的计算机辅助设计软件。本书以 AutoCAD 2016 简体中文版为基础，结合软件功能和应用特点，循序渐进地介绍 AutoCAD 2016 的基础与应用知识。本书知识全面、内容实用，具体内容包括 AutoCAD 2016 基础知识、基本二维图形绘制、基本图形修改、文字与文字样式、标注及标注编辑、图层与块、表格与表格样式、绘制二维工程图与轴测图、三维图形设计基础、三维建模进阶实例和参数化图形等。

本书图文并茂、结构清晰、重点突出、实例典型、应用性强，是一本很好的从入门到精通的学习教程，适合从事机械设计、建筑制图、电气设计、广告制作等工作的专业技术人员阅读。同时，本书还可供相关培训机构及大、中专院校作为专业培训教材或参考资料使用。

## 图书在版编目（CIP）数据

AutoCAD 2016 中文版入门　进阶　精通 / 博创设计坊组编；钟日铭等编著. —4 版. —北京：机械工业出版社，2015.8（2016.7 重印）

（CAD/CAM/CAE 工程应用丛书）

ISBN 978-7-111-51226-4

Ⅰ. ①A… Ⅱ. ①博… ②钟… Ⅲ. ①计算机辅助设计-AtuoCAD 软件 Ⅳ. ①TP391.72

中国版本图书馆 CIP 数据核字（2015）第 195535 号

机械工业出版社（北京市百万庄大街 22 号　邮政编码 100037）

策划编辑：张淑谦　　责任编辑：张淑谦
责任校对：张艳霞　　责任印制：乔　宇

保定市中画美凯印刷有限公司印刷

2016 年 7 月第 4 版·第 3 次印刷

184mm×260mm·23.25 印张·574 千字

5501—8500 册

标准书号：ISBN 978-7-111-51226-4
　　　　　ISBN 978-7-89405-842-3（光盘）

定价：65.00 元（含 1DVD）

# 出 版 说 明

随着信息技术在各领域的迅速渗透，CAD/CAM/CAE 技术已经得到了广泛的应用，从根本上改变了传统的设计、生产、组织模式，对推动现有企业的技术改造、带动整个产业结构的变革、发展新兴技术、促进经济增长都具有十分重要的意义。

CAD 在机械制造行业的应用最早，使用也最为广泛。目前其最主要的应用涉及机械、电子、建筑等工程领域。世界各大航空、航天及汽车等领域的制造业巨头不但广泛采用 CAD/CAM/CAE 技术进行产品设计，而且投入大量的人力、物力及资金进行 CAD/CAM/CAE 软件的开发，以保持自己技术上的领先地位和国际市场上的优势。CAD 在工程中的应用不但可以提高设计质量，缩短工程周期，还可以节约大量建设资金。

各行各业的工程技术人员也逐步认识到 CAD/CAM/CAE 技术在现代工程中的重要性，掌握其中一种或几种软件的使用方法和技巧，已成为他们在竞争日益激烈的市场经济形势下生存和发展的必备技能之一。然而仅仅知道简单的软件操作方法是远远不够的，只有将计算机技术和工程实际结合起来，才能真正达到通过现代的技术手段提高工程效益的目的。

基于这一考虑，机械工业出版社特别推出了这套主要面向相关行业工程技术人员的"CAD/CAM/CAE 工程应用丛书"。本丛书涉及 AutoCAD、Pro/ENGINEER、UG、SolidWorks、Mastercam、ANSYS 等软件在机械设计、性能分析、制造技术方面的应用，以及 AutoCAD 和天正建筑 CAD 软件在建筑和室内配景图、建筑施工图、室内装潢图、水暖、空调布线图、电路布线图以及建筑总图等方面的应用。

本套丛书立足于基本概念和操作，配以大量具有代表性的实例，并融入了作者丰富的实践经验，使得本丛书内容具有专业性强、操作性强、指导性强的特点，是一套真正具有实用价值的书籍。

机械工业出版社

# 前　言

AutoCAD 是一款出色的计算机辅助设计软件，它功能强大、性能稳定、兼容性好、扩展性强、具有强大的二维绘图、三维建模和二次开发等功能，在机械、建筑、电子电气、化工、石油、服装、模具和广告等行业应用广泛。

本书是在读者喜爱的畅销书《AutoCAD 2012 中文版入门·进阶·精通 第 2 版》和《AutoCAD 2014 中文版入门·进阶·精通 第 3 版》的基础上升级改版而成的，专门针对 AutoCAD 2016 和新的工程制图标准补充了一些实用内容，实战性更强。本书以 AutoCAD 2016 简体中文版为软件操作基础，并以其应用特点为知识主线，结合设计经验，以应用实战为导向。在内容编排上，讲究从易到难，注重基础、突出实用，力求与读者近距离接触，使本书如同一位资深导师在向身边学生指点迷津，传授应用技能。

## 1. 本书内容框架

本书共 11 章，内容全面、典型实用。各章的内容如下。

第 1 章：主要介绍 AutoCAD 2016 简体中文版的入门基础知识，让读者基本上熟悉 AutoCAD 2016 的某些应用特点和软件使用环境，为读者学习后面章节的实例打下较为扎实的基础。

第 2 章：结合范例介绍基本二维图形绘制的实用知识。

第 3 章：结合简单操作实例介绍基本图形修改工具命令的使用。

第 4 章：介绍 AutoCAD 2016 中与文字、文字样式相关的知识。

第 5 章：介绍创建尺寸标注及编辑尺寸标注的相关内容。

第 6 章：介绍图层与块的实用知识。

第 7 章：重点介绍表格与表格样式的基础知识。

第 8 章：重点介绍几个二维工程图与轴测图的绘制实例，目的是让读者通过实例操作来复习前面所学的知识，以及掌握二维绘图综合应用方法及技巧。

第 9 章：介绍三维图形设计方面的基础知识。

第 10 章：结合典型的进阶实例介绍如何在 AutoCAD 2016 中进行复杂三维实体模型的设计。通过介绍这些三维建模进阶实例，让读者掌握三维建模的思路、步骤及技巧等。

第 11 章：先介绍参数化图形概念，接着介绍创建几何约束关系、标注约束、编辑受约束的几何图形、约束设置与参数管理器。

## 2. 光盘使用说明

为了便于读者学习，强化学习效果，本书附赠一张 CD 光盘，里面包含了本书所有的配套实例文件，以及一组视频教学文件，其中的操作配有语音解说，可以帮助读者快速掌握

AutoCAD 2016 的操作和应用技巧。

　　光盘中原始实例模型文件及部分制作完成的参考文件均放置在"CH#"（#为相应的章号）素材文件夹中；视频教学文件放在"操作视频"文件夹中。视频教学文件采用 AVI 格式，可以在大多数的播放器中播放，例如 Windows Media Player、暴风影音等。

## 3. 技术支持说明

　　如果读者在阅读本书时遇到什么问题，可以通过 E-mail 方式与编者联系，编者的电子邮箱为 sunsheep79@163.com。欢迎读者提出技术咨询或批评建议。另外，也可以通过用于技术支持的 QQ（617126205）、微信（微信号为 bochuang_design）联系并进行技术答疑与交流。对于提出的问题，编者会尽快答复。

　　本书主要由钟日铭编著，参与编写的还有肖秋连、钟观龙、庞祖英、钟日梅、钟春雄、刘晓云、陈忠钰、周兴超、陈日仙、黄观秀、钟寿瑞、沈婷、钟周寿、曾婷婷、邹思文、肖钦、赵玉华、钟春桃、黄后标、劳国红、肖宝玉、肖世鹏、黄瑞珍、肖秋引。

　　书中如有疏漏之处，请广大读者不吝赐教。

　　天道酬勤，熟能生巧，以此与读者共勉。

钟日铭

# 目 录

# 第1章　AutoCAD 2016 基础知识

AutoCAD 是一款值得称赞的计算机辅助设计（CAD）软件，它在机械、建筑、电气工程、化工、广告、模具、电子和服装设计等行业应用较为广泛。

本章主要介绍 AutoCAD 2016 简体中文版的入门基础知识，让读者基本上熟悉 AutoCAD 2016 的某些应用特点和软件使用环境，为后面章节的实例学习打下较为扎实的基础。

## 1.1　AutoCAD 在工程制图中的应用

随着 CAD 技术的不断发展，目前在很多行业中，CAD 技术应用越来越广泛，它改变了传统的手工设计方法，使实际设计水平提升到一个全新的高度。应用 CAD 技术，比采用手工绘图的劳动强度要低得多，而且 CAD 的设计效率和设计质量是手工设计（手工绘图）无法比拟的。

在众多的 CAD 软件中，AutoCAD 无疑是其中一款值得推荐的应用软件，它由美国 Autodesk（欧特克）公司在 20 世纪末成功开发，经过不断的发展，目前该软件已经发展成集二维设计、三维设计、渲染显示、数据管理、互联网通信、二次开发和动画输出等功能为一体的通用 CAD 软件，并且其性能稳定、兼容性和扩展性好，已在机械、建筑、电气工程、化工、广告设计、模具和服装等行业得到了非常广泛的应用。

许多行业都要求设计人员能使用 AutoCAD 进行工程制图或相关制图工作，例如使用 AutoCAD 绘制二维机械零件图、装配图，绘制零件的三维模型，绘制二维或三维的建筑图，绘制电气工程图以及绘制家居装饰效果图等。从某种意义上来说，AutoCAD 是绘制工程图的一个很好的软件平台。

下面主要就 AutoCAD 在工程制图中的应用特点进行简单剖析。

1）可以参照设计规范建立所需要的图层，从而很方便地控制图形的线条特性等。工程图中不同特性（如线型、线宽）的线条适合在不同的图层中绘制，以便管理相同特性的图形对象。

2）直线、圆、圆弧、正多边形、矩形、点、样条曲线和椭圆等基本图元的绘制很容易把握。任何复杂的二维图形都可以看作是由相关的基本图元组合构成的。

3）可以对绘制的图形进行各种编辑操作，包括图元镜像、复制、粘贴、偏移、缩放、删除、旋转、修剪、延伸和打散等操作。通过对绘制的图形进行编辑处理，可以精确地获得满足设计要求的工程视图。

4）为便于绘制常用零件和标准件，可以为它们建立相应的块，构成元件库，以便以后在制图需要时直接调用，而不必重新开始绘制。

5）可以根据国家制图标准或其他适用标准建立规范的文字样式、标注样式、表格样式和多重引线样式等。定制统一的绘图环境，使工程图符合适用标准。

6）在机械工程图中，可以方便地绘制零件图和装配图。既可以在已有的零件图中通过一定的编辑操作来绘制装配图，也可以通过对装配图编辑而"拆分"出相关的零件图。

7）可以准确地标注工程视图图样。

8）三维工程图的应用越来越广泛，使用 AutoCAD 可以方便地创建工程项目的三维模型。

9）在 AutoCAD 2016 软件中，允许设计参数化图形。通常在工程的设计阶段为图形添加约束，以后对一个图形对象所做的更改可自动修改其他参照对象，以满足约束的条件。

# 1.2 启动与退出 AutoCAD 2016

本节介绍如何启动与退出 AutoCAD 2016。

## 1.2.1 启动 AutoCAD 2016

按照安装说明成功安装 AutoCAD 2016 后，用户可以采用以下方法之一来启动 AutoCAD 2016。

（1）使用"开始"菜单方式启动

以 Windows 7 操作系统为例，在该操作系统视窗左下角处单击"开始"按钮以打开"开始"菜单，并从该菜单中选择"所有程序"命令，接着选择"Autodesk"→"AutoCAD 2016-简体中文（Simplified Chinese）"→"AutoCAD 2016-简体中文（Simplified Chinese）"启动命令，如图 1-1 所示，便可启动 AutoCAD 2016 软件。

图 1-1　使用"开始"菜单方式启动 AutoCAD 2016 软件

（2）通过双击桌面快捷方式图标启动

要采用此方法，首先需要设置在 Windows 桌面视窗上显示有"AutoCAD 2016"快捷方式图标。在 Windows 桌面视窗上找到"AutoCAD 2016"快捷方式图标，双击该图标即可启动 AutoCAD 2016 软件。

（3）通过与 AutoCAD 相关联格式文件来启动

可以直接打开 AutoCAD 相关格式的文件（*.dwg、*.dwt 等），AutoCAD 会自动启动。

### 1.2.2 退出 AutoCAD 2016

用户可以采用以下几种方式之一退出 AutoCAD 2016。

1）单击"应用程序"按钮，打开应用程序菜单，单击其中的"退出 Autodesk AutoCAD 2016"按钮。

2）单击 AutoCAD 2016 主窗口右上角标题栏中的"关闭"按钮  。

3）在命令窗口的当前命令行中输入"QUIT"或"EXIT"命令，如图 1-2 所示，然后按〈Enter〉键。

图 1-2 在命令行中输入"QUIT"命令

4）按快捷键〈Ctrl+Q〉。

5）按快捷键〈Alt+F4〉。

## 1.3 熟悉 AutoCAD 2016 工作界面

启动 AutoCAD 2016 后，可以根据设计需要或个人喜好选择相应的工作空间。所谓的工作空间是工作界面设置的集合，由分组组织的菜单、工具栏、选项板和功能区控制面板组成。它使用户可以在专门的、面向任务的绘图环境中工作。使用工作空间时，只会显示与任务相关的菜单、工具栏和选项板。系统提供的工作空间主要有"草图与注释""三维基础"和"三维建模"，用户可以在"快速访问"工具栏的"工作空间"下拉列表框中切换工作空间，如图 1-3a 所示；也可以在状态栏中单击"切换工作空间"按钮，接着从弹出的工作空间列表中选择要使用的工作空间，如图 1-3b 所示，注意工作空间列表中带有选中标记的工作空间是用户当前工作空间。另外，当 AutoCAD 用户工作界面显示有菜单栏时，用户还可以在菜单栏的"工具"→"工作空间"级联菜单中切换工作空间。

a) b)

图 1-3 切换工作空间

a)"快速访问"工具栏中的"工作空间"下拉列表框 b) 在状态栏中进行工作空间切换

下面以"草图与注释"工作空间为例进行讲解。"草图与注释"工作空间的工作界面如图 1-4 所示，主要由标题栏、功能区、绘图窗口、命令窗口、状态栏和相关的工具栏等组成。通常将绘图窗口上方的区域统一称为功能区。

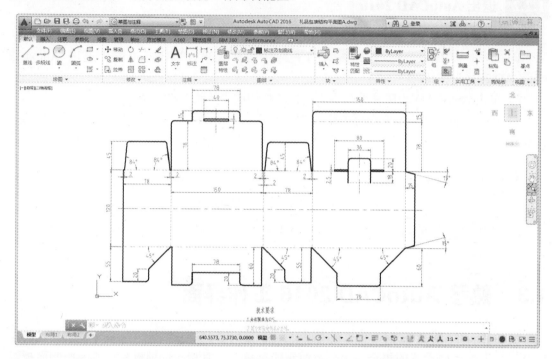

图 1-4　AutoCAD 2016 的"草图与注释"工作空间界面

### 1.3.1　标题栏

标题栏位于 AutoCAD 2016 窗口的最上方。标题栏显示了当前软件名称，以及当前新建的或打开的文件的名称等。标题栏的最右侧提供了用于"最小化"按钮 、"最大化"按钮 /"恢复窗口大小"按钮 和"关闭"按钮 

### 1.3.2　菜单栏

在 AutoCAD 2016 中，只提供"草图与注释""三维基础"和"三维建模"3 个工作空间，初始默认时它们的界面均隐藏了传统菜单栏。要显示菜单栏，用户可以在"快速访问"工具栏中单击"自定义快速访问工具栏"按钮 ，接着从弹出的菜单中选择"显示菜单栏"命令，如图 1-5 所示。显示出来的菜单栏包含"文件""编辑""视图""插入""格式""工具""绘图""标注""修改""参数""窗口"和"帮助"选项卡，如图 1-6 所示。每个菜单均包含有一级或多级子菜单。如果某个命令呈暗灰色显示，则表示该命令处于暂时不可用的状态；如果某个命令后面带有"…"符号，则表示执行该命令时系统将弹出一个对话框；如果某个命令后面带有"▶"符号，则表示选择该命令时将会展开其子菜单。

图1-5 利用"快速访问"工具栏设置显示菜单栏

图1-6 菜单栏

此外，单击"应用程序"按钮![A]，可以打开图 1-7 所示的应用程序菜单。利用应用程序菜单可以执行这些操作：新建图形、打开现有图形、保存图形、打印图形、发布图形以共享资源、使用图形实用工具，以及退出 AutoCAD 2016 等。在应用程序菜单中，还会显示、排序和访问最近打开过的受支持 AutoCAD 文件，用户可以使用"最近使用的文档"列表查看最近打开过的文件。

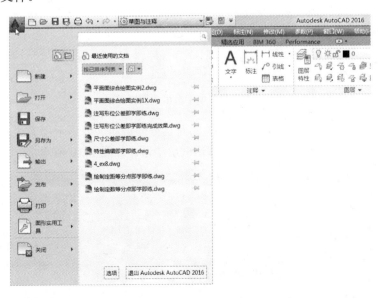

图1-7 打开应用程序菜单

### 1.3.3 功能区

功能区实际上是显示基于任务的命令和控件的选项板，它按逻辑分组来组织工具。与当前工作空间相关的操作都可以简洁地置于功能区中。功能区由许多面板组成，每个面板上都包含相同类别的若干启动命令的快捷方式按钮，而这些面板被组织到依任务进行标记的选项卡中，如图 1-8 所示，以功能区的"视图"选项卡为例，该选项卡包含有"视图工具"面板、"模型视口"面板、"选项板"面板和"界面"面板。使用功能区时无须显示多个工具栏，它通过单一紧凑的界面使应用程序变得简洁有序，同时使可用的工作区域最大化。功能区包含许多以前在面板上提供的相同命令。将鼠标或其他定点设备移到工具栏按钮上悬停片刻后，工具提示将显示按钮的名称及其简要说明。

图 1-8　功能区

在功能区中，有些面板的标题中间还附带有箭头▼，表示此类面板附有滑出式面板，如果单击此类面板标题中间的箭头▼，那么面板将展开以显示其他工具和控件，如图 1-9 所示。默认情况下，当单击其他面板时，滑出式面板将自动关闭。要使滑出式面板保持展开状态，则单击滑出式面板左下角的"图钉"按钮。

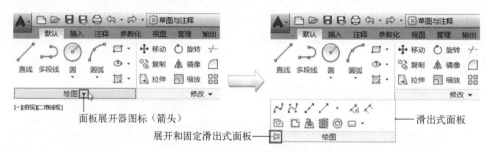

图 1-9　使用滑出式面板

一些功能区面板提供了对与该面板相关的对话框的访问。要显示相关的对话框，那么可单击该面板右下角处由箭头按钮◢表示的对话框启动器，如图 1-10 所示。

图 1-10　面板对应的对话框启动器图解

用户使用"草图与注释"工作空间、"三维基础"工作空间或"三维建模"工作空间创建或打开图形时，功能区将自动显示。如果没有显示功能区，那么用户可以通过执行以下任意一个方式的操作来手动打开功能区。

- 在菜单栏中选择"工具"→"选项板"→"功能区"命令。
- 在命令行的命令提示下输入"ribbon"命令；如果要关闭功能区，则在命令提示下输入"ribbonclose"命令。

功能区可以以水平或垂直方式显示，也可以显示为浮动选项板。默认时功能区水平固定在绘图区域的顶部。用户还可以控制显示哪些功能区选项卡和面板，其方法是在功能区上单击鼠标右键，接着单击或清除快捷菜单上列出的选项卡或面板的名称。

另外，可以设置一种最小化功能区状态，其方法是在功能区选项卡行的右侧，单击"切换状态"按钮 旁的箭头按钮 （较小箭头），接着从打开的列表中选择以下 4 种最小化功能区状态选项之一。而在功能区选项卡行的右侧单击"切换状态"按钮 ，则可以在完整、默认和最小化功能区状态之间切换。

- "最小化为选项卡"：最小化功能区以便仅显示选项卡标题。
- "最小化为面板标题"：最小化功能区以便仅显示选项卡和面板标题。
- "最小化为面板按钮"：最小化功能区以便仅显示选项卡标题和面板按钮。
- "循环浏览所有项"：按完整功能区、最小化为面板按钮、最小化为面板标题、最小化为选项卡的顺序切换所有 4 种功能区状态。

## 1.3.4 绘图窗口

绘图窗口又常被称为"绘图区域"，它是制图的焦点区域，制图的核心操作和图形显示都在该区域中。在绘图窗口中，有 4 个工具需要用户注意，分别是光标、坐标系图标、ViewCube 工具和视口控件，如图 1-11 所示。其中，视口控件显示在每个视口的左上角，提

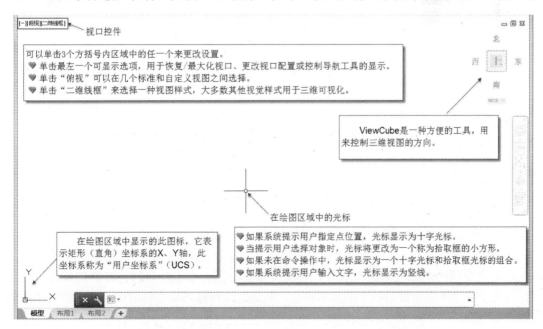

图 1-11 绘图区域中的 4 个工具

供更改视图、视觉样式和其他设置的快捷方式，视口控件的 3 个标签将显示当前视口的相关设置。注意当前文件选项卡决定了当前绘图窗口显示的内容。对于 UCS 图标，用户可以定制是否在原点显示 UCS 图标，其方法是在图形窗口中右击 UCS 图标的一个坐标轴，接着从弹出的快捷菜单中选择"UCS 图标设置"→"在原点显示 UCS 图标"复选命令，该复选命令的状态决定是否在原点显示 UCS 图标。

### 1.3.5 命令窗口

AutoCAD 2016 提供了一个可调整大小的窗口用来显示命令、系统变量、选项、信息和提示，该窗口被称为命令窗口（也称命令行窗口）。命令窗口可以是固定的，也可以是不固定的（即浮动的），如图 1-12 所示。固定命令窗口与应用程序窗口等宽，它显示在图形区域上方或下方的固定位置上。在命令窗口的▨▨▨处双击可以使命令窗口浮动，此后可以通过将命令窗口拖动到绘图区域的顶部或底部边来将其固定。如果没有特别说明，本书涉及的命令窗口为浮动命令窗口。仅有一行的浮动命令窗口在命令正在运行时显示一个临时提示历史记录。

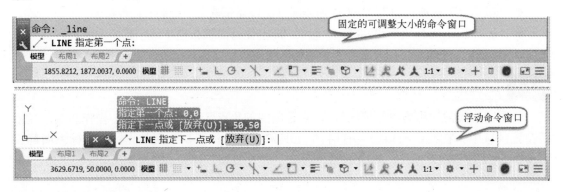

图 1-12 命令窗口示例

对于浮动命令窗口，用户可以设置要显示的临时提示历史记录的行数，其方法是在浮动命令窗口提示区域的左侧，单击"自定义"按钮🔧，如图 1-13 所示，接着选择"提示历史记录的行"命令，然后在命令提示下输入要显示的行数，例如输入要显示的行数为 3。

用户还可以设置浮动命令窗口透明度，其方法是在浮动命令窗口提示区域的左侧单击"自定义"按钮🔧，接着选择"透明度"命令，弹出图 1-14 所示的"透明度"对话框，从中拖动滑块可更改命令窗口（命令行）的透明度，以及设置鼠标悬停于上方时命令行的透明度，然后单击"确定"按钮。

在命令窗口中单击"最近使用的命令"按钮▣▾，可以查看最近使用的命令。单击"关闭"按钮✕，将会关闭命令行窗口。如果要再次显示命令行窗口，则按〈Ctrl+9〉快捷键。

在命令窗口的命令行中输入命令、系统变量和指定命令选项是较为经典的操作。在这里，首先了解一下命令窗口的一些基本操作，其他的操作技巧则由读者在后面的学习当中慢慢体会和掌握。

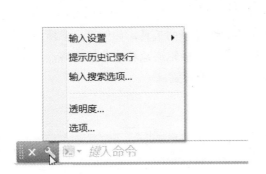

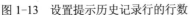

图 1-13 设置提示历史记录行的行数　　　　　　图 1-14 "透明度"对话框

- 要使用键盘输入命令，可在命令行中输入完整的命令名称或命令别名（有些命令具有缩写的名称，称为命令别名），然后按〈Enter〉键或空格键。
- 要查找一个命令，在命令行中输入一个字母并按〈Tab〉键，可以遍历以该字母开头的所有命令，然后按〈Enter〉键或空格键执行命令。
- 在命令行上单击"最近使用的命令"按钮，接着从其列表中选择要启动的最近使用过的命令。
- 在命令行输入命令后，可能会看到显示在命令行中的一系列提示，包括显示一组选项。当显示一组选项时，可以使用键盘输入括号内的一个选项中的字母标识（亮显的字母）来选择该选项，输入的字母不分大小写，也可以使用鼠标在命令行中单击要响应的提示选项。有时，默认选项（包括当前值）显示在尖括号中的选项后面，在这种情况下，直接按〈Enter〉键可保留（接受）当前默认设置值。
- 要取消命令，可按〈Esc〉键。

如果命令窗口是固定闭合的，按〈F2〉功能键将弹出图 1-15 所示的"AutoCAD 文本窗口-Drawing1.dwg"窗口，使用该文本窗口可以很方便地查看和编辑命令历史记录文本，也可以进行相关命令和选项的输入等操作；如果再次按〈F2〉功能键，则系统自动关闭该窗口。另外如果命令窗口是浮动的，要打开该窗口时则按〈Ctrl+F2〉快捷键。对于浮动命令窗口，如果只是按〈F2〉功能键，则只是打开一个列表显示扩展命令历史记录，这等同于在浮动命令窗口的命令行中单击右侧的"箭头"按钮。

图 1-15 "AutoCAD 文本窗口-Drawing1.dwg"窗口

### 1.3.6　状态栏

状态栏显示光标位置、绘图工具以及会影响绘图环境的工具，如图 1-16 所示。用户可以在状态栏中快速切换相关的设置，例如夹点、捕捉、极轴追踪和对象捕捉等，也可以在状态栏中通过单击某些工具的下拉菜单来访问它们的其他设置。

图 1-16　状态栏

在默认情况下，状态栏不会显示所有工具。用户可以单击状态栏上最右侧的"自定义"按钮，如图 1-17 所示，接着从"自定义"菜单中选择要在状态栏中显示的工具。状态栏上显示的工具可能会发生变化，这具体取决于当前的工作空间以及当前显示的是"模型"选项卡还是"布局"选项卡。

图 1-17　自定义状态栏中的显示内容

### 1.3.7　快捷菜单

快捷菜单是指显示快速获取当前动作有关命令的菜单。在屏幕的不同区域内单击鼠标右键时，可以显示不同的快捷菜单。
- 包含或不包含任何选定对象的绘图区域内。
- 执行某命令过程中的绘图区域内。

- 在文字和命令窗口中。
- 绘图区域内和设计中心中的图标上。
- 绘图区域内和"在位文字编辑器"中的文字上。
- 工具栏或工具选项板上。
- 模型或布局选项卡上。
- 状态栏或状态栏按钮上。
- 特定对话框中。

快捷菜单上通常包含以下菜单选项。

- 重复执行输入的上一个命令。
- 取消当前命令。
- 显示用户最近输入的命令的列表。
- 剪切、复制以及从剪贴板粘贴。
- 选择其他命令选项。
- 显示对话框，例如"选项"或"自定义"。
- 放弃输入的上一个命令。

用户可以自定义单击鼠标右键的行为，根据右键按下的时间长短执行不同的操作，例如使快速单击鼠标右键与按〈Enter〉键的效果一样，或长时间单击鼠标右键显示快捷菜单。自定义右键单击行为的方法如下。

1）在菜单栏中选择"工具"→"选项"命令，或者单击"应用程序"按钮 并从弹出的"应用程序菜单"中单击"选项"按钮，系统弹出"选项"对话框。

2）切换到"用户系统配置"选项卡，在"Windows 标准操作"选项组中确保勾选"双击进行编辑"复选框和"绘图区域中使用快捷菜单"复选框，如图1-18所示。

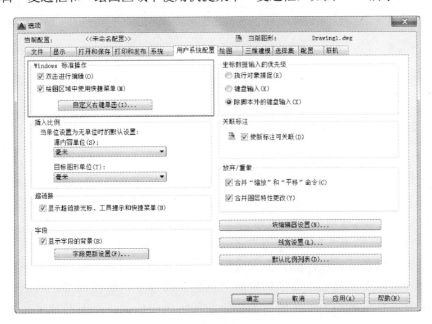

图1-18　"选项"对话框

3）在"Windows 标准操作"选项组中单击"自定义右键单击"按钮，系统弹出"自定义右键单击"对话框。

4）在"自定义右键单击"对话框中勾选"打开计时右键单击"复选框，接着设置"慢速单击期限"文本框，如图 1-19 所示。

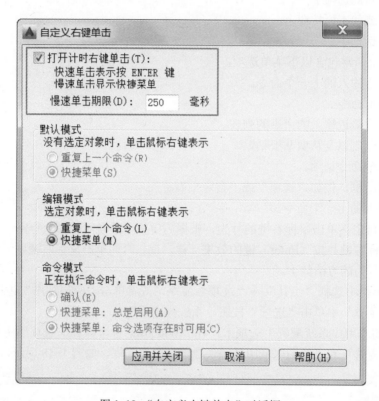

图 1-19 "自定义右键单击"对话框

5）根据实际设计情况或需要来设置默认模式、编辑模式和命令模式后，单击"应用并关闭"按钮，然后在"选项"对话框中单击"确定"按钮。

### 1.3.8 工具选项板

工具选项板是"工具选项板"窗口中的选项卡形式区域，它提供了一种用来组织、共享和放置块、图案填充及其他工具的有效方法。工具选项板还可以包含由第三方开发人员提供的自定义工具。如果当前工作界面没有显示工具选项板，那么可以在功能区"视图"选项卡的"选项板"面板中单击"工具选项板"按钮，或者通过菜单栏选择"工具"→"选项板"→"工具选项板"命令，从而打开图 1-20 所示的工具选项板。使用工具选项板可以在某些设计场合下大大提高设计效率。例如，在进行某些机械图样设计的过程中，可以在工具选项板中切换到"机械"选项卡，如图 1-21 所示，接着使用鼠标拖曳的方式将所需的一个机械图例拖到绘图区域中放置，而不必从零开始绘制该机械图例。

图 1-20　工具选项板

图 1-21　使用"机械"工具选项板

### 1.3.9　了解图纸集管理器

　　图纸集是几个图形文件中图纸的有序集合，图纸是从图形文件中选定的布局。对于大多数设计组，图形集是主要的提交对象。图形集用于传达项目的总体设计意图并为该项目提供文档和说明。然而，手动管理图形集的过程较为复杂和费时。在 AutoCAD 中使用图纸集管理器，可以将图形作为图纸集管理，所述的图纸集是一个有序命名集合，其中的图纸来自几个图形文件，如图 1-22 所示。可以从任意图形将布局作为编号图纸输入到图纸集中，并且可以将图纸集作为一个单元进行管理、传递、发布和归档。

　　使用图纸集管理器中的控件，可以在图纸集中创建、整理和管理图纸。要想在当前工作界面中显示图 1-23 所示的图纸集管理器，则需在功能区中切换到"视图"选项卡并从"选项板"面板中单击"图纸集管理器"按钮，或者在菜单栏中选择"工具"→"选项板"→"图纸集管理器"命令。

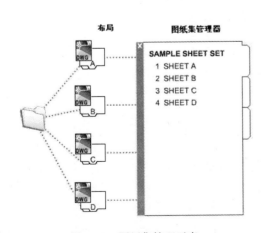

图 1-22　图纸集管理示意

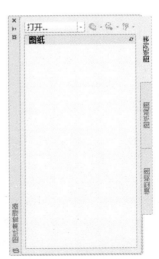

图 1-23　图纸集管理器

　　在图纸集管理器中，可以使用的选项卡和控件见表 1-1。

表 1-1 图纸集管理器的选项卡和控件介绍

| 序号 | 选项卡和控件名称 | 功能含义 | 备注 |
|---|---|---|---|
| 1 | 图纸列表控件 | 图纸列表控件显示当前图纸集的名称，如果未打开任何图纸集，则显示"打开"选项 | 图纸列表控件为所有选项卡提供这些选项："打开图纸集的名称""最近使用过的文件""新近使用的文件"和"打开" |
| 2 | "图纸列表"选项卡 | 显示按顺序排列的图纸列表，可以将这些图纸组织到用户创建的子集的标题下 | 图纸集中的每张图纸都是在图形文件中指定的布局 |
| 3 | "图纸视图"选项卡 | 显示当前图纸集使用的、按类别（如顺序）排列的视图列表 | 仅列出用 AutoCAD 2005 以上版本创建的图纸视图 |
| 4 | "模型视图"选项卡 | 显示可用于当前图纸集的文件夹、图形文件以及模型空间视图的列表 | 可以添加和删除文件夹位置，以及控制哪些图形文件与当前图纸集相关联；注意创建命名的模型空间视图后，必须保存图形，以将该视图添加到"模型视图"选项卡 |
| 5 | 其他相关按钮 | 为当前选定选项卡的常用操作提供方便的访问途径 | |

# 1.4 执行命令的几种常用方式

在 AutoCAD 2016 中，执行命令的方式是比较灵活的。常用的执行命令方式主要有从菜单栏中执行相关的菜单命令、单击工具按钮、在命令窗口的命令行中输入命令或使用快捷方式等。下面通过范例介绍其中最常用的 3 种方式。

### 1.4.1 范例 1——使用菜单命令

在 AutoCAD 2016 的相关工作空间中，用户可以设置显示菜单栏。绘图等众多功能命令都集中在菜单栏中。从菜单栏的某个菜单项中选择所需的命令，然后根据命令行提示或设计要求进行操作即可。

本范例要求在绘图区域绘制一个半径为 50 的圆，具体的步骤如下。

1）确保当前工作界面显示有菜单栏，从菜单栏的"绘图"菜单中选择"圆"→"圆心、半径"命令，如图 1-24 所示。

图 1-24 使用菜单命令

2）根据命令行的提示进行如下操作。

命令: _circle

指定圆的圆心或 [三点(3P)/两点(2P)/切点、切点、半径(T)]: 0,0,0↙

指定圆的半径或 [直径(D)]: 50↙

完成的圆如图 1-25 所示。

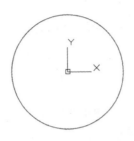

图 1-25　绘制的圆

### 1.4.2　范例 2——执行工具按钮

执行位于工具栏和功能区相关面板中的工具按钮是较为直观的一种命令执行方式，这种执行方式通常也需要结合键盘和鼠标进行余下的操作。

本范例要求使用工具按钮来创建一个正五边形，具体的操作方法和步骤如下。

1）在"快速访问"工具栏的"工作空间"下拉列表框中选择"草图与注释"（见图 1-26），接着在图 1-27 所示的"绘图"面板中单击"多边形"按钮⬠。

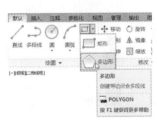

图 1-26　"绘图"工具栏

图 1-27　"绘图"面板

2）根据命令行提示进行如下操作。

命令: _polygon

输入侧面数 <4>: 5↙

指定正多边形的中心点或 [边(E)]: 120,60

输入选项 [内接于圆(I)/外切于圆(C)] <I>: i↙

指定圆的半径: 60↙

绘制的正五边形如图 1-28 所示。

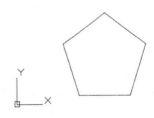

图 1-28　绘制的正五边形

### 1.4.3　范例 3——命令行输入

命令行输入方式是 AutoCAD 最经典的操作方式，这种方式要求用户记住很多命令名称或命令别名，在命令窗口的命令行中输入正确的命令并按〈Enter〉键时，AutoCAD 系统便会立即做出响应，由用户根据命令行提示进行余下的操作，直到完成整个命令。

本范例要求采用命令行输入的方式绘制一个具有倒角的二维矩形，具体的方法及步骤如下。

命令：RECTANG↙

指定第一个角点或 [倒角(C)/标高(E)/圆角(F)/厚度(T)/宽度(W)]: C↙

指定矩形的第一个倒角距离 <0.0000>: 5↙

指定矩形的第二个倒角距离 <5.0000>:↙

指定第一个角点或 [倒角(C)/标高(E)/圆角(F)/厚度(T)/宽度(W)]: 100,0↙

指定另一个角点或 [面积(A)/尺寸(D)/旋转(R)]: D↙

指定矩形的长度 <10.0000>: 100↙

指定矩形的宽度 <10.0000>: 61.8↙

指定另一个角点或 [面积(A)/尺寸(D)/旋转(R)]: 200,61.8↙

完成绘制的带有倒角的矩形如图 1-29 所示。

图 1-29　绘制带有倒角的矩形

**知识点拨：** 在命令行输入命令后，可以使用以下方法之一响应其他任何提示和选项。

● 要接受现有在尖括号中的默认选项，则按〈Enter〉键。

● 要响应提示，则输入值或单击图形中的某个位置。

● 要指定提示选项，可以在提示列表（命令行）中输入所需提示选项对应的亮显字母（输入大写或小写字母均可），然后按〈Enter〉键。也可以使用鼠标单击所需提示选项以选择它，示例如图 1-30 所示，在命令行提示中单击提示选项"倒角（C）"，则表示选中"倒角（C）"选项，等同于在此命令行提示下输入"C"并按〈Enter〉键。

图 1-30　单击提示选项以选择它

# 1.5　鼠标操作基础

目前常用的鼠标多为滚轮鼠标（滚轮鼠标左右各一个按键，中间有一个小滑轮）。左键是拾取键，它用于指定位置，指定编辑对象，选择菜单选项、对话框按钮和字段；鼠标右键的操作取决于上下文，它可以结束正在执行的命令，显示快捷菜单，显示"对象捕捉"菜单和显示"工具栏"对话框；中间的滚轮可以转动或按下，转动滚轮可以在图形中进行缩放和平移操作。用户需要掌握的滚轮鼠标操作及动作含义见表 1-2。

表 1-2　滚轮鼠标操作及动作含义

| 序　号 | 操 作 结 果 | 操 作 方 法（动作） |
|---|---|---|
| 1 | 放大或缩小 | 转动滚轮向前，放大；向后，则缩小 |
| 2 | 缩放到图形范围 | 双击滚轮按钮 |
| 3 | 平移 | 按住滚轮按钮并拖动鼠标 |
| 4 | 平移（操纵杆） | 按住〈Ctrl〉键以及滑轮按钮并拖动鼠标 |
| 5 | 显示"对象捕捉"菜单 | 将 MBUTTONPAN 系统变量设置为 0 后，单击滑轮按钮 |

## 1.6 文件的基本操作

文件的基本操作包括新建图形文件、打开图形文件、保存图形文件、输入与输出图形文件和关闭图形文件等。

### 1.6.1 新建图形文件

创建新图形的方法有多种，包括从头开始创建图形和使用样板文件开始创建图形等。要创建新图形，既可以使用"创建新图形"对话框或"选择样板"对话框，也可以不使用任何对话框，这与系统变量 STARTUP 和 FILEDIA 的设置有关。本书使用"选择样板"对话框创建新图形，即系统变量 STARTUP 的值设置为 0（关），FILEDIA 的值设置为 1（开）。

从"文件"菜单中选择"新建"命令，或者单击"应用程序"按钮来打开应用程序菜单并从中选择"新建"命令，系统弹出图 1-31 所示的"选择样板"对话框。用户也可以通过在"快速访问"工具栏中单击"新建"按钮 来打开"选择样板"对话框。在该对话框中查找并选择所需要的样板文件，单击"打开"按钮即可创建一个新图形文件。

在"选择样板"对话框右下角的"打开"按钮旁边有一个下三角形箭头按钮。如果单击此箭头按钮，则可以在两个内部默认图形样板（公制或英制）之间进行选择，如图 1-32 所示。

图 1-31 "选择样板"对话框

图 1-32 无样板打开设置

### 1.6.2 打开图形文件

打开现有图形文件的常用方法如下。

1）在"快速访问"工具栏中单击"打开"按钮 ，或者在菜单栏中选择"文件"→"打开"命令，弹出"选择文件"对话框，如图 1-33 所示。

图 1-33　"选择文件"对话框

2）通过查找范围并选择要打开的文件，单击"打开"按钮即可。

系统还允许打开和加载局部图形，包括特定视图或图层中的几何图形。这需要在"选择文件"对话框中单击"打开"按钮旁边的下三角形箭头按钮，然后选择"局部打开"或"以只读方式局部打开"选项，将出现图 1-34 所示的"局部打开"对话框。在该对话框中显示了可用的要加载几何图形的视图和图层。当处理大型图形文件时，可以在打开图形时选择需要加载尽可能少的几何图形。局部打开图形时，所有命名对象及指定几何图形将加载到文件中。命名对象包括块、标注样式、图层、布局、线型、文字样式、UCS、视图和视口配置等。

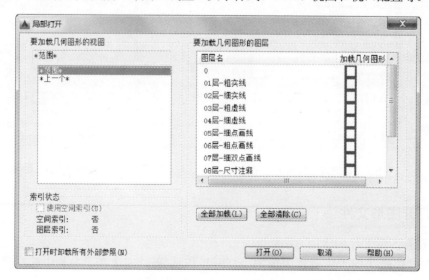

图 1-34　"局部打开"对话框

### 1.6.3 保存图形文件

在实际工作中时常需要保存图形文件。如果是第一次保存图形，既可以从菜单栏中选择"文件"→"保存"命令，也可以选择"文件"→"另存为"命令，此时弹出"图形另存为"对话框，如图 1-35 所示。设置要保存的目录后，在"文件名"文本框中输入新建图形的名称（不需要扩展名），如果需要则在"文件类型"下拉列表框中选择文件类型选项，然后单击"保存"按钮。

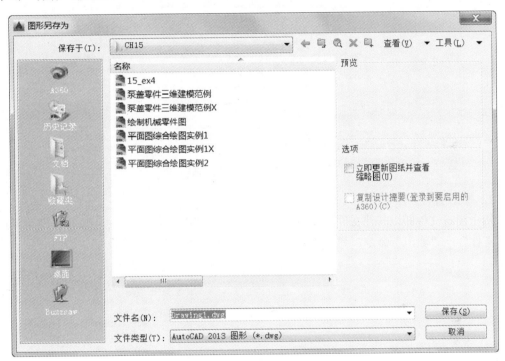

图 1-35 "图形另存为"对话框

如果已经命名并保存了图形文件，则在菜单栏中选择"文件"→"保存"命令时，将保存所做的全部更改并重新显示命令提示。与"文件"→"保存"命令对应的工具按钮为"保存"按钮，该按钮可以在"快速访问"工具栏被找到。

### 1.6.4 输入与输出图形文件

#### 1. 输入图形文件

执行菜单栏中的"文件"→"输入"命令，可以输入其他文件格式的对象。选择"文件"→"输入"命令时，弹出图 1-36 所示的"输入文件"对话框。在"文件类型"下拉列表框中选择要输入的文件格式，在"文件名"文本框中指定要输入的文件名，单击"打开"按钮，则该文件被输入到图形中。

注意：FILEDIA 默认值为 1，如果设置 FILEDIA=0，那么执行"文件"→"输入"命令时将显示"请键入输入文件的名称:"的提示信息。

图 1-36 "输入文件"对话框

## 2. 输出图形文件

输出图形文件即以其他文件格式保存对象。当 FILEDIA 值为 1 时，执行传统菜单栏中的"文件"→"输出"命令，弹出图 1-37 所示的"输出数据"对话框。

图 1-37 "输出数据"对话框

指定保存位置后，在"文件类型"下拉列表框中选择要求输出的格式，在"文件名"文本框中输入输出文件的名称，然后单击"保存"按钮，则对象输出到使用指定文件名的指定格式的文件。值得注意的是，"输出数据"对话框会记录并存储上一次使用的文件格式选择。

另外，在 AutoCAD 2016 系统中，单击"应用程序"按钮，打开应用程序菜单，接着在该应用程序菜单中选择"输出"命令，则可以打开"输出"级联菜单，其中为用户提供了几种输出为其他格式的命令选项，每个命令选项还带有简要的功能或操作说明，如图 1-38 所示。有关输出的工具命令也可以在功能区的"输出"选项卡中选择。

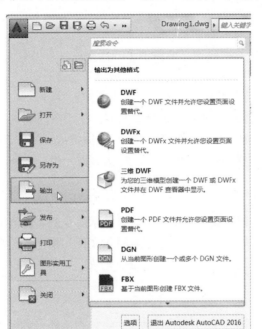

图 1-38　输出选项

### 1.6.5　关闭图形文件

　　要关闭当前图形文件，可以单击"应用程序"按钮，打开"应用程序"菜单，接着选择"关闭"命令，或者将鼠标光标移至应用程序菜单的"关闭"命令处，系统自动展开其级联菜单，然后从中选择"当前图形"命令。如果自上次保存图形后又进行过修改，那么关闭该图形文件时系统将提示是否保存修改。

　　如果在"应用程序"菜单中展开"关闭"级联菜单，接着选择"所有图形"命令，则可以关闭当前打开的所有图形。

## 1.7　取消与重复

　　在实际设计工作中会经常使用取消与重复命令。例如在执行某一个绘制命令时，按键盘中的〈Esc〉键可以取消当前绘制命令，这就是取消操作。重复操作则是指完成某一个命令之后，再次执行该命令。系统提供了用于重复操作的快捷方式，即在绘图区域单击鼠标右键或慢速单击鼠标右键（与用户设置右键行为有关），接着从弹出的快捷菜单中选择"重复#"命令（#为上一个命令的名称）即可重复上一个命令。

## 1.8　放弃与重做

本节介绍放弃与重做的实用知识。

### 1.8.1　放弃

"放弃"命令是撤销上一次操作。要撤销上一次操作，可以有以下几种方式。

方式1：从经典菜单栏中选择"编辑"→"放弃"命令。

方式2：在"快速访问"工具栏中单击"放弃"按钮🔄。

方式3：在无命令运行或无对象选定的情况下，在绘图区域单击鼠标右键，出现一个快捷菜单，选择"放弃"命令。也可以按〈Ctrl+Z〉快捷键放弃操作。

方式4：在命令行中不断输入命令"U"，每次后退一步，直到图形与当前编辑任务开始时一样为止。

用户应注意以下3点。

● 无法对某个操作执行"放弃"命令时，只显示命令的名称但不执行任何操作。

● 不能对当前图形的外部操作（如打印或写入文件）执行放弃命令。

● 执行命令期间，修改模式或使用透明命令无效，只有主命令有效。

### 1.8.2　重做

"重做"命令是恢复前面几个用"U"或"UNDO"命令放弃的效果。用户既可以从菜单栏中选择"编辑"→"重做"命令，也可以在"快速访问"工具栏中单击"重做"按钮🔄。另外，用户还可以在命令行中输入命令名目为"MREDO"，然后根据命令行提示进行操作。

命令：MREDO↙

输入动作数目或 [全部(A)/上一个(L)]:指定选项、输入一个正数或按〈Enter〉键

● 动作数目：恢复指定数目的操作。

● 全部（A）：恢复前面的所有操作。

● 上一个（L）：只恢复上一个操作。

## 1.9　快速浏览视图图形

在制图过程中，经常要进行视图图形的快速浏览操作，如缩放视图和平移视图。缩放视图是指更改视图显示比例；平移视图是重新确定其在绘图区域中的显示位置。

### 1.9.1　缩放视图

可以通过放大和缩小操作改变视图的显示比例，这类似于摄影时调整相机的焦距进行缩放。缩放视图不会改变图形中对象的绝对大小，而是只改变视图的比例。

要缩放视图，可以在菜单栏中展开"视图"→"缩放"级联菜单，如图1-39所示，接着从该级联菜单中选择所需的一个命令。下面介绍缩放的这些子命令。在图形窗口右侧的竖向工具栏中亦可找到用于视图缩放的快捷工具，如图1-40所示。

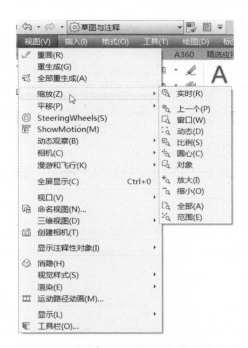

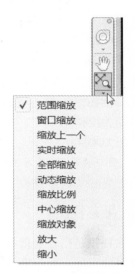

图1-39　"视图"→"缩放"级联菜单　　　　图1-40　视图缩放的快捷工具

- "实时"：利用定点设备（如鼠标），在逻辑范围内交互缩放。选择该子命令时，系统出现"按〈Esc〉或〈Enter〉键退出，或单击鼠标右键显示快捷菜单"的提示信息，同时光标变为带有加号（+）和减号（-）的放大镜$Q^+$。使用"实时"选项，可以通过向上或向下移动鼠标等定点设备进行动态缩放；单击鼠标右键，可以显示包含其他视图选项的快捷菜单。
- "上一个"：缩放显示上一个视图。
- "窗口"：缩放显示由两个角点定义的矩形窗口框定的区域。
- "动态"：缩放显示在视图框中的部分图形，视图框表示视口，可以改变它的大小，或在图形中移动。移动视图框或调整它的大小，将其中的图像平移或缩放，以充满整个视口。首先显示平移视图框，将其拖动到所需位置并单击，继而显示缩放视图框；调整其大小然后按〈Enter〉键进行缩放，或单击以返回平移视图框。按〈Enter〉键以使用当前视图框中的区域填充当前视口。
- "比例"：以指定的比例因子缩放显示。如果输入的比例因子以"x"结尾，则根据当前视图的比例进行缩放。例如，输入".5x"使屏幕上的每个对象显示为原大小的1/2。如果输入的比例因子以"xp"结尾，则相对于图纸空间单位的比例进行缩放。例如，输入".5xp"以图纸空间单位的1/2显示模型空间。如果只是输入值，则按相对于图形界限的比例缩放视图。
- "圆心"（中心缩放）：缩放显示由圆心和放大比例（或高度）所定义的窗口。高度值较小时增加放大比例；高度值较大时减小放大比例。
- "对象"（缩放对象）：尽可能大地缩放显示一个或多个选定的对象，并使其位于绘图区域的中心。

- "放大"：增大当前视图的比例。
- "缩小"：缩小当前视图的比例。
- "全部"：在当前视口中缩放显示整个图形，即缩放以显示所有可见对象和视觉辅助工具。在平面视图中，所有图形将被缩放到栅格界限和当前范围两者中较大的区域中；在三维视图中，"全部缩放"选项与"范围缩放"选项等效。即使图形超出了栅格界限也能显示所有对象。
- "范围"：缩放以显示图形范围，并尽可能地显示所有对象。

在二维图形绘制环境下，在命令窗口的当前命令行中输入"ZOOM"命令，可进行视图缩放的相关操作。

命令: ZOOM↙

指定窗口的角点，输入比例因子 (nX 或 nXP)，或者 [全部(A)/中心(C)/动态(D)/范围(E)/上一个(P)/比例(S)/窗口(W)/对象(O)] <实时>: 选择提示选项并按〈Enter〉键

### 1.9.2 平移视图

平移视图是指在当前视口中移动视图。

要平移视图，可以在菜单栏中展开"视图"→"平移"级联菜单，如图 1-41 所示，接着从该级联菜单中选择所需的一个命令。下面介绍这些子命令。

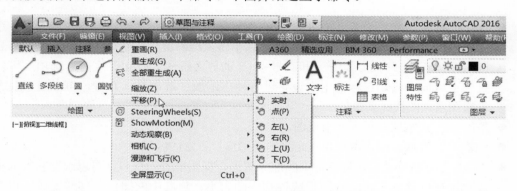

图 1-41 "视图"→"平移"级联菜单

- "实时"：通过移动定点设备（如鼠标）进行动态平移。与使用相机平移一样，"实时"平移不会更改图形中的对象位置或比例，而只是更改视图。
- "点"：将视图移动指定的距离。选择该命令选项时，需要指定基点（要平移的点）和指定第二点（要平移到的目标点）。
- "左"：在屏幕中以设定的位移向左移动视图。
- "右"：在屏幕中以设定的位移向右移动视图。
- "上"：在屏幕中以设定的位移向上移动视图。
- "下"：在屏幕中以设定的位移向下移动视图。

用户也可以在图形窗口右侧的竖向工具栏中单击"平移"按钮，此时命令行中显示：

命令: '_pan

按〈Esc〉或〈Enter〉键退出，或单击右键显示快捷菜单。

在绘图区按住鼠标左键并移动，可平移视图。

# 1.10 熟悉坐标系统

本节介绍二维坐标系和三维坐标系、世界坐标系和用户坐标系的基础知识。

## 1.10.1 二维坐标系和三维坐标系

从事工程设计的技术人员必须了解和掌握常用的坐标系统例如笛卡儿坐标和极坐标。

笛卡儿坐标系有 3 个轴，即 X、Y 和 Z 轴。输入坐标值时，需要指出沿 X、Y 和 Z 轴相对于坐标系原点（0,0,0）的距离（以单位表示）及其方向（正或负）。在二维中，在 XY 平面（也称为工作平面）上指定点，工作平面类似于平铺的网格纸。二维笛卡儿坐标的 X 值指定水平距离，Y 值指定垂直距离，原点（0,0）表示两轴相交的位置。

输入绝对笛卡儿坐标（二维）的方法有如下。

1）如果启用"动态输入"，则在提示输入点时，使用以下格式在工具提示中输入坐标：

$$\#x,y$$

2）如果禁用"动态输入"，则使用以下格式在命令行中输入坐标：

$$x,y$$

极坐标使用距离和角度来定位点。使用极坐标和笛卡儿坐标均可以基于原点（0,0）输入绝对坐标，或基于上一指定点输入相对坐标。

要使用极坐标指定一点，需要输入以角括号（<）分隔的距离和角度。默认情况下，角度按逆时针方向增大，按顺时针方向减小。若要指定顺时针方向，则为角度输入负值。例如，输入"2<315"和"2<-45"都代表相同的点。使用动态输入，可以使用"#"前缀指定绝对坐标；如果在命令行而不是工具提示中输入坐标，则可以不使用"#"前缀。

在命令行中输入绝对极坐标的格式为：

$$距离<角度$$

例如，在命令行中输入"5<45"指定一点，此点距离原点有 5 个单位，并且与 X 轴成 45°角。

对于相对的笛卡儿坐标和相对的极坐标，其在命令行中输入时需要在坐标前面加上"@"符号。例如，输入"@10<60"指定一点，此点距离上一指定点 10 个单位，并且与 X 轴成 60°角。

在三维空间中创建对象时，可以使用笛卡儿坐标、柱坐标或球坐标定位点。下面简单地介绍这些三维坐标系的特点。

- 三维笛卡儿坐标：通过使用 3 个坐标值（X、Y 和 Z）来指定精确的位置。
- 柱坐标：通过 XY 平面中与 UCS 原点之间的距离、XY 平面中与 X 轴的角度以及 Z 值来描述精确的位置。
- 球坐标：通过指定某个位置距当前 UCS 原点的距离、在 XY 平面中与 X 轴所成的角度以及与 XY 平面所成的角度来指定该位置。

初学者还需要掌握世界坐标系和用户坐标系的概念。

### 1.10.2 世界坐标系与用户坐标系

在 AutoCAD 软件系统中可将坐标系分为两类：一类是被称为世界坐标系（WCS）的固定坐标系，另一类则是被称为用户坐标系（UCS）的可移动坐标系。在默认情况下，这两个坐标系在新建图形中是重合的。

通常在二维视图中，WCS 的原点为 X 轴和 Y 轴的交点（0,0），其 X 轴水平，Y 轴垂直。虽然图形文件中的所有对象均可以由 WCS 坐标定义，但在实际设计工作中，图形对象的创建和编辑经常采用更为方便的可移动 UCS 坐标来定义。系统提供的基于 UCS 位置和方向的二维工具和操作包括：绝对坐标输入和相对坐标输入，绝对参照角，正交模式、极轴追踪、对象捕捉追踪、栅格显示和栅格捕捉的水平和垂直定义，水平标注和垂直标注的方向，文字对象的方向，以及使用 PLAN 命令查看旋转。

移动或旋转 UCS 可以更容易地处理图形的特定区域。可以使用以下的典型方法重新定位用户坐标系：

- 通过定义新原点移动 UCS。
- 将 UCS 与现有对象对齐。
- 通过指定新原点和新 X 轴上的一点旋转 UCS。
- 将当前 UCS 绕 Z 轴旋转指定的角度。
- 恢复到上一个 UCS。
- 恢复 UCS 以与 WCS 重合。

创建 UCS 的菜单命令位于菜单栏的"工具"→"新建 UCS"级联菜单中，如图 1-42 所示。另外，用户也可以在命令窗口的"命令"标识下输入"UCS"命令，然后根据提示选择相应的选项或输入参数进行操作来获得所需的 UCS。

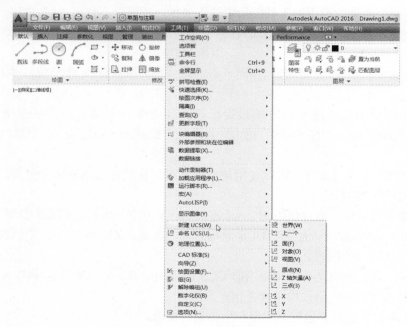

图 1-42　创建 UCS 的菜单命令

命令: UCS↙

当前 UCS 名称: *世界*

指定 UCS 的原点或 [面(F)/命名(NA)/对象(OB)/上一个(P)/视图(V)/世界(W)/X/Y/Z/Z 轴(ZA)] <世界>:

## 1.11　设置图形单位与界限

本节介绍图形单位与界限设置。

### 1.11.1　图形单位设置

用户可以根据设计需要改变默认的图形单位设置。图形单位设置的常用方法如下所述。

1）设置显示菜单栏，从菜单栏的"格式"菜单中选择"单位"命令，打开图 1-43 所示的"图形单位"对话框。

2）在"长度"选项组中设置长度类型和精度。长度的类型包括小数、分数、工程、建筑和科学。

3）在"角度"选项组中设置角度类型和精度。默认的正角度为逆时针方向，可以根据需要设置以顺时针方向计算正角度值。角度的类型选项包括"百分度""度/分/秒""弧度""勘测单位"和"十进制度数"。

4）在"插入时的缩放单位"选项组中设置用于缩放插入内容的单位。如果块或图形创建时使用的单位与该选项指定的单位不同，则在插入这些块或图形时，系统对其按比例缩放。插入比例是源块或图形使用的单位与目标图形使用的单位之比。如果希望插入块时不按指定单位缩放，那么选择"无单位"选项，但是要注意当源块或目标图形中的"插入比例"设置为"无单位"时，将使用"选项"对话框"用户系统配置"选项卡中的"源内容单位"和"目标图形单位"设置。

5）在"输出样例"选项组中显示用当前单位和角度设置的例子。在"光源"选项组中设置用于指定光源强度的单位，可供选择的选项有"国际""美国"和"常规"。

6）在"图形单位"对话框中单击"方向"按钮，则打开图 1-44 所示的"方向控制"对话框。利用该对话框设置基准角度，然后在该对话框中单击"确定"按钮。

图 1-43　"图形单位"对话框

图 1-44　"方向控制"对话框

7）在“图形单位”对话框中单击“确定”按钮，保存设置并关闭对话框。

### 1.11.2 图形界限设置

可以在当前的“模型”或布局选项卡上，设置并控制栅格显示的界限。

要设置图形界限，则在菜单栏的“格式”菜单中选择“图形界限”命令，此时命令窗口出现的提示信息如图 1-45 所示。在该提示下指定点，输入“ON”或“OFF”，或者按〈Enter〉键。

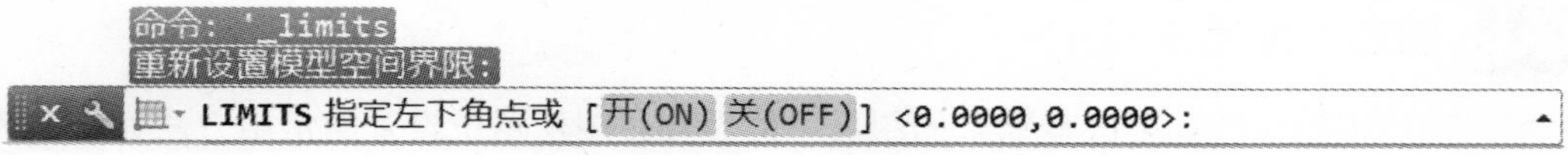
命令: '_limits
重新设置模型空间界限:
LIMITS 指定左下角点或 [开(ON) 关(OFF)] <0.0000,0.0000>:

图 1-45　命令窗口出现的提示信息

- “左下角点”：指定栅格界限的左下角点，接着根据提示指定右上角点。
- “开（ON）”：该选项用于打开界限检查。当界限检查打开时，将无法输入栅格界限外的点。因为界限检查只测试输入点，所以对象（例如圆）的某些部分可能会延伸出栅格界限。
- “关（OFF）”：该选项用于关闭界限检查，但是保持当前的值用于下一次打开界限检查。

## 1.12 绘图辅助工具

AutoCAD 2016 提供了一些实用的绘图辅助工具，包括“栅格显示”“捕捉模式”“推断约束”“动态输入”“正交模式”“极轴追踪”“等轴测草图”“对象捕捉追踪”“对象捕捉”“显示/隐藏线宽”“选择循环”“三维对象捕捉”“动态 UCS”“显示注释对象”“切换工作空间”“注释监视器”“快捷特性”“硬件加速”“全屏显示”和“自定义”等工具，如图 1-46 所示。下面介绍其中常用的几种绘图辅助工具。

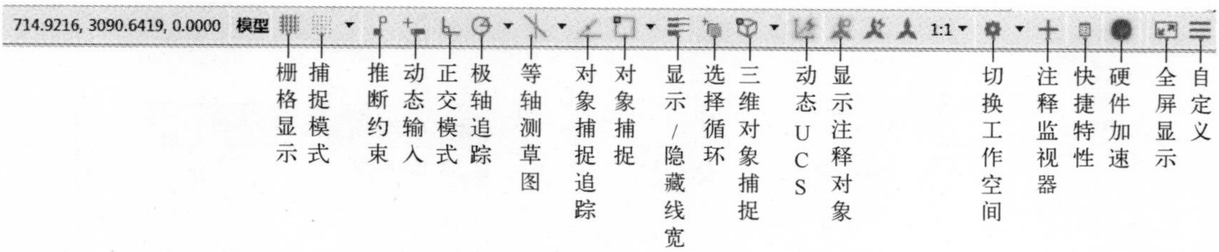
714.9216, 3090.6419, 0.0000
模型
1:1
栅格显示
捕捉模式
推断约束
动态输入
正交模式
极轴追踪
等轴测草图
对象捕捉追踪
对象捕捉
显示/隐藏线宽
选择循环
三维对象捕捉
动态UCS
显示注释对象
切换工作空间
注释监视器
快捷特性
硬件加速
全屏显示
自定义

图 1-46　位于状态栏中的绘图辅助工具

### 1.12.1 捕捉与栅格

在某些设计场合，启用捕捉模式有助于根据设定的捕捉参数进行点的选择，而控制栅格的显示有助于形象化显示距离。图 1-47 所示的是在启动捕捉模式和栅格显示模式下绘制的图形。但启动捕捉模式和栅格显示模式也有制图不方便的时候，就是移动鼠标受到了一定的约束。

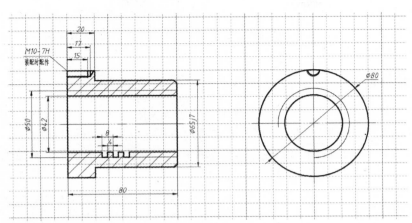

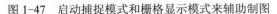

图 1-47　启动捕捉模式和栅格显示模式来辅助制图

在状态栏中单击"捕捉模式"按钮，可以启用或关闭捕捉模式。按〈F9〉键也可以启用或关闭捕捉模式。

在状态栏中单击"栅格显示"按钮，可以启用或关闭图形栅格模式。按〈F7〉键也可以启用或关闭图形栅格模式。

用户可以设置捕捉参数和栅格参数，其方法是在菜单栏中选择"工具"→"绘图设置"命令，打开"草图设置"对话框，切换到"捕捉和栅格"选项卡，如图 1-48 所示，从中设置相关的参数和选项即可。用户也可以通过在状态栏中右击"捕捉模式"按钮或"栅格显示"按钮，接着从快捷菜单中选择相应的"设置"命令来打开"草图设置"对话框。如果要深入了解"捕捉和栅格"选项卡中相关选项的功能含义，可以单击对话框中的"帮助"按钮来了解和学习。

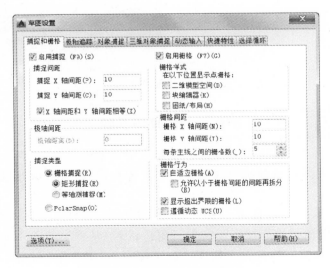

图 1-48　设置捕捉和栅格参数

### 1.12.2 正交

在状态栏中单击"正交模式"按钮 可以启用或关闭正交模式。按〈F8〉键同样可以快速启用或关闭正交模式。在绘制一些具有正交关系的图形时,启用正交模式是很有实际帮助的。

### 1.12.3 极轴追踪

在状态栏中单击"极轴追踪"按钮 可以启用或关闭极轴追踪模式。按〈F10〉键同样可以快速启动或关闭极轴追踪模式。极轴追踪模式与正交模式不能同时启用。

在"草图设置"对话框的"极轴追踪"选项卡中,可以进行极轴角、对象捕捉追踪和极轴角测量等方面的设置,如图 1-49 所示。

图 1-49 极轴追踪设置

### 1.12.4 对象捕捉、三维对象捕捉与对象捕捉追踪

在状态栏中单击"对象捕捉"按钮 可以启用或关闭对象捕捉模式,按〈F3〉键同样可以快速启用或关闭对象捕捉模式。使用对象捕捉模式,可以在对象上的精确位置指定捕捉点。

"草图设置"对话框的"对象捕捉"选项卡用于控制对象捕捉设置,如图 1-50 所示。此外,单击"对象捕捉"按钮 旁的三角按钮 ,从弹出的图 1-51 所示的快捷菜单中可以快速启用对象捕捉的各种子模式(如"端点""中点""圆心""象限点"和"交点"等)。

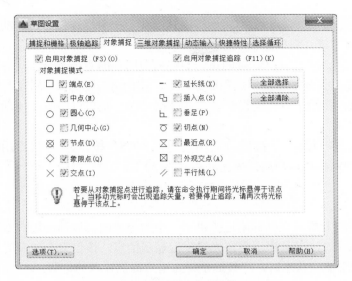

图1-50 控制对象捕捉设置

图1-51 单击"对象捕捉"三角按钮

在状态栏中单击"三维对象捕捉"按钮，或者按〈F4〉键，可设置是否启用三维对象捕捉模式。在"草图设置"对话框的"三维对象捕捉"选项卡中可控制三维对象的执行对象捕捉设置，如图1-52所示。

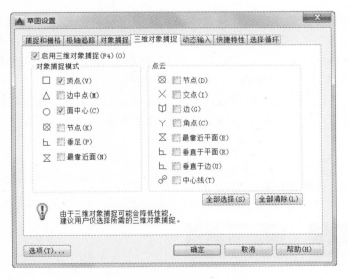

图1-52 三维对象捕捉设置

在状态栏中单击"对象捕捉追踪"按钮，或者按〈F11〉键，可以启用或关闭对象捕捉追踪模式。对象捕捉追踪模式通常和对象捕捉模式一起使用。

## 1.12.5 允许或禁止动态UCS

使用动态UCS功能，可以在创建对象时使UCS的XY平面自动与实体上的平整面、平面网格元素或平面点云线段临时对齐。执行绘图命令时，可以通过在面的一条边上移动指针对齐 UCS，而无须使用 UCS 命令，结束该命令后，UCS 将恢复到其上一个位置和方向。动态 UCS 对齐不会检测平整面对象或二维几何图形。

动态 UCS 的 X 轴沿面的一条边定位，且 X 轴的正向始终指向屏幕的右半部分。动态 UCS 仅能检测到实体的前向面。如果打开了栅格模式和捕捉模式，它们将与动态 UCS 临时对齐；栅格显示的界限自动设置。在面的上方移动指针时，通过按〈F6〉键可以临时关闭动态 UCS。

在状态栏中单击"允许/禁止动态 UCS"按钮 ⊿（简称"动态 UCS"按钮），可以启用或关闭动态 UCS 模式。按〈F6〉键同样可以启用或关闭动态 UCS 模式。

### 1.12.6 动态输入

AutoCAD 2016 中提供的动态输入模式在光标附近提供了一个命令界面，以帮助用户专注于绘图区域。当启用动态输入模式时，工具提示将在光标附近显示信息，该信息会随着光标的移动而动态更新；当某命令处于活动状态时，工具提示将为用户提供输入的位置。

在状态栏中单击"动态输入"按钮 ⁺，可以打开或关闭动态输入模式。按〈F12〉键同样可以临时打开或关闭动态输入模式。动态输入模式界面包含 3 个组件，即指针输入、标注输入和动态显示。在"草图设置"对话框的"动态输入"选项卡中，可以控制在启用"动态输入"时每个部件所显示的内容，如图 1-53 所示。

**1. 指针输入**

当启用指针输入且有命令在执行时，十字光标的位置将在光标附近的工具提示中显示坐标，用户可以在工具提示中输入坐标值，而不必在命令行中输入。注意：第二个点和后续点的默认设置为相对极坐标（对于"RECTANG"命令，为相对笛卡儿坐标），不需要输入"@"符号；如果需要使用绝对坐标，则使用"#"井号作为前缀。

在"动态输入"选项卡的"指针输入"选项组中单击"设置"按钮，打开图 1-54 所示的"指针输入设置"对话框，从中可以修改坐标的默认格式，以及控制指针输入工具提示何时显示。

图 1-53 "草图设置"对话框的"动态输入"选项卡

图 1-54 "指针输入设置"对话框

**2．标注输入**

在启用标注输入时，若命令提示输入第二点，工具提示将显示距离和角度值。在工具提示中的值将随着光标移动而改变。按〈Tab〉键可以移动到要更改的值，即在输入字段中输入值并按〈Tab〉键后，该字段将显示一个锁定图标，并且光标会受用户输入的值约束，随后可以再切换到第二个输入字段中输入下一个值。

标注输入可用于"ARC""CIRCLE""ELLIPSE""LINE"和"PLINE"。创建新对象时指定的角度需要根据光标位置来决定角度的正方向。

在"动态输入"选项卡的"标注输入"选项组中，单击"设置"按钮，打开图 1-55 所示的"标注输入的设置"对话框。利用该对话框可以设置夹点拉伸时标注输入的可见性等。

**3．动态提示**

启用动态提示时，提示会显示在光标附近的工具提示中。用户可以在工具提示（而不是在命令行）中输入响应。按键盘中的〈↓〉键可以查看和选择选项，按〈↑〉键可以显示最近的输入。

在"动态输入"选项卡的"动态提示"选项组中单击"绘图工具提示外观"按钮，弹出图 1-56 所示的"工具提示外观"对话框，从中进行颜色、大小、透明度和应用场合方面的设置。

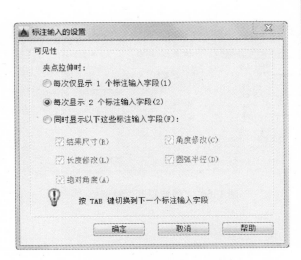

图 1-55 "标注输入的设置"对话框

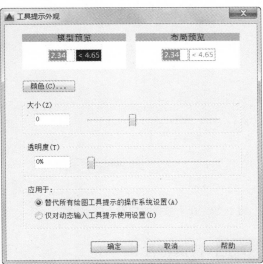

图 1-56 "工具提示外观"对话框

动态输入不会取代命令窗口。在某些设计情况下，可以隐藏命令窗口以增加绘图屏幕区域，但是在有些操作中还是需要显示命令窗口来进行操作，这时可按〈F2〉键根据需要隐藏或显示命令提示和错误消息。

下面介绍一个启用"动态输入"模式进行制图的简单范例，以让读者对"动态输入"有个较为清晰的认识。该范例的具体操作步骤如下。

1）启用动态输入模式后，在功能区的"默认"选项卡中单击"绘图"面板中的"圆心，半径"按钮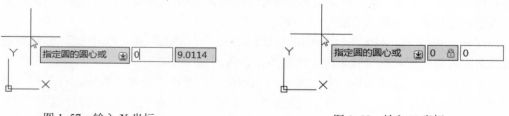。

2）输入圆心的 X 坐标值为"0"，如图 1-57 所示。按〈Tab〉键，切换到下一个字段输入框，在该框中输入 Y 坐标值为"0"，如图 1-58 所示，然后按〈Enter〉键。

图 1-57　输入 X 坐标　　　　　　　　　　图 1-58　输入 Y 坐标

3）在工具提示中输入圆半径为"132"，如图 1-59 所示，然后按〈Enter〉键，完成该圆的创建。

### 1.12.7　显示/隐藏线宽

在状态栏中单击"线宽"按钮可以显示或隐藏线宽。要设置线宽的相关参数和选项，则右击"线宽"按钮，从弹出的快捷菜单中选择"线宽设置"命令，弹出图 1-60 所示的"线宽设置"对话框，然后利用该对话框设置当前线宽、线宽单位，控制线宽的显示和显示比例，以及设置图层的默认线宽值。

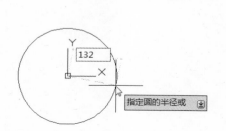

图 1-59　在工具提示中输入圆半径

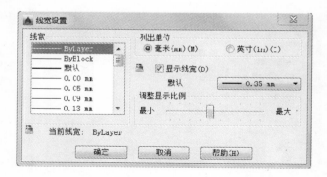

图 1-60　"线宽设置"对话框

### 1.12.8　快捷特性

在 AutoCAD 2016 中，用户可以使用"快捷特性"面板来访问选定对象的特性等信息。要想启用快捷特性模式，可在状态栏中单击并选中"快捷特性"按钮。

例如，在快捷特性模式下，选中某一个圆，则系统出现一个"快捷特性"面板来显示该圆的一些特性，如图 1-61 所示。将鼠标置于"快捷特性"面板中则会显示更多特性内容。用户还可以自定义显示在"快捷特性"面板上的特性，即可以在"快捷特性"面板中单击"自定义"按钮，利用弹出的"自定义用户界面"对话框来定义快捷特性内容。注意：选定对象后所显示的特性是所有对象类型的共同特性，也是选定对象的专用特性。可用特性与"特性"选项板上的特性以及用于鼠标悬停工具提示的特性相同。

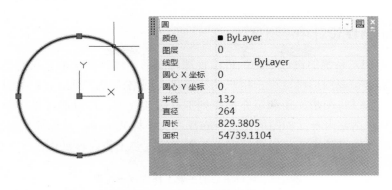

图 1-61　启用"快捷特性"

另外，在状态栏中右击"快捷特性"按钮 ，选择"快捷特性设置"命令，将打开"草图设置"对话框的"快捷特性"选项卡，如图 1-62 所示，从中设置按对象类型显示选项、定制位置模式和选项板行为参数。

图 1-62　"草图设置"对话框的"快捷特性"选项卡

# 1.13　AutoCAD 设计中心基础知识

　　AutoCAD 提供了一个功能强大的设计中心管理系统。本节将介绍设计中心的基础知识。

### 1.13.1　AutoCAD 设计中心概述

使用 AutoCAD 系统的设计中心，可以管理对图形、块、图案填充和其他图形内容的访问，可以将源图形（源图形可以位于用户的计算机、网络位置或网站上）中的任何内容拖曳到当前图形中，可以将图形、块和填充拖曳到工具选项板上，可以通过设计中心在打开的多个图形之间复制和粘贴内容（如图层定义、布局和文字样式）等，从而简化绘图过程。

具体来说，使用设计中心可以进行表 1-3 所示的主要工作内容操作。

表 1-3　设计中心的主要工作内容一览表

| 序　号 | 主要操作内容 |
|---|---|
| 1 | 浏览用户计算机、网络驱动器和 Web 页上的图形内容（例如图形或符号库） |
| 2 | 在定义表中查看图形文件中命名对象（例如块和图层）的定义，然后将定义插入、附着、复制和粘贴到当前图形中 |
| 3 | 更新（重定义）块定义 |
| 4 | 创建指向常用图形、文件夹和 Internet 网址的快捷方式 |
| 5 | 向图形中添加内容（例如外部参照、块和填充） |
| 6 | 在新窗口中打开图形文件 |
| 7 | 将图形、块和填充拖曳到工具选项板上以便于访问 |

如果当前工作界面中没有显示"设计中心"窗口，那么可以在菜单栏中选择"工具"→"选项板"→"设计中心"命令（其快捷键为〈Ctrl+2〉），或者在功能区"视图"选项卡的"选项板"面板中单击"设计中心"按钮，从而打开图 1-63 所示的"设计中心"窗口。

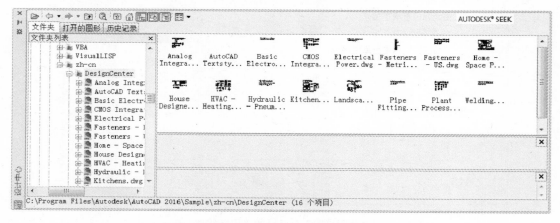

图 1-63　"设计中心"窗口（默认时未启用联机设计中心）

### 1.13.2　认识"设计中心"窗口

"设计中心"窗口由顶部的工具栏图标区、默认竖排的标题栏、"文件夹"选项卡、"打开的图形"选项卡和"历史记录"选项卡等部分组成。注意在默认情况下，"联机设计中心"选项卡（简称联机设计中心）处于禁用状态，用户可以通过 CAD 管理员控制实用程序启用。"设计中心"窗口中各选项卡的功能用途见表1-4。

表1-4 设计中心窗口各选项卡的功能用途

| 序 号 | 选项卡名称 | 用 途 | 备 注 说 明 |
|---|---|---|---|
| 1 | "文件夹" | 显示计算机或网络驱动器（包括"我的电脑"和"网上邻居"）中文件和文件夹的层次结构 | 经常通过该选项卡浏览所需的文件 |
| 2 | "打开的图形" | 显示当前工作任务中打开的所有图形，包括最小化的图形 | 便于检索和操作打开的图形 |
| 3 | "历史记录" | 显示最近在设计中心打开的文件列表 | 显示历史记录后，在一个文件上单击鼠标右键显示此文件信息或从"历史记录"列表中删除此文件 |
| 4 | "联机设计中心" | 访问联机设计中心网页 | 建立网络连接时，"欢迎"页面中将显示两个窗格，其中左边窗格显示了包含符号库、制造商站点和其他内容库的文件夹；当选定某个符号时，它会显示在右窗格中，并且可以下载到用户的图形中 |

使用设计中心顶部的工具栏按钮可以显示和访问选项。选中"文件夹"或"打开的图形"选项卡时，设计中心主要区域将显示两个窗格，使用这两个窗格可以很方便地管理图形内容。右侧窗格是内容区域，左侧窗格是树状图。下面分别介绍内容区域和树状图。

**1．内容区域（右侧窗格）**

设计中心的内容区域（右侧窗格）用来显示树状图中当前选定"容器"的内容，所述的"容器"是设计中心可以访问的信息的网络、计算机、磁盘、文件夹、文件或网址（URL）。根据树状图中选定的容器，内容区域通常显示的内容见表1-5。

表1-5 设计中心的内容区域通常显示的内容

| 序 号 | 通常显示的内容 |
|---|---|
| 1 | 含有图形或其他文件的文件夹 |
| 2 | 图形 |
| 3 | 图形中包含的命名对象（命名对象包括块、外部参照、布局、图层、标注样式、表格样式、多重引线样式和文字样式） |
| 4 | 表示块或填充图案的图像或图标 |
| 5 | 基于 Web 的内容 |
| 6 | 由第三方开发的自定义内容 |

在内容区域中，通过拖曳、双击或单击鼠标右键并选择"插入为块""附着为外部参照"或"复制"命令，可以在图形中插入块、填充图案或附着外部参照；可以通过拖曳或单击鼠标右键向图形中添加其他内容（例如图层、标注样式和布局）；可以从设计中心将块和填充图案拖曳到工具选项板中。

**2．树状图（左侧窗格）**

设计中心的树状图（左侧窗格）用来显示用户计算机和网络驱动器上的文件与文件夹的层次结构、打开图形的列表、自定义内容以及上次访问过的历史记录。在树状图中选择项目，则会在内容区域中显示其内容。使用设计中心顶部的工具栏按钮可以访问树状图选项。

用户可以隐藏和显示设计中心树状图，其快捷方式是在内容区域背景上单击鼠标右键，然后从出现的快捷菜单中选择"树状图"命令。

### 1.13.3 从设计中心搜索内容并加载到内容区

从设计中心搜索内容并加载到内容区是基本的操作。下面介绍其操作方法及步骤。

1) 如果设计中心尚未打开，则可以从 AutoCAD 菜单栏中选择"工具"→"选项板"→"设计中心"命令，或者在功能区"视图"选项卡的"选项板"面板中单击"设计中心"按钮，从而打开设计中心。

2) 在设计中心的工具栏中单击"搜索"按钮，弹出图 1-64 所示的"搜索"对话框。

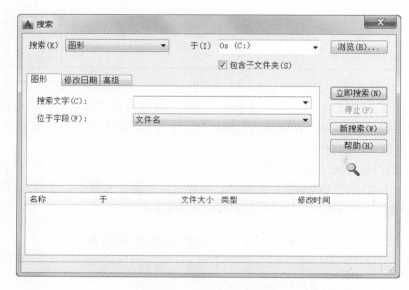

图 1-64 "搜索"对话框

3) 在"搜索"对话框中设置搜索条件进行搜索，搜索结果显示在对话框的搜索结果列表中。

4) 在设计中心使用以下方法之一：

● 将搜索结果列表中的项目拖曳到内容区中。

● 双击搜索结果列表中的项目。

● 在搜索结果列表中的项目上单击鼠标右键，接着从快捷菜单中选择"加载到内容区中"命令。

5) 在内容区可以继续双击某图标以加载到下一级对象。例如在设计中心内容区中，双击"块"图标，将显示图形中每个块的缩略图像。

### 1.13.4 通过设计中心的一些常用操作

将项目加载到内容区后，可以对显示的项目内容进行各种操作。例如，双击内容区上的项目可以按层次顺序显示详细信息；在内容区选择所需要的内容，可以将内容添加到当前的图形中；可以在内容区打开图形，还可以将项目添加到工具选项板中。

**1．将内容添加到图形中**

在设计中心内容区将选定的内容添加到当前图形中，可以使用以下的方法：

- 将某个项目拖曳到某个图形的图形区，按照默认设置（如果有）将其插入。
- 在内容区中的某个项目上单击鼠标右键，将显示包含若干选项的快捷菜单，利用快捷菜单进行相应操作。
- 双击块将弹出"插入"对话框，双击图案填充将弹出"边界图案填充"对话框，利用这些弹出的对话框进行插入设置。

用户可以预览图形内容（包括内容区中的图形、外部参照或块），还可以显示文字说明（如果有的话）。

**2．通过设计中心打开图形**

在设计中心中，可以通过以下方式在内容区中打开图形：

- 使用快捷菜单。例如，在内容区右击要打开的选定图形，从快捷菜单中选择"在应用程序窗口中打开"命令，如图 1-65 所示。

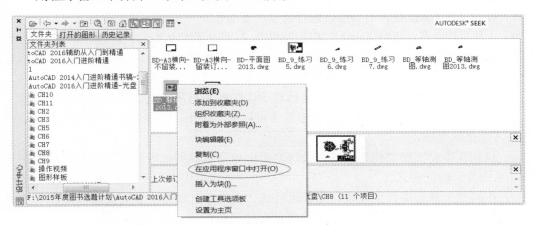

图 1-65　在设计中心使用快捷菜单打开图形文件

- 拖曳图形的同时按住〈Ctrl〉键，将图形拖至应用程序窗口中释放。
- 将图形图标拖至绘图区域，需要指定插入点、比例因子等。

图形文件被打开时，该图形名被添加到设计中心历史记录中，以便将来能够快速访问。

**3．将设计中心中的项目添加到工具选项板中**

可以将设计中心中的图形、块和图案填充添加到当前的工具选项板中，以丰富工具选项板的内容。

- 在设计中心的内容区，可以将一个或多个项目拖曳到当前的工具选项板中。
- 在设计中心树状图中，可以单击鼠标右键并从快捷菜单中为当前文件夹、图形文件或块图标创建新的工具选项板。

向工具选项板中添加图形时，如果将它们拖曳到当前图形中，那么被拖曳的图形将作为块被插入。注意，可以从内容区中选择多个块或图案填充，并将它们添加到工具选项板中。

**4．通过设计中心更新块定义**

与外部参照不同，当更改块定义的源文件时，包含此块的图形的块定义并不会自动更新。通过设计中心，可以决定是否更新当前图形中的块定义。块定义的源文件可以是图形文件或符号库图形文件中的嵌套块。在内容区中的块或图形文件上单击鼠标右键，然后从显示的快捷菜单中选择"仅重定义"或"插入并重定义"命令，可以更新选定的块。

# 1.14　思考练习

1）能否列举出 AutoCAD 在工程制图中的一些应用特点？

2）AutoCAD 2016 工作界面主要包括哪些方面？什么是工作空间？

3）请说出执行命令的几种常用方式。

4）取消与重复、放弃与重做这些操作有什么应用特点？

5）快速浏览视图的操作基础包括哪些？

6）如何设置图形单位和图形界限？

7）在 AutoCAD 状态栏中提供了哪些绘图辅助工具？请熟记它们的快捷方式。

8）使用 AutoCAD 设计中心可以进行哪些主要操作？

9）上机操作：在"草图与注释"工作空间中，按照以下步骤来练习使用鼠标的几种功能。

① 移动鼠标观察光标的显示形状：屏幕指针位于绘图区域中，其形状为中心带小方形的十字光标；不在绘图区域中将变为箭头；而在文本窗口中则变为 I 型光标。

② 继续移动鼠标会发现状态栏上坐标显示中的数字有所变化。这些数字表示屏幕上十字光标的精确位置或坐标。在坐标显示中单击可以将其关闭。请注意，只有在绘图区域中单击时，才能更新坐标。

③ 找到状态栏上的"捕捉模式"按钮之后，使用鼠标的拾取键（通常为左键）在其上单击，从而打开捕捉模式。

④ 在屏幕上移动指针会发现，指针附着或"捕捉"到屏幕上预定义的间隔相等的点。可以改变间隔的大小。注意思考：如何设置捕捉的间距？

⑤ 再次单击"捕捉"按钮可以关闭"捕捉"模式。

⑥ 将指针移到绘图区域顶部的功能区上。将指针放置在按钮上稍作停留，会显示一个称为工具提示的弹出式标签，用来标识按钮。

10）自学研习：状态栏中提供了一个"选择循环"按钮，启用它可以通过按住〈Shift〉+空格键来选择重叠的对象。请自学该按钮的用法以及在"草图设置"对话框可以设置选择循环的哪些选项。

# 第2章　基本二维图形绘制

**本章导读：**

任何复杂的二维图形都可以看作是由基本二维图形经过组合和编辑构成的。AutoCAD 具有强大的二维图形绘制功能。在 AutoCAD 2016 中，基本二维图形包括直线、射线、构造线、圆、圆弧、椭圆、椭圆弧、矩形、正多边形、圆环、样条曲线、点、多线、填充图案、渐变色、修订云线、面域和边界等。本章将结合范例介绍这些基本二维图形绘制的实用知识。

## 2.1　绘制直线

绘制直线的基本思路是指定两点来确定一条直线。既可以绘制连续的直线段，也可以将第一条线段和最后一条线段连接起来，将一系列线段闭合成多边形。如果要精确指定每条直线端点的位置，可以使用绝对坐标或相对坐标输入端点的坐标值，或者指定相对于现有对象的对象捕捉，还可以打开栅格捕捉并捕捉到所需的位置。

绘制直线的一般步骤如下。

1）在"草图与注释"工作空间下，切换到功能区的"默认"选项卡，从"绘图"面板中单击"直线"按钮 ，也可以在命令窗口的命令行中输入"LINE"命令。

2）指定起点。

3）指定下一点以完成第一条直线段。如果要在执行 LINE 命令期间放弃前一条直线段，则在"指定下一点或 [放弃(U)]:"提示下输入"U"并按〈Enter〉键。

4）可以指定其他直线段的端点。

5）按〈Enter〉键结束，或者在"指定下一点或 [闭合(C)/放弃(U)]:"提示下按〈C〉键，选择"闭合"选项（可以使用鼠标左键在提示中选择该选项）来使一系列直线段闭合。

如果要以最近绘制的直线的端点为起点绘制新的直线，则再次启动"LINE"命令，接着在"指定起点"提示时直接按〈Enter〉键。

**操作范例：绘制闭合直线段**

单击"直线"按钮 ，接着根据命令行提示执行以下操作。

命令: _line

指定第一个点: 0,0↙

指定下一点或 [放弃(U)]: 100,0↙

指定下一点或 [放弃(U)]: 70,50↙

指定下一点或 [闭合(C)/放弃(U)]: 30,50↙

指定下一点或 [闭合(C)/放弃(U)]: C↙

完成绘制的闭合线段如图 2-1 所示。

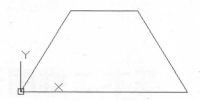

图 2-1  绘制闭合线段

## 2.2  绘制射线与构造线

射线和构造线通常用于创建其他对象的参照。所谓的射线是三维空间中起始于指定点并且无限延伸的直线，它只在一个方向上延伸；所谓的构造线是指往两个方向无限延伸的直线，它可以放置在三维空间中的任意位置。在实际设计工作中，使用射线来替代构造线有时候有助于减少视觉混乱。

在执行显示图形范围的命令时，系统会忽略射线和构造线。

### 2.2.1  创建射线

创建射线的一般步骤如下。

1）在功能区"默认"选项卡的"绘图"面板中单击"射线"按钮 。

2）指定射线的起点。

3）指定射线要经过的点。

4）可以根据需要继续指定点创建其他射线。所有后续射线均经过第一个指定点。

5）按〈Enter〉键结束射线绘制命令。

**操作范例：绘制射线**

在功能区"默认"选项卡的"绘图"面板中单击"射线"按钮 ，接着根据命令行提示执行以下操作。

命令：_ray 指定起点：120,100✓

指定通过点：150,100✓

指定通过点：0,0✓

指定通过点：150,0✓

指定通过点：190,10✓

指定通过点：✓

绘制的 4 条射线如图 2-2 所示，它们均起始于指定的第一点。

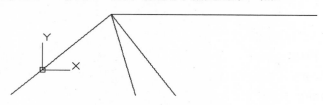

图 2-2  绘制的 4 条射线

## 2.2.2 创建构造线

构造线的创建方式比射线的多些，这主要是因为可以使用多种方法指定构造线的方向。在功能区"默认"选项卡的"绘图"面板中单击"构造线"按钮，命令行中出现图 2-3 所示的提示信息。

**XLINE** 指定点或 [水平(H) 垂直(V) 角度(A) 二等分(B) 偏移(O)]:

图 2-3 "构造线"命令的提示信息

从该提示信息可以看出系统提供了用于创建构造线的多种方式，包括"指定点"（两点法）"水平""垂直""角度""二等分"和"偏移"，其中默认的构造线创建方式是"指定点"（两点法）。下面详细介绍构造线的创建方式。

- "指定点"（两点法）：通过指定两个点定义方向，第一个点（根）是构造线概念上的中点，即通过"中点"对象捕捉就会捕捉到这个点。
- "水平"：创建一条经过指定点并且与当前 UCS 的 X 轴平行的构造线。
- "垂直"：创建一条经过指定点并且与当前 UCS 的 Y 轴平行的构造线。
- "角度"：此方式分两种情况，一是选择一条参照线并指定此直线与构造线的角度来创建构造线，二是通过指定角度和构造线必经的点来创建与水平轴成指定角度的构造线。
- "二等分"：选择此方式时，指定用于创建角度的顶点和直线（即指定构成角的顶点和边），创建二等分指定角的构造线。
- "偏移"：选择此方式时，创建平行于指定基线的构造线，需要指定偏移距离、选择基线，以及指明构造线位于基线的哪一侧。

**操作范例 1：以"二等分"方式绘制构造线**

在功能区"默认"选项卡的"绘图"面板中单击"构造线"按钮，根据命令行提示进行以下操作。

命令：_xline

指定点或 [水平(H)/垂直(V)/角度(A)/二等分(B)/偏移(O)]: B↙      //选择"二等分"选项

指定角的顶点：                    //选择图 2-4a 所示的线段端点 1

指定角的起点：                    //选择图 2-4a 所示的线段端点 2

指定角的端点：                    //选择图 2-4a 所示的线段端点 3

指定角的端点：↙                  //按〈Enter〉键

完成绘制的构造线如图 2-4b 所示。

a)                              b)

图 2-4 使用"二等分"方式绘制一条构造线

a) 选择顶点、起点和端点   b) 完成绘制的构造线

**操作范例2：使用多种方式绘制构造线**

（1）使用"指定点"（两点法）绘制构造线

在功能区"默认"选项卡的"绘图"面板中单击"构造线"按钮，根据命令行提示进行以下操作。

命令：_xline

指定点或 [水平(H)/垂直(V)/角度(A)/二等分(B)/偏移(O)]: 0,0✓

指定通过点：30,30✓

指定通过点：50,-50✓

指定通过点：✓

绘制的两条构造线如图2-5所示。

（2）使用"水平"和"垂直"方式绘制构造线

在功能区"默认"选项卡的"绘图"面板中单击"构造线"按钮，根据命令行提示进行以下操作。

命令：_xline

指定点或 [水平(H)/垂直(V)/角度(A)/二等分(B)/偏移(O)]: H✓

　　　　　　　　　　　　　　　　　//选择"水平（H）"选项

指定通过点：60,-60✓　　　　　　　　//输入构造线要通过的点

指定通过点：✓　　　　　　　　　　　//按〈Enter〉键，绘制的水平构造线如图2-6所示

命令：XLINE✓　　　　　　　　　　　//在命令行输入"XLINE"命令

指定点或 [水平(H)/垂直(V)/角度(A)/二等分(B)/偏移(O)]: V✓

　　　　　　　　　　　　　　　　　//选择"垂直（V）"选项

指定通过点：60,-60✓　　　　　　　　//输入构造线要通过的点

指定通过点：✓　　　　　　　　　　　//按〈Enter〉键，绘制的垂直构造线如图2-6所示

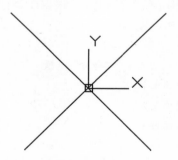

图2-5　绘制两条构造线

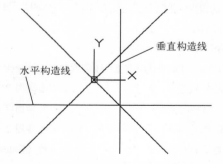

图2-6　绘制的水平构造线和垂直构造线

（3）使用"角度"方式绘制构造线

在功能区"默认"选项卡的"绘图"面板中单击"构造线"按钮，根据命令行提示进行以下操作。

命令：_xline

指定点或 [水平(H)/垂直(V)/角度(A)/二等分(B)/偏移(O)]: A✓

输入构造线的角度 (0) 或 [参照(R)]: 30✓　　　　　　　//输入构造线的角度

指定通过点: 60,-60✓　　　　　　　　　　//输入构造线要经过的点

指定通过点: ✓　　　　　　　　　　　　　//按〈Enter〉键

使用该方式绘制的构造线如图 2-7 所示。

（4）使用"偏移"方式绘制构造线。

在功能区"默认"选项卡的"绘图"面板中单击"构造线"按钮✎，根据命令行提示进行以下操作。

命令: _xline

指定点或 [水平(H)/垂直(V)/角度(A)/二等分(B)/偏移(O)]: O✓

指定偏移距离或 [通过(T)] <通过>: 50✓　　　//输入偏移距离为 50

选择直线对象:　　　　　　　　　　　　//选择水平构造线

指定向哪侧偏移:　　　　　　　　　　　//在水平构造线上方区域单击以指定向该侧偏移

选择直线对象: ✓　　　　　　　　　　　//按〈Enter〉键

使用该方式绘制的构造线如图 2-8 所示。

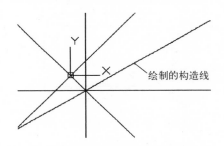

图 2-7　使用"角度"方式绘制构造线

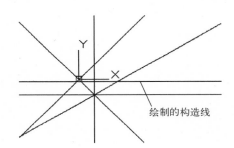

图 2-8　使用"偏移"方式绘制构造线

## 2.3　绘制矩形

绘制矩形的常用方法和步骤如下。

1）在功能区"默认"选项卡的"绘图"面板中单击"矩形"按钮▭。

2）指定矩形第一个角点的位置。

3）指定矩形第二个角点的位置，或者通过设置长、宽等参数来完成矩形。

在创建矩形的过程中可以根据设计要求来设置倒角、标高、圆角、厚度和宽度等参数。

**操作范例：绘制两个不同的矩形**

1）在功能区"默认"选项卡的"绘图"面板中单击"矩形"按钮▭，接着根据提示进行以下操作。

命令: _rectang

指定第一个角点或 [倒角(C)/标高(E)/圆角(F)/厚度(T)/宽度(W)]: C✓　//选择"倒角"选项

指定矩形的第一个倒角距离 <0.0000>: 8✓

指定矩形的第二个倒角距离 <8.0000>: ✓

指定第一个角点或 [倒角(C)/标高(E)/圆角(F)/厚度(T)/宽度(W)]: 0,0✓

指定另一个角点或 [面积(A)/尺寸(D)/旋转(R)]: 100,68✓

绘制的第一个矩形如图 2-9 所示，该矩形带有倒角。

2）在功能区"默认"选项卡的"绘图"面板中单击"矩形"按钮▭，接着根据命令行提示进行以下操作。

命令: _rectang

当前矩形模式:　倒角=8.0000 x 8.0000

指定第一个角点或 [倒角(C)/标高(E)/圆角(F)/厚度(T)/宽度(W)]: F✓　//选择"圆角"选项

指定矩形的圆角半径 <8.0000>: 5✓

指定第一个角点或 [倒角(C)/标高(E)/圆角(F)/厚度(T)/宽度(W)]: 10,10✓

指定另一个角点或 [面积(A)/尺寸(D)/旋转(R)]: D✓　　　　　　　　//选择"尺寸"选项

指定矩形的长度 <10.0000>: 80✓

指定矩形的宽度 <10.0000>: 48✓

指定另一个角点或 [面积(A)/尺寸(D)/旋转(R)]:　　　　　　//在第一角点的右上区域单击

绘制的带有圆角的矩形如图 2-10 所示。

图 2-9　绘制的第一个矩形（带倒角）

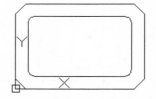

图 2-10　绘制第二个矩形（带圆角）

## 2.4　绘制正多边形

正多边形包括等边三角形、正方形、正五边形、正六边形等。可以创建的正多边形范围是 3～1024 条等长边的闭合多段线。

创建正多边形的典型方法如下。

1）在功能区"默认"选项卡的"绘图"面板中单击"多边形"按钮⬠。

2）设置正多边形的边的数目，即输入正多边形的侧面数。

3）系统出现"指定正多边形的中心点或 [边(E):]"的提示信息。

如果指定正多边形的中心，那么系统提示"输入选项 [内接于圆(I)/外切于圆(C)] <当前默认选项>:"，这时可以选择"内接于圆"选项或"外切于圆"选项，然后指定圆的半径即可绘制一个正多边形。

如果在"指定正多边形的中心点或 [边(E):]"提示下选择"[边(E)]"选项，则需要指定边的第一个端点和第二个端点。

**操作范例：绘制一个正六边形和一个等边三角形**

1）在功能区"默认"选项卡的"绘图"面板中单击"多边形"按钮⬠，接着根据命令行提示执行如下操作。

命令: _polygon

输入边的数目 <4>: 6✓

指定正多边形的中心点或 [边(E)]: 0,0✓

输入选项 [内接于圆(I)/外切于圆(C)] <I>: C✓　　　　　//选择"外切于圆"选项

指定圆的半径: 38✓

绘制的正六边形如图 2-11 所示。

2）在功能区"默认"选项卡的"绘图"面板中单击"多边形"按钮⬠，接着根据命令行提示执行如下操作。

命令: _polygon

输入边的数目 <6>: 3✓

指定正多边形的中心点或 [边(E)]: 0,0✓

输入选项 [内接于圆(I)/外切于圆(C)] <C>: I✓　　　　　//选择"内接于圆"选项

指定圆的半径: 25✓

绘制的等边三角形如图 2-12 所示。

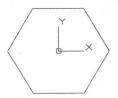

图 2-11　绘制正六边形

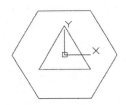

图 2-12　绘制等边三角形

## 2.5　绘制圆

在 AutoCAD 中绘制圆的方法命令有多种，包括"圆心，半径""圆心，直径""两点""三点""相切，相切，半径"和"相切，相切，相切"，这些用于绘制圆的方法命令可以在功能区"默认"选项卡的"绘图"面板中找到，如图 2-13 所示，也可以从主菜单栏的"绘图"菜单中找到，如图 2-14 所示。

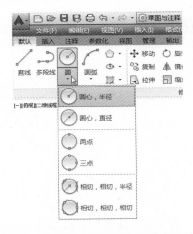

图 2-13　功能区中的绘制圆的命令工具

图 2-14　菜单栏中的绘制圆的命令

### 2.5.1 "圆心，半径"绘制方法

该绘制方法是通过指定圆心和半径来绘制圆，其操作步骤如下。

1）在功能区"默认"选项卡的"绘图"面板中单击"圆心，半径"按钮 ⊙，或者在菜单栏中选择"绘图"→"圆"→"圆心，半径"命令。

2）指定圆的圆心位置。

3）指定圆的半径。

**操作范例：使用"圆心，半径"绘制方法绘制一个圆**

在功能区"默认"选项卡的"绘图"面板中单击"圆心，半径"按钮 ⊙，或者在菜单栏中选择"绘图"→"圆"→"圆心，半径"命令，接着指定圆的圆心位置和半径。具体的操作命令行历史记录如下。

命令：_circle

指定圆的圆心或 [三点(3P)/两点(2P)/切点、切点、半径(T)]: 100,0↙

指定圆的半径或 [直径(D)]: 38↙

绘制的圆如图 2-15 所示。

### 2.5.2 "圆心，直径"绘制方法

使用"圆心，直径"方法绘制圆的步骤如下。

1）在功能区"默认"选项卡的"绘图"面板中单击"圆心，直径"按钮 ⊘，或者在菜单栏中选择"绘图"→"圆"→"圆心、直径"命令。

2）指定圆的圆心位置。

3）指定圆的直径。

**操作范例：使用"圆心，直径"绘制方法绘制一个圆**

1）在"默认"功能区选项卡的"绘图"面板中单击"圆心，直径"按钮 ⊘，或者在菜单栏中选择"绘图"→"圆"→"圆心，直径"命令。

2）根据命令行提示进行以下操作。

命令：_circle

指定圆的圆心或 [三点(3P)/两点(2P)/切点、切点、半径(T)]: 0,0↙

指定圆的半径或 [直径(D)] <38.0000>: _d 指定圆的直径 <76.0000>: 50↙

完成绘制的圆如图 2-16 所示。

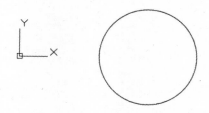

图 2-15 使用"圆心，半径"方法绘制的圆

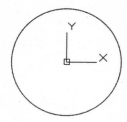

图 2-16 使用"圆心，直径"方法绘制的圆

### 2.5.3 "两点"绘制方法

使用"两点"绘制方法是指通过指定用于定义直径的两个点来创建圆。使用该方法绘制圆的操作步骤如下。

1）在功能区"默认"选项卡的"绘图"面板中单击"两点"按钮◯，或者在菜单栏中选择"绘图"→"圆"→"两点"命令。

2）指定圆的直径的第一个端点。

3）指定圆的直径的第二个端点。

例如，上一小节的圆也可以采用"两点"方法来绘制，其操作命令行历史记录如下。

命令: _circle

指定圆的圆心或 [三点(3P)/两点(2P)/切点、切点、半径(T)]: _2p 指定圆直径的第一个端点: -25,0↙

指定圆直径的第二个端点: 25,0↙

### 2.5.4 "三点"绘制方法

"三点"绘制方法是基于圆周上的 3 个点来绘制圆，其典型的操作步骤如下。

1）在功能区"默认"选项卡的"绘图"面板中单击"三点"按钮◯，或者在菜单栏中选择"绘图"→"圆"→"三点"命令。

2）指定圆周上的第一点。

3）指定圆周上的第二点。

4）指定圆周上的第三点。

### 2.5.5 "相切，相切，半径"绘制方法

"相切，相切，半径"绘制方法是指基于指定的两个相切对象和指定的半径来绘制圆。绘制的圆与对象指定的切点位置相关，有时有多个圆符合指定的相切条件，此时 AutoCAD 会根据就近原则绘制具有指定半径的圆，使其切点与选定点的距离最近。

创建与两个对象相切的圆的典型步骤如下。

1）在功能区"默认"选项卡的"绘图"面板中单击"相切，相切，半径"按钮◯，或者在菜单栏中选择"绘图"→"圆"→"相切，相切，半径"命令。此命令会自动启动"切点"对象捕捉模式。

2）选择与要绘制的圆相切的第一个对象。

3）选择与要绘制的圆相切的第二个对象。

4）指定圆的半径。

**操作范例：使用"相切，相切，半径"方法绘制圆**

1）打开位于随书光盘的"CH2"文件夹中的"切切半.dwg"文件，该文件已经绘制好一个圆和一条直线段。

2）在功能区"默认"选项卡的"绘图"面板中单击"相切，相切，半径"按钮◯，或者在菜单栏中选择"绘图"→"圆"→"相切，相切，半径"命令，根据命令行提示进行以下操作。

命令: _circle

指定圆的圆心或 [三点(3P)/两点(2P)/切点、切点、半径(T)]: _ttr

指定对象与圆的第一个切点:     //使用鼠标在图 2-17a 所示的位置单击圆

指定对象与圆的第二个切点:     //使用鼠标在图 2-17b 所示的位置单击直线

指定圆的半径: 18↙     //输入圆的半径为 18，按〈Enter〉键确定

绘制与所选两个对象相切的圆如图 2-17c 所示。

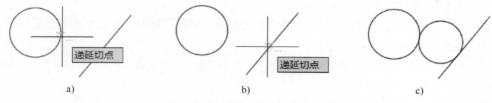

图 2-17　使用"切切半"方法绘制相切圆

a) 指定对象与圆的第一个切点　b) 指定对象与圆的第二个切点　c) 完成的相切圆

### 2.5.6　"相切，相切，相切"绘制方法

"相切，相切，相切"绘制方法是指通过指定 3 个对象来创建与这 3 个对象均相切的圆。当不止一个圆符合指定的条件时，系统会根据就近原则绘制其切点与选定点距离最近的相切圆。

创建与 3 个对象相切的圆的步骤如下。

1）在功能区"默认"选项卡的"绘图"面板中单击"相切，相切，相切"按钮⭕，或者在菜单栏中选择"绘图"→"圆"→"相切，相切，相切"命令。此命令会自动启动"切点"对象捕捉模式。

2）选择与要绘制的圆相切的第一个对象。

3）选择与要绘制的圆相切的第二个对象。

4）选择与要绘制的圆相切的第三个对象。

**操作范例：绘制与 3 个对象均相切的圆**

1）打开位于随书光盘的"CH2"文件夹中的"切切切.dwg"文件，该文件已经绘制好一个圆、一个圆弧和一条直线段。

2）在功能区"默认"选项卡的"绘图"面板中单击"相切，相切，相切"按钮⭕，或者在菜单栏中选择"绘图"→"圆"→"相切，相切，相切"命令，接着根据命令行提示进行如下操作。

命令: _circle

指定圆的圆心或 [三点(3P)/两点(2P)/切点、切点、半径(T)]: _3p

指定圆上的第一个点: _tan 到     //单击图 2-18a 所示的圆

指定圆上的第二个点: _tan 到     //单击图 2-18b 所示的直线

指定圆上的第三个点: _tan 到     //单击图 2-18c 所示的圆弧

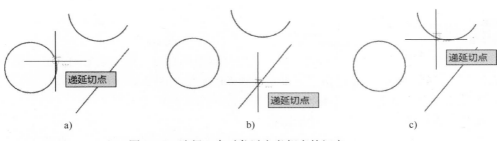

a)             b)             c)

图 2-18   选择 3 个对象以定义相应的切点

a) 单击第一个对象   b) 单击第二个对象   c) 单击第三个对象

完成绘制的相切圆如图 2-19 所示。

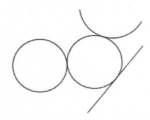

图 2-19   绘制与 3 个对象均相切的圆

# 2.6   绘制圆弧

    在 AutoCAD 中绘制圆弧的方法命令有多种，包括"三点""起点，圆心，端点""起点，圆心，角度""起点，圆心，长度""起点，端点，角度""起点，端点，方向""起点，端点，半径""圆心，起点，端点""圆心，起点，角度""圆心，起点，长度"和"继续"，这些用于绘制圆弧的方法命令既可以在功能区"默认"选项卡的"绘图"面板中找到，如图 2-20 所示，也可以从主菜单栏"绘图"菜单的"圆弧"级联菜单中找到，如图 2-21 所示。

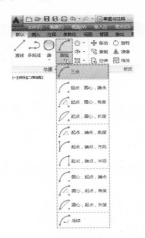

图 2-20   功能区面板中的圆弧命令工具

图 2-21   菜单栏中的圆弧命令

### 2.6.1 使用"三点"法绘制圆弧

可以通过指定三点来绘制圆弧，第一点定义圆弧的起点，第二点为圆弧上的某一点，第三点则定义圆弧的终点。通过指定三点绘制圆弧的示例如图 2-22 所示。

下面通过操作范例来介绍使用"三点"法绘制圆弧的步骤。

**操作步骤：使用"三点"法绘制圆弧**

在功能区"默认"选项卡的"绘图"面板中单击"三点"按钮 ，或者在菜单栏中选择"绘图"→"圆弧"→"三点"命令，接着根据命令行提示进行如下操作。

命令: _arc

指定圆弧的起点或 [圆心(C)]: 0,0✓

指定圆弧的第二个点或 [圆心(C)/端点(E)]: 50,50✓

指定圆弧的端点: 100,20✓

绘制的圆弧如图 2-23 所示。

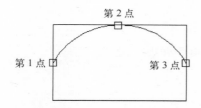

图 2-22 使用"三点"法绘制圆弧示例

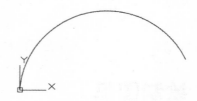

图 2-23 完成绘制的圆弧

### 2.6.2 其他绘制圆弧的方法

下面介绍除了"三点"法之外其他绘制圆弧的方法。在实际设计工作中，用户要根据具体的设计情况来灵活选用合适的方法来绘制圆弧。

**1."起点，圆心，端点"**

通过指定起点、圆心及用于确定端点的第 3 点来绘制圆弧，其中起点和圆心之间的距离确定半径，生成的圆弧默认从起点以逆时针绘制。在执行命令的过程中根据使用选项的不同，既可以先指定起点，也可以先指定圆心。

**2."起点，圆心，角度"**

使用起点、圆心和夹角绘制圆弧，其中起点和圆心之间的距离确定半径，圆弧的另一端通过指定以圆弧圆心为顶点的夹角来确定。

**3."起点，圆心，长度"**

使用起点、圆心和弦长绘制圆弧，圆弧的另一端点通过指定圆弧起点和端点之间的弦长确定，生成的圆弧同样是默认从起点开始以逆时针绘制。

**4."起点，端点，角度"**

使用起点、端点和夹角绘制圆弧，圆弧端点之间的夹角确定圆弧的圆心和半径。

**5."起点，端点，方向"**

使用起点、端点和起点切向绘制圆弧。起点切向可以通过在所需切线上指定一个点或输入角度来确定。

**6."起点，端点，半径"**

使用圆弧起点、端点和半径绘制圆弧。当输入半径为正数时，绘制劣弧；当输入半径为负数时，绘制优弧。

**7."圆心，起点，端点"**

通过指定圆心位置、起点位置和终点位置来绘制圆弧。

**8."圆心，起点，角度"**

通过指定圆心位置、起点位置和圆弧所对应的圆心角（包含角）来绘制圆弧。

**9."圆心，起点，长度"**

通过指定圆心位置、起点位置和弦长绘制圆弧。

**10."继续"**

创建圆弧使其相切于上一次绘制的直线或圆弧。执行此命令时，命令行出现"指定圆弧的端点"的提示信息。

下面介绍一个绘制多个圆弧的操作范例。

**操作范例：绘制圆弧**

1）新建一个图形文件。

2）在功能区"默认"选项卡的"绘图"面板中单击"起点，端点，半径"按钮 ，或者在菜单栏中选择"绘图"→"圆弧"→"起点，端点，半径"命令，接着根据命令行提示进行如下操作。

命令：_arc

指定圆弧的起点或 [圆心(C)]: 60,30↙

指定圆弧的第二个点或 [圆心(C)/端点(E)]: _e

指定圆弧的端点: 0,50↙

指定圆弧的中心点(按住〈 Ctrl 〉键以切换方向)或 [角度(A)/方向(D)/半径(R)]: _r

指定圆弧的半径(按住〈Ctrl〉键以切换方向): 50↙

绘制的第一条圆弧如图 2-24 所示。

3）在功能区"默认"选项卡的"绘图"面板中单击"起点，端点，半径"按钮 ，或者在菜单栏中选择"绘图"→"圆弧"→"起点，端点，半径"命令，接着根据命令行提示进行如下操作。

命令：_arc

指定圆弧的起点或 [圆心(C)]: 60,30↙

指定圆弧的第二个点或 [圆心(C)/端点(E)]: _e

指定圆弧的端点: 0,50↙

指定圆弧的中心点(按住〈Ctrl〉键以切换方向)或 [角度(A)/方向(D)/半径(R)]: _r

指定圆弧的半径(按住〈Ctrl〉键以切换方向): -50↙

绘制的第二条圆弧如图 2-25 所示。

4）在功能区"默认"选项卡的"绘图"面板中单击"圆心，起点，角度"按钮，或者在菜单栏中选择"绘图"→"圆弧"→"圆心，起点。角度"命令，接着根据命令行提示进行如下操作。

命令：_arc

指定圆弧的起点或 [圆心(C)]：_c

指定圆弧的圆心：50,0✓

指定圆弧的起点：0,0✓

指定圆弧的端点(按住〈Ctrl〉键以切换方向)或 [角度(A)/弦长(L)]：_a

指定夹角(按住〈Ctrl〉键以切换方向)：120✓

绘制的第三条圆弧如图 2-26 所示。

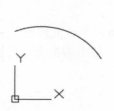 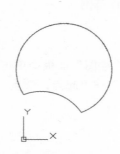 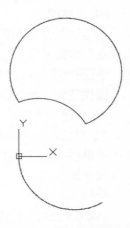

图 2-24　绘制的第一条圆弧　　　图 2-25　绘制第二条圆弧　　　图 2-26　绘制的第三条圆弧

5）在功能区"默认"选项卡的"绘图"面板中单击"继续"按钮，或者在菜单栏中选择"绘图"→"圆弧"→"继续"命令，接着根据命令行提示进行如下操作。

命令：_arc

指定圆弧的起点或 [圆心(C)]：　　　//系统自动以上一次绘制的圆弧端点为起点

指定圆弧的端点(按住〈Ctrl〉键以切换方向)：228,115✓

绘制的相切圆弧如图 2-27 所示。

6）在功能区"默认"选项卡的"绘图"面板中单击"起点，端点，方向"按钮，或者在菜单栏中选择"绘图"→"圆弧"→"起点，端点，方向"命令，接着根据命令行提示进行如下操作。

命令：_arc

指定圆弧的起点或 [圆心(C)]：0,0✓

指定圆弧的第二个点或 [圆心(C)/端点(E)]：_e

指定圆弧的端点：228,115✓

指定圆弧的中心点(按住〈Ctrl〉键以切换方向)或 [角度(A)/方向(D)/半径(R)]：_d

指定圆弧起点的相切方向(按住〈Ctrl〉键以切换方向)：0✓

最后一段圆弧绘制的效果如图 2-28 所示。

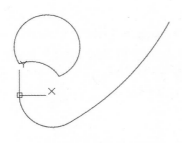
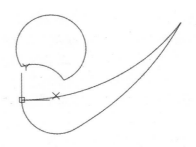

　　　　图 2-27　绘制的相切圆弧　　　　　　　　图 2-28　最后完成的圆弧

# 2.7　绘制椭圆和椭圆弧

本节介绍绘制椭圆和椭圆弧的方法步骤。

### 2.7.1　绘制椭圆

绘制椭圆有两种方式，一种是使用"圆心"方式绘制椭圆，另一种是使用"轴、端点"方式绘制椭圆。

（1）使用"圆心"方式绘制椭圆的典型步骤如下。

1）在"默认"功能区选项卡的"绘图"面板中单击"椭圆：圆心"按钮 ，或者在菜单栏中选择"绘图"→"椭圆"→"圆心"命令。

2）指定椭圆的中心点。

3）指定其中一根轴的一个端点。

4）指定另一根半轴的长度，或者选择"旋转"选项以指定绕第一条轴旋转的角度。

**操作范例：使用"圆心"方式绘制椭圆**

1）在功能区"默认"选项卡的"绘图"面板中单击"椭圆：圆心"按钮 ，或者在菜单栏中选择"绘图"→"椭圆"→"圆心"命令。

2）根据命令行提示进行如下操作。

命令：_ellipse

指定椭圆的轴端点或 [圆弧(A)/中心点(C)]：_c

指定椭圆的中心点：120,80↙

指定轴的端点：180,100↙

指定另一条半轴长度或 [旋转(R)]：39.5↙

完成绘制的椭圆如图 2-29 所示。

（2）使用"轴、端点"方式绘制椭圆的典型步骤如下。

1）在功能区"默认"选项卡的"绘图"面板中单击"椭圆：轴，端点"按钮 ，或者在菜单栏中选择"绘图"→"椭圆"→"轴，端点"命令。

2）指定椭圆的一个轴端点。

3）指定该轴的另一个端点。

4）指定另一条半轴长度，或者选择"旋转"选项并指定绕长轴旋转的角度，以通过绕

第一条轴（长轴）旋转圆来创建椭圆。

**操作范例：使用"轴，端点"方式绘制椭圆**

1）在功能区"默认"选项卡的"绘图"面板中单击"椭圆：轴，端点"按钮，或者在菜单栏中选择"绘图"→"椭圆"→"轴，端点"命令。

2）根据命令行提示进行如下操作。

命令：_ellipse

指定椭圆的轴端点或 [圆弧(A)/中心点(C)]：20,20✓

指定轴的另一个端点：50,20✓

指定另一条半轴长度或 [旋转(R)]：8✓

完成绘制的椭圆如图 2-30 所示。

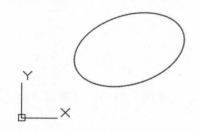
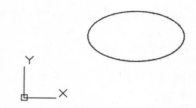

图 2-29 使用"圆心"方式绘制的椭圆　　图 2-30 使用"轴，端点"方式绘制的椭圆

### 2.7.2 绘制椭圆弧

要绘制椭圆弧，可以在功能区"默认"选项卡的"绘图"面板中单击"椭圆弧"按钮，或者在菜单栏中选择"绘图"→"椭圆"→"圆弧"命令，命令窗口的命令行出现图 2-31 所示的命令提示信息，用户可以根据该提示信息指定椭圆弧的轴端点，或选择"中心点（C）"选项，然后根据命令行提示进行相关的操作以便从完整椭圆上截取所需的一段弧。

`ELLIPSE 指定椭圆弧的轴端点或 [中心点(C)]：`

图 2-31 命令行中的提示（浮动命令窗口）

例如，单击"椭圆弧"按钮后，按照以下操作来创建图 2-32 所示的一段椭圆弧。

命令：_ellipse

指定椭圆的轴端点或 [圆弧(A)/中心点(C)]：_a

指定椭圆弧的轴端点或 [中心点(C)]：0,0✓

指定轴的另一个端点：50,0✓

指定另一条半轴长度或 [旋转(R)]：20✓

指定起点角度或 [参数(P)]：-30✓

指定端点角度或 [参数(P)/夹角(I)]：200✓

下面介绍一个使用"中心点"选项绘制椭圆弧的典型操作范例。

**操作范例：绘制椭圆弧**

在功能区"默认"选项卡的"绘图"面板中单击"椭圆弧"按钮，或者在菜单栏中选择"绘图"→"椭圆"→"圆弧"命令，接着根据命令行提示进行如下操作。

命令: _ellipse

指定椭圆的轴端点或 [圆弧(A)/中心点(C)]: _a

指定椭圆弧的轴端点或 [中心点(C)]: C✓

指定椭圆弧的中心点: 50,0✓

指定轴的端点: 80,0✓

指定另一条半轴长度或 [旋转(R)]: R✓

指定绕长轴旋转的角度: 30✓

指定起点角度或 [参数(P)]: 45✓

指定端点角度或 [参数(P)/夹角(I)]: 210✓

完成绘制的椭圆弧如图 2-33 所示。

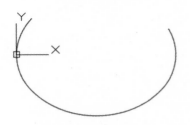

图 2-32　绘制的椭圆弧 1

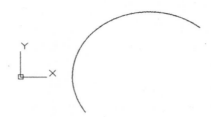

图 2-33　绘制的椭圆弧 2

## 2.8　绘制多线

　　AutoCAD 2016 中的多线（也称多行）由 1～16 条平行线组成，多线中的平行线被称为元素。在绘制多线时，用户可以使用包括两个元素的 STANDARD 样式，也可以指定一个之前创建的命名样式，创建的命名样式主要用来控制多线元素的数量和每个元素的特性。多线特性包括：元素的总数和每个元素的位置、每个元素与多线中间的偏移距离、每个元素的颜色和线型、每个顶点出现的称为 Joints 的直线和可见性、使用的端点封口类型、多线的背景填充颜色。

　　在绘制多线之前，可以修改多线的对正和比例。其中多线对正用于确定在光标的哪一侧绘制多行，或者是否位于光标的中心上；多线比例则用来控制多线的全局宽度（使用当前单位），多线比例不影响线型比例（如果要更改多行比例，可能需要对线型比例做相应的更改，以防点或虚线的尺寸不正确）。

　　多线是一个单一对象，它常被用来绘制墙体、街道、马路、管道等平行线对象。本节介绍使用现有多线样式绘制多线和创建多线样式来绘制多线的方法。

### 2.8.1　使用现有多线样式绘制多线

　　在"绘图"菜单中选择"多线"命令，此时固定命令窗口的命令行提示图 2-34 所示，在固定命令窗口中可以看到默认的多线样式为"STANDARD"，其对正方式为

"上",比例为 1,在这里采用默认参数的多线样式。如果是浮动命令窗口,由于浮动命令窗口在初始默认时只显示一行提示,那么要查看多行提示,则可以按〈F2〉键以查看命令历史记录。

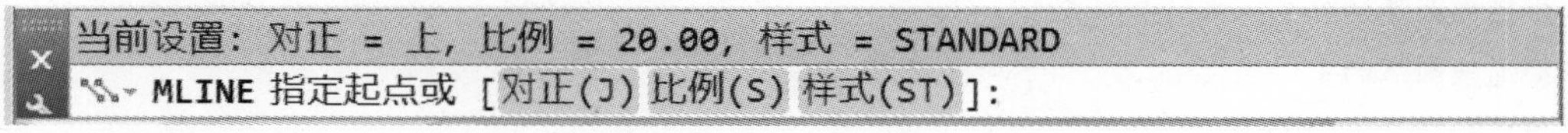

当前设置: 对正 = 上, 比例 = 20.00, 样式 = STANDARD
MLINE 指定起点或 [对正(J) 比例(S) 样式(ST)]:

图 2-34　创建多线的命令提示(以固定命令窗口为例)

使用默认多线样式绘制多线的步骤和绘制直线的步骤相似。请看如下的范例。

命令: MLINE↙

当前设置: 对正 = 上, 比例 = 20.00, 样式 = STANDARD

指定起点或 [对正(J)/比例(S)/样式(ST)]: S↙　　　　　　//选择"比例(S)"选项

输入多线比例 <20.00>: 20↙

当前设置: 对正 = 上, 比例 = 20.00, 样式 = STANDARD

指定起点或 [对正(J)/比例(S)/样式(ST)]: 38,0↙

指定下一点: 80,60↙

指定下一点或 [放弃(U)]: 180,60↙

指定下一点或 [闭合(C)/放弃(U)]: 180,0↙

指定下一点或 [闭合(C)/放弃(U)]: 256,0↙

指定下一点或 [闭合(C)/放弃(U)]: ↙

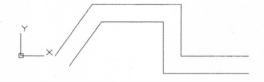

图 2-35　绘制的多线

绘制的多线如图 2-35 所示。

**知识点拨**: 在执行"多线"命令的过程中,可以对多线的"对正"和"比例"进行修改。"对正"类型有"上(T)""无(Z)"和"下(B)",如图 2-36 所示。当选择对正类型为"上(T)"时,则上端对正,即在光标下方绘制多线,如图 2-37a 所示;当选择对正类型为"无(Z)"时,将以光标作为原点绘制多线,如图 2-37b 所示,当选择对正类型为"下(B)"时,则下端对正,即在光标的上方绘制多线,如图 2-37c 所示。

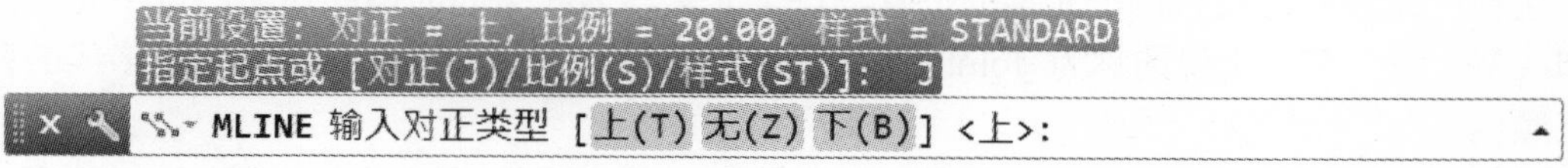

当前设置: 对正 = 上, 比例 = 20.00, 样式 = STANDARD
指定起点或 [对正(J)/比例(S)/样式(ST)]: J
MLINE 输入对正类型 [上(T) 无(Z) 下(B)] <上>:

图 2-36　设置多线的对正类型

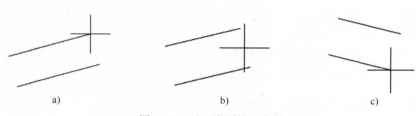

a)　　　　　　　　　　b)　　　　　　　　　　c)

图 2-37　对正类型的示意图

a)"上(T)"　b)"无(Z)"　c)"下(B)"

### 2.8.2 创建多线样式来绘制多线

在绘制多线之前，一般可以先根据设计要求在图形中创建和保存所需要的多线样式。多线样式的主要参数包括平行线的数量、平行线的颜色及其他特性、多线区域的填充颜色和末端封口等。

创建多线样式的典型方法和步骤如下。

1）确保设置显示菜单栏，从"格式"菜单中选择"多线样式"命令，系统弹出图 2-38 所示的"多线样式"对话框。其中，"样式"列表框用于显示已有的多线样式，"预览"框用于显示所选多线样式的图形预览效果。

图 2-38 "多线样式"对话框

2）在"多线样式"对话框中单击"新建"按钮，打开"创建新的多线样式"对话框，接着在"创建新的多线样式"对话框的"新样式名"文本框中输入新样式名，默认基础样式，如图 2-39 所示。

图 2-39 "创建新的多线样式"对话框

3）在"创建新的多线样式"对话框中单击"继续"按钮。

4）系统弹出图 2-40 所示的"新建多线样式：BC-ML"对话框。在该对话框中分别设置起点封口和端点封口，指定填充颜色、多线图元的参数等，在"说明"文本框中可以输入新多线样式的说明。

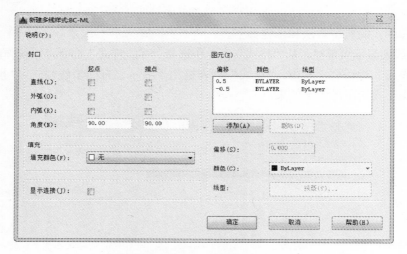

图 2-40 "新建多线样式：BC-ML"对话框

5）设置好多线选项及参数后，单击"新建多线样式"对话框中的"确定"按钮。

6）在"多线样式"对话框中单击"保存"按钮，将多线样式保存到文件，其默认文件为"acad.mln"。可以将多个多线样式保存到同一个文件中。

7）保存好多线样式后，单击"多线样式"对话框中的"确定"按钮。

**操作范例：创建自定义多线**

在该操作范例中，需要先创建一个多线样式，然后使用该多线样式绘制所需的多线图形。该操作范例的具体操作步骤如下。

1）新建一个图形，在"格式"菜单中选择"多线样式"命令，系统弹出"多线样式"对话框。

2）默认的多线样式为 STANDARD 样式。在"多线样式"对话框中单击"新建"按钮，打开"创建新的多线样式"对话框。

3）在"创建新的多线样式"对话框中，输入新样式名为"BC-ML-1"，如图 2-41 所示，然后单击"继续"按钮。

图 2-41 "创建新的多线样式"对话框

4）系统弹出"新建多线样式"对话框。在"图元"选项组中单击"添加"按钮来添加一个平行线元素，该新平行线元素显示在图元列表中，可以设置它的偏移值、颜色和线型，如图 2-42 所示。

5）在"图元"选项组的图元列表中，分别选择原先的两个平行线元素并修改其偏移值，如图 2-43 所示。

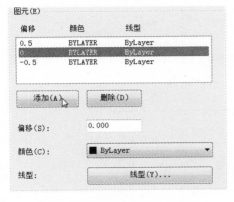

图 2-42　添加一个平行线元素

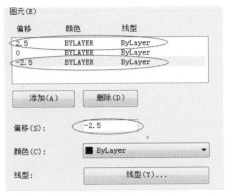

图 2-43　修改相应的偏移值

6）在"封口"选项组中，勾选"外弧"的"起点"复选框和"直线"的"端点"复选框，如图 2-44 所示。

7）在"填充"选项组的"填充颜色"下拉列表框中选择"绿"选项，如图 2-45 所示。

图 2-44　设置封口选项

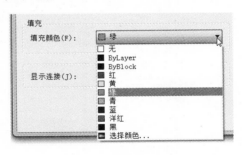

图 2-45　设置填充颜色

8）在"说明"文本框中输入"3 条平行线的多线，一端外弧封口，另一端直线封口，绿色填充"，如图 2-46 所示。

图 2-46　输入该多线样式说明

9）单击"新建多线样式"对话框中的"确定"按钮，返回到"多线样式"对话框。此时的"多线样式"对话框如图 2-47 所示。

图 2-47 "多线样式"对话框

10）在"多线样式"对话框中单击"保存"按钮，系统弹出图 2-48 所示的"保存多线样式"对话框，默认文件名为"acad"，文件类型为"*.mln"，然后单击"保存"按钮。

图 2-48 "保存多线样式"对话框

11）在"多线样式"对话框中单击"置为当前"按钮，接着单击"确定"按钮。

12）在"绘图"菜单中选择"多线"命令，接着根据命令提示进行如下操作。

命令：_mline

当前设置：对正 = 上，比例 = 20.00，样式 = BC-ML-1

指定起点或 [对正(J)/比例(S)/样式(ST)]：ST✓

输入多线样式名或 [?]：BC-ML-1✓

当前设置：对正 = 上，比例 =20.00，样式 =BC-ML-1

指定起点或 [对正(J)/比例(S)/样式(ST)]：S✓

输入多线比例 <20.00>：20✓

当前设置：对正 = 上，比例 =20.00，样式 =BC-ML-1

指定起点或 [对正(J)/比例(S)/样式(ST)]：J✓

输入对正类型 [上(T)/无(Z)/下(B)] <上>：Z✓

当前设置：对正 = 无，比例 =20.00，样式 =BC-ML-1

指定起点或 [对正(J)/比例(S)/样式(ST)]：120,120✓

指定下一点：@280<0✓

指定下一点或 [放弃(U)]：@200<45✓

指定下一点或 [闭合(C)/放弃(U)]：@300<0✓

指定下一点或 [闭合(C)/放弃(U)]：@200<-45✓

指定下一点或 [闭合(C)/放弃(U)]：✓

完成绘制的多线如图 2-49 所示。

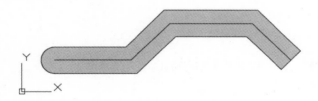

图 2-49　完成绘制的多线

# 2.9　绘制多段线

AutoCAD 中的多段线是作为单个对象创建的相互连接的线段序列，这些线段可以是直线段、圆弧段或两者的组合线段。通常多段线适用于这些方面：地形、等压和其他科学应用的轮廓素线，布线图和印制电路板布局，流程图和布管图，以及三维实体建模的拉伸轮廓和拉伸路径。

在"绘图"菜单中选择"多段线"命令，或者在相应面板中单击"多段线"按钮🖊，接着根据命令行提示指定多段线的起点，此时当前命令行出现的提示信息如图 2-50 所示。用户可以根据需要决定要绘制的是直线或圆弧，并可以设置半宽、长度、宽度等参数来绘制所需的多段线。

```
指定起点：
当前线宽为 0.0000
× ↗ 🖊 ▾ PLINE 指定下一个点或 [圆弧(A) 半宽(H) 长度(L) 放弃(U) 宽度(W)]：        ▲
```

图 2-50　绘制多段线的命令行提示

其中，使用"宽度"选项和"半宽"选项可以绘制各种宽度的多段线，在设计中可以依次设置每条线段的宽度，设置大于零的宽度时将生成宽线，即会创建宽多段线。

如果要绘制包含直线和圆弧的组合多段线，则可以按照如下步骤进行。

1）在"绘图"菜单中选择"多段线"命令，或者在"绘图"面板中单击"多段线"按钮 。

2）指定多段线线段的起点。

3）指定多段线线段的端点。要注意命令行的提示，并灵活切换到"圆弧"模式或"直线"模式。在命令行的提示下输入"A"并按〈Enter〉键，或者使用鼠标在提示中单击选择"圆弧"选项，可以切换到"圆弧"模式；在命令行提示下输入"L"并按〈Enter〉键，或者使用鼠标在提示中单击选择"直线"选项，可以切换到"直线"模式。

4）根据需要指定其他多段线线段。

5）按〈Enter〉键结束，或者输入"C"并确定以使多段线闭合。

**操作范例：绘制直线段与圆弧组合的多段线**

1）在"绘图"菜单中选择"多段线"命令，或者在工具栏或相应面板中单击"多段线"按钮 。

2）根据命令行提示进行如下操作。

命令: _pline

指定起点: 0,0↙

当前线宽为 0.0000

指定下一个点或 [圆弧(A)/半宽(H)/长度(L)/放弃(U)/宽度(W)]: W↙

指定起点宽度 <0.0000>: 0↙

指定端点宽度 <0.0000>: ↙

指定下一个点或 [圆弧(A)/半宽(H)/长度(L)/放弃(U)/宽度(W)]: 100,0↙

指定下一点或 [圆弧(A)/闭合(C)/半宽(H)/长度(L)/放弃(U)/宽度(W)]: @30<90↙

指定下一点或 [圆弧(A)/闭合(C)/半宽(H)/长度(L)/放弃(U)/宽度(W)]: @20<180↙

指定下一点或 [圆弧(A)/闭合(C)/半宽(H)/长度(L)/放弃(U)/宽度(W)]: A↙

指定圆弧的端点(按住〈Ctrl〉键以切换方向)或 [角度(A)/圆心(CE)/闭合(CL)/方向(D)/半宽(H)/直线(L)/半径(R)/第二个点(S)/放弃(U)/宽度(W)]: CE↙

指定圆弧的圆心: 50,30↙

指定圆弧的端点(按住〈Ctrl〉键以切换方向)或 [角度(A)/长度(L)]: A↙

指定夹角(按住〈Ctrl〉键以切换方向): 180↙

指定圆弧的端点(按住〈Ctrl〉键以切换方向)或 [角度(A)/圆心(CE)/闭合(CL)/方向(D)/半宽(H)/直线(L)/半径(R)/第二个点(S)/放弃(U)/宽度(W)]: L↙

指定下一点或 [圆弧(A)/闭合(C)/半宽(H)/长度(L)/放弃(U)/宽度(W)]: @20<180↙

指定下一点或 [圆弧(A)/闭合(C)/半宽(H)/长度(L)/放弃(U)/宽度(W)]: C↙

绘制的多段线如图 2-51 所示。

下面再举一个操作范例，绘制带有宽度的多段线。

**操作范例：绘制具有宽度的多段线**

1）在"绘图"面板中单击"多段线"按钮 。

2）根据命令行提示进行如下操作。

命令: _pline

指定起点: 100,100✓

当前线宽为　0.0000

指定下一个点或　[圆弧(A)/半宽(H)/长度(L)/放弃(U)/宽度(W)]: W✓

指定起点宽度　<0.0000>: 5.5✓

指定端点宽度　<5.5000>: 2.5✓

指定下一个点或　[圆弧(A)/半宽(H)/长度(L)/放弃(U)/宽度(W)]: A✓

指定圆弧的端点(按住〈Ctrl〉键以切换方向)或　[角度(A)/圆心(CE)/方向(D)/半宽(H)/直线(L)/半径(R)/第二个点(S)/放弃(U)/宽度(W)]: CE✓

指定圆弧的圆心: 130,100✓

指定圆弧的端点(按住〈Ctrl〉键以切换方向)或　[角度(A)/长度(L)]: 160,100✓

指定圆弧的端点(按住〈Ctrl〉键以切换方向)或　[角度(A)/圆心(CE)/闭合(CL)/方向(D)/半宽(H)/直线(L)/半径(R)/第二个点(S)/放弃(U)/宽度(W)]: W✓

指定起点宽度　<2.5000>:✓

指定端点宽度　<2.5000>: 1.25✓

指定圆弧的端点(按住〈Ctrl〉键以切换方向)或　[角度(A)/圆心(CE)/闭合(CL)/方向(D)/半宽(H)/直线(L)/半径(R)/第二个点(S)/放弃(U)/宽度(W)]: 60,85✓

指定圆弧的端点(按住〈Ctrl〉键以切换方向)或　[角度(A)/圆心(CE)/闭合(CL)/方向(D)/半宽(H)/直线(L)/半径(R)/第二个点(S)/放弃(U)/宽度(W)]: W✓

指定起点宽度　<1.2500>:✓

指定端点宽度　<1.2500>: 0✓

指定圆弧的端点(按住〈Ctrl〉键以切换方向)或　[角度(A)/圆心(CE)/闭合(CL)/方向(D)/半宽(H)/直线(L)/半径(R)/第二个点(S)/放弃(U)/宽度(W)]: 95,68✓

指定圆弧的端点(按住〈Ctrl〉键以切换方向)或　[角度(A)/圆心(CE)/闭合(CL)/方向(D)/半宽(H)/直线(L)/半径(R)/第二个点(S)/放弃(U)/宽度(W)]: ✓

完成绘制的多段线如图 2-52 所示。

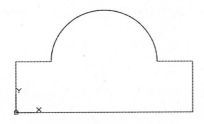

图 2-51　绘制的多段线

图 2-52　绘制的带有宽度的多段线

## 2.10　绘制点

点对象一般起标记和参考作用。在初始默认情况下绘制的点在屏幕中以极小的圆点显

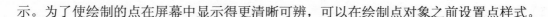

示。为了使绘制的点在屏幕中显示得更清晰可辨，可以在绘制点对象之前设置点样式。

### 2.10.1 设置点样式

在"格式"菜单中选择"点样式"命令（PTYPE），打开图 2-53 所示的"点样式"对话框。在该对话框中，选定一种点的显示样式，并在"点大小"文本框中设置其显示大小。如果选中"相对于屏幕设置大小"单选按钮，则按照屏幕尺寸的百分比设置点的显示大小，当进行缩放时点的显示大小并不改变；如果选择"按绝对单位设置大小"单选按钮，则按照在"点大小"文本框中实际单位输入的值定义点显示的大小，进行缩放时显示的点大小会随之变化。设置好点样式和点大小后，单击"点样式"对话框中的"确定"按钮。

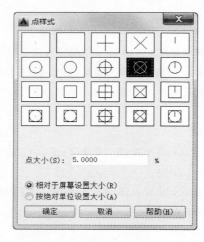

图 2-53 "点样式"对话框

### 2.10.2 绘制单点和多点

绘制单点的方法和步骤很简单，在"绘图"菜单中选择"点"→"单点"命令，然后指定点的放置位置即可。

绘制多点的典型方法和步骤也不复杂，即在"绘图"菜单中选择"点"→"多点"命令，或者在功能区"默认"选项卡的"绘图"面板中单击"多点"按钮 ，然后连续指定若干个点的放置位置即可。

### 2.10.3 绘制定数等分点和定距等分点

使用系统提供的"定数等分"命令，可以在对象上按照给定的数目沿着对象的长度或周长创建等间距的点对象或块；而使用系统提供的"定距等分"命令，则可以在对象上以指定的间距连续地创建点或插入块。值得注意的是定距等分或定数等分的起点是随对象类型而变化的：对于直线或非闭合的多段线，其起点是距离选择点最近的端点；对于闭合的多段线，其起点是多段线的起点；对于圆，其起点是以圆心为起点、以当前捕捉角度为方向的捕捉路径与圆的交点。

下面介绍如何绘制定数等分点和定距等分点。

**1. 绘制定数等分点**

绘制定数等分点的典型方法和步骤简述如下。

1）在"绘图"菜单中选择"点"→"定数等分"命令，或者在功能区"默认"选项卡的"绘图"面板中单击"定数等分"按钮🗡。

2）选择要定数等分的对象。

3）输入有效的线段数目。

**操作范例：以定数等分方式在对象上绘制若干个点**

1）新建一个图形文件，设置好所需的点样式。

2）在功能区"默认"选项卡的"绘图"面板中单击"圆心，半径"按钮⊘，绘制图 2-54 所示的一个圆，具体的操作过程如下。

命令: _circle

指定圆的圆心或 [三点(3P)/两点(2P)/切点、切点、半径(T)]: 300,100✓

指定圆的半径或 [直径(D)]: 100✓

3）在"绘图"菜单中选择"点"→"定数等分"命令，或者在功能区"默认"选项卡的"绘图"面板中单击"定数等分"按钮🗡，根据命令行提示进行如下操作。

命令: _divide

选择要定数等分的对象:                  //选择要定数等分的圆

输入线段数目或 [块(B)]: 7✓            //输入等分数目为 7

创建的定数等分点如图 2-55 所示。

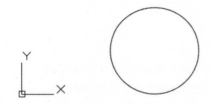

图 2-54 绘制的一个圆

图 2-55 创建定数等分点

**2. 绘制定距等分点**

绘制定距等分点的典型方法和步骤如下。

1）在"绘图"菜单中选择"点"→"定距等分"命令，或者在功能区"默认"选项卡的"绘图"面板中单击"定距等分"按钮🗡。

2）选择要定距等分的对象。

3）指定间距。

**操作范例：在一根直线上创建定距等分点**

1）单击"直线"按钮╱，在绘图区绘制一个长度为 90 的水平直线段。

2）在"绘图"菜单中选择"点"→"定距等分"命令，或者在功能区"默认"选项卡的"绘图"面板中单击"定距等分"按钮🗡，接着根据命令行提示进行以下操作。

命令: _measure

选择要定距等分的对象:                  //选择直线，注意单击直线的位置如图 2-56 所示

指定线段长度或 [块(B)]: 16✓                    //输入定距值为 16

创建的定距等分点如图 2-57 所示。

图 2-56    选择要定距等分的对象                    图 2-57    创建定距等分点

## 2.11    绘制样条曲线

样条曲线是经过或接近一系列给定点的光滑曲线。在 AutoCAD 2016 中，既可以使用拟合点绘制样条曲线，也可以使用控制点绘制样条曲线。下面以范例形式来介绍绘制样条曲线的两种典型方式。

**操作范例 1：样条曲线拟合**

1）在菜单栏中选择"绘图"→"样条曲线"→"拟合点"命令，或者在功能区"默认"选项卡的"绘图"面板中单击"样条曲线拟合"按钮 。

2）根据命令行提示进行如下操作。

命令：_SPLINE

当前设置：方式=拟合    节点=弦

指定第一个点或 [方式(M)/节点(K)/对象(O)]：_M

输入样条曲线创建方式 [拟合(F)/控制点(CV)] <拟合>：_FIT

当前设置：方式=拟合    节点=弦

指定第一个点或 [方式(M)/节点(K)/对象(O)]：                //指定样条曲线的起点 1，如图 2-58a 所示

输入下一个点或 [起点切向(T)/公差(L)]：                //指定样条曲线的第 2 点，如图 2-58a 所示

输入下一个点或 [端点相切(T)/公差(L)/放弃(U)]：                //指定样条曲线的第 3 点，如图 2-58a 所示

输入下一个点或 [端点相切(T)/公差(L)/放弃(U)/闭合(C)]：//指定样条曲线的第 4 点，如图 2-58a 所示

输入下一个点或 [端点相切(T)/公差(L)/放弃(U)/闭合(C)]：//指定样条曲线的第 5 点，如图 2-58a 所示

输入下一个点或 [端点相切(T)/公差(L)/放弃(U)/闭合(C)]：✓    //按〈Enter〉键

使用拟合点绘制的样条曲线如图 2-58b 所示。

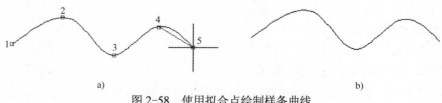

a)                                    b)

图 2-58    使用拟合点绘制样条曲线

a) 指定样条曲线的拟合点    b) 使用拟合点绘制样条曲线

**操作范例 2：样条曲线控制点**

1）在菜单栏中选择"绘图"→"样条曲线"→"控制点"命令，或者在功能区"默

认"选项卡的"绘图"面板中单击"样条曲线控制点"按钮。

2）根据命令行提示进行如下操作。

命令：_SPLINE

当前设置：方式=控制点　　阶数=3

指定第一个点或 [方式(M)/阶数(D)/对象(O)]：_M

输入样条曲线创建方式 [拟合(F)/控制点(CV)] <CV>：_CV

当前设置：方式=控制点　　阶数=3

指定第一个点或 [方式(M)/阶数(D)/对象(O)]：　　//指定样条曲线的控制点1，如图2-59所示

输入下一个点：　　　　　　　　　　　　//指定样条曲线的控制点2，如图2-59所示

输入下一个点或 [放弃(U)]：　　　　　　//指定样条曲线的控制点3，如图2-59所示

输入下一个点或 [闭合(C)/放弃(U)]：　　//指定样条曲线的控制点4，如图2-59所示

输入下一个点或 [闭合(C)/放弃(U)]：　　//指定样条曲线的控制点5，如图2-59所示

输入下一个点或 [闭合(C)/放弃(U)]：　　//指定样条曲线的控制点6，如图2-59所示

输入下一个点或 [闭合(C)/放弃(U)]：✓　//按〈Enter〉键，从而完成绘制由控制点定义的样条曲线

图2-59　采用控制点绘制样条曲线

# 2.12　绘制圆环

圆环可分"填充环"和"实体填充圆"，都是带有宽度的闭合多段线。圆环的典型示例如图2-60所示。

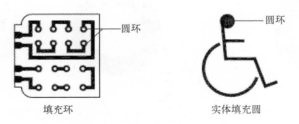

填充环　　　　　　　　　实体填充圆

图2-60　圆环的典型示例

绘制圆环的典型方法和步骤如下。

1）在菜单栏中选择"绘图"→"圆环"命令，或者在功能区"默认"选项卡的"绘图"面板中单击"圆环"按钮◎。

2）指定圆环的小径。

3）指定圆环的大径。

4）指定圆环的中心点位置（圆心）。

5）可以指定另一个圆环的中心点位置，或者按〈Enter〉键结束命令。

**操作范例：绘制圆环**

1）在菜单栏中选择"绘图"→"圆环"命令，或者在功能区"默认"选项卡的"绘图"面板中单击"圆环"按钮◎，接着根据命令行提示进行如下操作。

命令: _donut

指定圆环的内径 <0.5000>: 30✓

指定圆环的外径 <1.0000>: 50✓

指定圆环的中心点或 <退出>: 30,30✓

指定圆环的中心点或 <退出>:✓

绘制的第一个圆环如图 2-61 所示。

2）在 AutoCAD 中，FILLMODE 系统变量控制着圆环和其他宽多段线的填充显示，其默认设置值为 1，表示圆环填充显示。下面更改 FILLMODE 系统变量的默认值。

命令: FILLMODE✓　　　　　　//在命令窗口的命令行中输入 FILLMODE 系统变量

输入 FILLMODE 的新值 <1>: 0✓　　//输入新的值

3）在菜单栏中选择"绘图"→"圆环"命令，或者在功能区"默认"选项卡的"绘图"面板中单击"圆环"按钮◎，接着根据命令行提示进行如下操作来绘制第二个圆环，该圆环将受到新 FILLMODE 系统变量值（其值为 0）的控制。

命令: _donut

指定圆环的内径 <30.0000>:✓

指定圆环的外径 <50.0000>: 60✓

指定圆环的中心点或 <退出>: 115,30✓

指定圆环的中心点或 <退出>:✓

完成绘制的第二个圆环如图 2-62 所示，注意两个圆环的填充显示的不同之处。

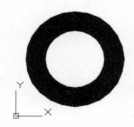 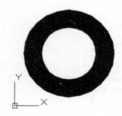 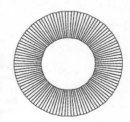

图 2-61　绘制的第一个圆环　　　　　　　　图 2-62　完成绘制第二个圆环

## 2.13　图案填充与渐变色

图案填充和渐变色填充在设计工作中也较为常用，在机械和建筑设计中的应用尤其多。下面结合范例介绍关于图案填充与渐变色的实用知识。

## 2.13.1 在封闭区域进行图案填充

在图 2-63 所示的封闭图形中，按照如下步骤在封闭区域内进行图案填充。

1）在 AutoCAD 2016 中，如果关闭了功能区，那么从菜单栏中选择"绘图"→"图案填充"命令，系统将弹出图 2-64 所示的"图案填充和渐变色"对话框。

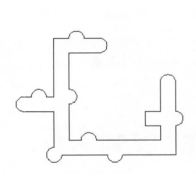

图 2-63 封闭图形        图 2-64 "图案填充和渐变色"对话框

如果开启了功能区，那么在功能区"默认"选项卡的"绘图"面板中单击"图案填充"按钮，系统功能区将出现图 2-65 所示的"图案填充创建"上下文选项卡，该选项卡包括"边界"面板、"图案"面板、"特性"面板、"原点"面板、"选项"面板和"关闭"面板，操作内容和在"图案填充和渐变色"对话框进行的操作内容实质上是一样的，只是用户操作习惯和界面方式不同而已。这里以开启功能区为例，使用"图案填充创建"上下文选项卡来对封闭区域进行图案填充。

图 2-65 "图案填充创建"上下文选项卡

2）在功能区"图案填充创建"选项卡的"图案"面板中选择 ANSI31 图案，在"特性"面板中接受默认的角度为 0，比例为 1，以及在"原点"面板中确保取消单击选中"设定原点"按钮，此外，在"选项"面板中确保单击选中"关联"按钮。

3）在"边界"面板中单击"拾取点"按钮，接着将鼠标光标置于绘图区，在图形的封闭区域内任意一点单击，如图 2-66 所示。

**操作点拨：**用户也可以在"边界"面板中单击"选择边界对象"按钮，接着在图形窗口中选择所有边界。

4）在"图案填充创建"选项卡的"关闭"面板中单击"关闭图案填充创建"按钮，

图案填充的完成效果如图 2-67 所示。

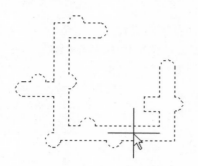

图 2-66　在封闭区域内单击以选中封闭边界　　　　图 2-67　图案填充的完成效果

　　如果在要进行图案填充的外边界内具有诸如文本、属性、实体填充对象这些的某个对象时，可以设置该对象是否属于边界集的一部分，这样就会控制图案是否围绕该对象来填充，如图 2-68 所示。

a)　　　　　　　　　　　　　　　　　　b)

图 2-68　填充线与某个对象相交时的情况

a) 文字对象包含在边界集中　　b) 文字对象不属于边界集

　　以图 2-68b 为例，在"图案填充创建"上下文选项卡的"边界"面板上，单击"拾取点"按钮，在外边界内的区域单击，则指定的边界集默认包含文字对象。要想使文字对象不属于边界集，那么在"边界"面板中单击"删除边界对象"按钮，此时出现"选择要删除的边界"的提示信息，使用鼠标选择文字对象，然后按〈Enter〉键确认，或者在"图案填充创建"上下文选项卡中单击"关闭图案填充创建"按钮。

### 2.13.2　控制填充原点

　　在通常情况下，采用默认的填充原点基本上可以满足设计要求。但在某些设计场合，可能需要重新设置图案填充的原点。例如，如果创建砖形图案，可能希望在填充区域的左下角开始铺设完整的砖块，需要的效果如图 2-69 所示。

　　在功能区"图案填充创建"上下文选项卡中打开"原点"溢出面板，使用相应的工具按钮可以控制填充原点，如图 2-70 所示。其中，"左下"按钮用于将图案填充原点设置在图案填充矩形范围的左下角，"右下"按钮用于将图案填充原点设置在图案填充矩形范围的右下角，"左上"按钮用于将图案填充原点设置在图案填充矩形范围的左上角，"右上"按钮用于将图案填充原点设置在图案填充矩形范围的右上角，"中心"按钮用于将图案填充原点设置在图案填充矩形范围的中心，"使用当前原点"按钮用于使用当前的默认图案填充原点。

图 2-69 创建砖形图案

图 2-70 "原点"溢出面板

### 2.13.3 使用孤岛检测

AutoCAD 的孤岛可以理解为内部闭合边界。在使用"拾取点"按钮选择填充区域时，使用孤岛检测可以决定要填充的边界对象。系统提供了 4 种孤岛显示样式，分别为"普通孤岛检测""外部孤岛检测""忽略孤岛检测"和"无孤岛检测"，它们的功能意义如下。

- "普通孤岛检测"：从图案填充拾取点指定的区域开始向内自动填充孤岛，即从外部边界向内部填充，如果遇到第一个内部孤岛，将关闭图案填充，直到遇到该孤岛内的另一个孤岛，如此继续检测进行填充。
- "外部孤岛检测"：相对于图案填充拾取点的位置，仅填充外部图案填充边界和任何内部孤岛之间的区域。
- "忽略孤岛检测"：从最外部的图案填充边界开始向内填充，忽略任何内部对象。
- "无孤岛检测"：关闭以使用传统孤岛检测方法。

在"图案填充创建"上下文选项卡中打开"选项"溢出面板，如图 2-71 所示，在"孤岛"下拉列表框中可以指定选用何种孤岛显示样式。

图 2-71 打开"选项"溢出面板

### 2.13.4 建立关联图案填充

关联图案填充能够随边界的更改自动更新。在默认情况下，用"图案填充"（HATCH）命令创建的图案填充区域是关联的。如果要用"图案填充"命令创建非关联图案填充，则需要在功能区"图案填充创建"上下文选项卡的"选项"面板中取消选中"关联"按钮，如图 2-72 所示。

图 2-72 取消选中"关联"按钮

### 2.13.5 在不封闭区域进行图案填充

填充图案的区域通常是封闭的，但也允许填充边界未完全闭合的区域（实际上是通过指定要在几何对象之间桥接的最大间隙，这些对象经过延伸后将闭合边界）。这需要在"图案填充创建"上下文选项卡中，利用"选项"溢出面板中的"允许的间隙"文本框来设置可忽略的最大间隙值，该值默认为 0（此值默认为 0 表示指定对象必须封闭区域而没有间隙），如图 2-73 所示。

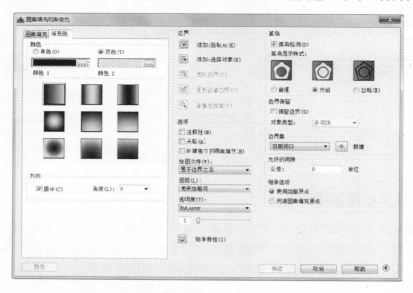

图 2-73 设置允许的间隙

### 2.13.6 渐变色填充

在没有启用功能区的情况下，从"绘图"菜单中选择"渐变色"命令，打开图 2-74 所示

图 2-74 "图案填充和渐变色"对话框的"渐变色"选项卡

的"图案填充和渐变色"对话框，并自动切换到"渐变色"选项卡；如果启用功能区，并从功能区"默认"选项卡的"绘图"面板中单击"渐变色"按钮 ，则功能区会出现"图案填充创建"上下文选项卡，注意此时该选项卡的"特性"面板中的图案填充类型为"渐变色"，如图 2-75 所示。填充渐变色的方法和填充图案的方法类似，在此不再赘述，而是简要地介绍一个操作范例。

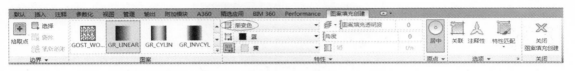

图 2-75　"图案填充创建"上下文选项卡（渐变色）

**操作范例：在图形中进行渐变色填充**

打开位于随书光盘"CH2"文件夹中的"渐变色填充.dwg"文件，其中的封闭图形如图 2-76 所示。

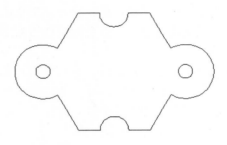

图 2-76　已有的封闭图形

1）切换到"草图与注释"工作空间，在功能区"默认"选项卡的"绘图"面板中单击"渐变色"按钮 ，在功能区打开"图案填充创建"上下文选项卡。

2）在功能区的"图案填充创建"上下文选项卡中设置图 2-77 所示的选项及相应的参数。

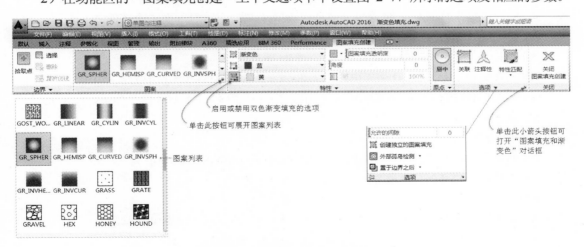

图 2-77　设置渐变色选项及参数

3）在"边界"面板中单击"选择边界对象"按钮　，从左到右框选整个图形，接着按〈Enter〉键或者在功能区"图案填充创建"上下文选项卡中单击"关闭图案填充创建"按钮 ✕，则图形渐变色填充的效果如图 2-78 所示。

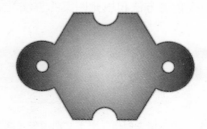

图 2-78　渐变色填充

## 2.14　修订云线

修订云线是指由连续圆弧组成的多段线，是一个云状形状的图元对象。修订云线一般用在检查阶段提醒用户注意图形的某个部分。在查看或用红线圈阅图形时，可以使用修订云线功能亮显标记以提高工作效率。

既可以通过移动鼠标从头开始创建修订云线，也可以将对象（例如圆、椭圆、多段线或样条曲线）转换为修订云线。在 AutoCAD 2016 中，修订云线的创建工具有"多边形修订云线"按钮 　、"矩形修订云线"按钮 　和"徒手画"按钮 　。

### 2.14.1　多边形修订云线

要创建矩形修订云线，则在功能区"默认"选项卡的"绘图"面板中单击"多边形修订云线"按钮 　，接着在命令行提示下指定修订云线的起点，然后再单击以指定修订云线的其他顶点。在创建矩形修订云线的过程中，可以设置修订云线的最小弧长、最大弧长和样式等，其中最大弧长不能大于最小弧长的 3 倍，另外，修订云线的圆弧样式分"普通"和"手绘"两种，"手绘"样式使云线看起来像是用画笔绘制的。请看下面一个范例。

命令:_revcloud　　　　　　　　　　//单击"多边形修订云线"按钮 　

最小弧长: 8　　最大弧长: 24　　样式: 手绘　　类型: 多边形

指定起点或 [弧长(A)/对象(O)/矩形(R)/多边形(P)/徒手画(F)/样式(S)/修改(M)] <对象>:_P

指定起点或 [弧长(A)/对象(O)/矩形(R)/多边形(P)/徒手画(F)/样式(S)/修改(M)] <对象>: A

指定最小弧长 <8>: 10✓

指定最大弧长 <10>: 30✓

指定起点或 [弧长(A)/对象(O)/矩形(R)/多边形(P)/徒手画(F)/样式(S)/修改(M)] <对象>: S✓

选择圆弧样式 [普通(N)/手绘(C)] <手绘>:C✓

手绘

指定起点或 [弧长(A)/对象(O)/矩形(R)/多边形(P)/徒手画(F)/样式(S)/修改(M)] <对象>:

　　　　　　　　　　　　　　　　//指定图 2-79 所示的点 1

指定下一点:　　　　　　　　　　//指定图 2-79 所示的点 2

指定下一点或 [放弃(U)]:　　　　//指定图 2-79 所示的点 3

指定下一点或 [放弃(U)]:　　　　//指定图 2-79 所示的点 4

指定下一点或 [放弃(U)]:　　　　//指定图 2-79 所示的点 5

指定下一点或 [放弃(U)]:　　　　//指定图 2-79 所示的点 6

指定下一点或 [放弃(U)]: ↙

完成的"手绘"样式的修订云线像是用画笔绘制的。如果选择的圆弧样式是"普通"，那么绘制的多边形修订云线如图 2-80 所示。

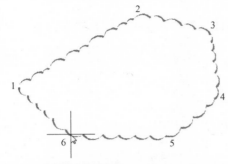

图 2-79　指定 6 个顶点绘制修订云线（手绘）　　　图 2-80　"普通"样式的修订云线

## 2.14.2　矩形修订云线

　　要创建矩形修订云线，则在功能区"默认"选项卡的"绘图"面板中单击"矩形修订云线"按钮，接着在"指定第一个角点或 [弧长(A)/对象(O)/矩形(R)/多边形(P)/徒手画(F)/样式(S)/修改(M)] <对象>:"提示下指定修订云线第一个角点，然后再指定修订云线的另一个角点即可。在创建矩形修订云线的过程中，同样可以设置修订云线的最小弧长、最大弧长和样式等。矩形修订云线的典型示例如图 2-81 所示。

## 2.14.3　徒手画修订云线

　　徒手画修订云线是指通过绘制自由形状的多段线创建修订云线。图 2-82 所示的修订云线可以采用徒手画形式来完成。

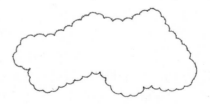

图 2-81　矩形修订云线　　　　　　　　　　图 2-82　徒手画修订云线

　　要创建徒手画修订云线，则在功能区"默认"选项卡的"绘图"面板中单击"徒手画"按钮，指定第一个点，并沿着云线路径移动十字光标。要更改圆弧的大小，可以沿着路径单击拾取点。可以随时按〈Enter〉键停止绘制修订云线，要闭合修订云线，则返回到它的起点。

## 2.15  边界与面域

"边界"的创建命令为 BOUNDARY，其功能是用封闭区域创建面域或多段线；"面域"的创建命令为 REGION，其功能是用包含封闭区域的对象转换为面域对象，所谓的面域是具有物理特性（例如形心或质量中心）的二维封闭区域。

### 2.15.1  创建边界

边界的结果类型分为"面域"和"多段线"两种类型。创建边界后，原来由多个图元对象连续组成的闭合图形可以成为一个单一的对象。

在菜单栏中选择"绘图"→"边界"命令，或者在功能区"默认"选项卡的"绘图"面板中单击"边界"按钮，打开图 2-83 所示的"边界创建"对话框。下面介绍"边界创建"对话框中主要选项及按钮的功能含义。

图 2-83 "边界创建"对话框

- "拾取点"按钮：单击此按钮，根据围绕指定点构成封闭区域的现有对象来确定边界。
- "孤岛检测"复选框：此复选框控制 BOUNDARY 命令是否检测内部闭合边界（该边界称为孤岛）。
- "对象类型"下拉列表框：在此下拉列表框中可以选择"多段线"选项或者"面域"选项，以将边界作为多段线或面域对象来创建。
- "边界集"选项组：使用此选项组设置通过指定点定义边界时 BOUNDARY 命令要分析的对象集。如果单击此选项组中的"新建"按钮，则提示用户选择用来定义边界集的对象。BOUNDARY 命令仅包括可以在构造新边界集时，用于创建面域或闭合多线段的对象。

从封闭区域创建多段线或面域的一般步骤简述如下。

1）在菜单栏中选择"绘图"→"边界"命令，或者在功能区"默认"选项卡的"绘图"面板中单击"边界"按钮，打开"边界创建"对话框。

2）在"边界保留"选项组的"对象类型"下拉列表框中选择"多段线"或"面域"，接着设置是否启用"孤岛检测"以及边界集选项。

3）单击"拾取点"按钮，拾取所需要的内部点，按〈Enter〉键。

**操作范例：边界创建**

1）打开位于随书光盘"CH2"文件夹中的"创建边界.dwg"图形文件，在该图形文件中已绘制有图 2-84 所示的图形。

2）在菜单栏中选择"绘图"→"边界"命令，或者在功能区"默认"选项卡的"绘图"面板中单击"边界"按钮，打开"边界创建"对话框。

3）确保勾选"孤岛检测"复选框，并在"边界保留"选项组的"对象类型"下拉列表框中选择"面域"选项。

4）单击"拾取点"按钮，使用鼠标光标在图 2-85 所示的图形内部单击，会检测到所需的边界，然后按〈Enter〉键，系统出现"已提取 2 个环，已创建 2 个面域，BOUNDARY 已创建 2 个面域"的提示信息。

图 2-84　操作范例的素材图形

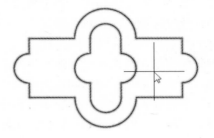

图 2-85　拾取点

## 2.15.2　创建面域

AutoCAD 中的面域是用闭合的形状或环创建的二维区域。需要注意的是面域的边界由端点相连的曲线组成，曲线上的每个端点仅连接两条边。AutoCAD 中的面域可用于填充和着色、使用"MASSPROP"命令分析特性（例如面积）和提取设计信息（例如形心等）。

下面介绍使用"面域（命令）" REGION 创建面域的一般方法。

1）在菜单栏中选择"绘图"→"面域"命令，或者在功能区"默认"选项卡的"绘图"面板中单击"面域"按钮。

2）选择对象以创建面域，这些对象必须各自形成闭合区域或闭合的环。

3）按〈Enter〉键，系统将在命令窗口中提示检测到了多少个环和创建了多少个面域。

创建面域，也可以使用上一小节介绍的"边界（命令）"BOUNDARY。但是要注意，"面域"命令只能处理线段首尾相连的闭合环，而"边界"命令则没有此限制。例如，对于图 2-86 中的左右两组图形，都可以使用"边界"命令来创建面域；但使用"面域"命令时则不能处理左边的图形，只能处理右边的闭合环。

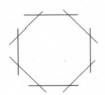 

图 2-86　组合图形示例

由"边界"命令创建多段线环后，还可以使用"面域"命令来生成面域环。

可以对多个面域进行布尔运算（差集、并集或交集）来创建复合面域。通常将复合面域进行拉伸或旋转便可得到相应的三维模型。这些内容将在后面的章节中介绍。

## 2.16　思考练习

1）什么是射线？什么是构造线？如何创建它们？举例进行说明。

2）如何创建正多边形？创建外接圆半径为 25 的正六边形为例。

3）绘制圆的方法有哪几种？

4）绘制圆弧的方法有哪几种？

5）如何绘制椭圆和椭圆弧？举例进行说明。

6）什么是多线？如何创建所需的多线？

7）简述在指定对象上创建定数等分点和定距等分点的一般方法和步骤。

8）多段线的特点有哪些？并简述如何创建多段线。

9）如何在具有封闭边界的图形中填充图案或填充渐变色？

10）AutoCAD 中的"边界"和"面域"命令有什么异同之处？

11）简述创建样条曲线的一般方法和步骤。

12）上机操作：以当前坐标原点为圆心，分别绘制一个圆和一个正八边形，如图 2-87 所示，具体尺寸由读者自己选定；然后在图形中绘制图 2-88 所示的剖面线。

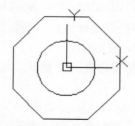

图 2-87　绘制图形

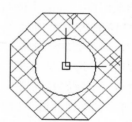

图 2-88　绘制剖面线

13）上机练习：绘制图 2-89 所示的椭圆和具有圆角的矩形，具体尺寸由读者自己选定。接着设置点样式，并在椭圆上创建定数等分点，结果如图 2-90 所示。

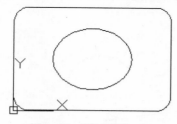

图 2-89　绘制图形

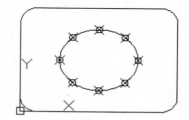

图 2-90　创建定数等分点

14）课外扩展：AutoCAD 提供的"区域覆盖"按钮 ▢ 是一个实用的绘图工具按钮，它用于创建区域覆盖对象，即创建多边形区域，该区域将用于当前背景色屏蔽其下面的对象，此"区域覆盖"区域以线框为边界，用户可以打开该线框以进行编辑，也可以关闭此线框以进行打印。请自学"区域覆盖"按钮 ▢ 的功能用法。

# 第3章　基本图形修改

**本章导读：**

要绘制复杂图形，需要对基本二维图形对象进行修改和编辑。本章结合简单的操作实例来介绍这些基本修改工具命令的使用，主要包括删除对象、复制对象、镜像对象、偏移对象、阵列对象、移动对象、旋转对象、缩放对象、拉伸与拉长、修剪对象、延伸对象、打断与合并、倒角与倒圆角、光顺曲线、分解对象、编辑多段线、多线与样条曲线和使用夹点编辑等知识。

## 3.1　删除对象

在实际设计中，时常要对不需要的图形对象进行删除操作，删除图形对象的操作步骤如下。

1）在菜单栏中选择"修改"→"删除"命令，或者在功能区"默认"选项卡的"修改"面板中单击"删除"按钮🖉。

2）在"选择对象"的提示下，使用各种有效的方法选择要删除的图形对象。

3）按〈Enter〉键确认。

要删除选定的图形对象，也可以在选择要删除的图形对象之后，在绘图区域中单击右键，从弹出的快捷菜单中选择"删除"命令。此外，还可以使用键盘上的〈Delete〉键来删除选定的图形对象。

## 3.2　复制对象

执行"修改"菜单中的"复制"命令，或者在功能区"默认"选项卡的"修改"面板中单击"复制"按钮🗎（以"草图与注释"工作空间为例），可以以指定的角度和方向创建原对象的副本。另外，还可以按照如下两种方式执行复制命令：

- 快捷菜单：选择要复制的对象，在绘图区域中单击鼠标右键，接着从弹出的快捷菜单中选择"复制选择"命令。
- 命令行输入：在当前命令行中输入"COPY"命令并按〈Enter〉键。

单击"复制"按钮🗎，接着选择要复制的对象并按〈Enter〉键确定，命令行将出现如下提示。

指定基点或 [位移(D)/模式(O)/多个(M)] <位移>:

下面简单地介绍这些选项的功能含义。

- 指定基点：指定的第一点为基点，指定第一点后，命令行出现"指定第二个点或 [阵列(A)] <使用第一个点作为位移>:"的提示信息，接着指定第二点。指定的两点定义一个矢量，指示复制的对象移动的距离和方向。如果在"指定第二个点"提示下直接按〈Enter〉键，则第一个点的相对坐标（X,Y,Z）将被认为是位移。例如，如果指定基点为（5,9）并在下一个提示下按〈Enter〉键，对象将被复制到距其当前位置沿X方向 5 个单位、Y 方向 9 个单位的位置。

● "位移（D）"：使用坐标指定相对距离和方向。
● "模式（O）"：控制是否自动重复该命令。在"指定基点或 [位移(D)/模式(O)] <位移>:"提示下，输入"O"并按〈Enter〉键以选择"模式（O）"选项，亦可使用鼠标在命令提示选项中选择"模式（O）"选项，此时命令行提示为"输入复制模式选项 [单个(S)/多个(M)] <多个>:"。用户可以根据情况选择"单个"选项或"多个"选项来控制是否创建多个副本。
● "多个（M）"：选择此设置时，在命令执行期间，将 COPY 命令设定为自动重复。

使用两点复制对象的一般步骤简述如下。

1）选择"修改"菜单中的"复制"命令，或者在功能区"默认"选项卡的"修改"面板中单击"复制"按钮。

2）选择要复制的对象。

3）指定基点。

4）指定第二点。

5）按〈Enter〉键。注意在默认情况下，"COPY"命令将自动重复，如果不直接按〈Enter〉键，则继续指定下一个位移点来创建复制副本。直接按〈Enter〉键，则退出该命令。

**操作范例：复制图形**

1）在一个新的图形文件中，在当前坐标原点处绘制一个直径为 15 的圆，如图 3-1 所示。

2）单击"复制"按钮，接着根据命令行提示来进行操作。

命令:_copy
选择对象: 找到 1 个                         //选择原始圆
选择对象: ↙
当前设置: 复制模式 = 单个
指定基点或 [位移(D)/模式(O)/多个(M)] <位移>: M↙
指定基点或 [位移(D)/模式(O)/多个(M)] <位移>: 0,0↙
指定第二个点或 [阵列(A)] <使用第一个点作为位移>: 38,0↙
指定第二个点或 [阵列(A)/退出(E)/放弃(U)] <退出>: 20,30↙
指定第二个点或 [阵列(A)/退出(E)/放弃(U)] <退出>: 58,30↙
指定第二个点或 [阵列(A)/退出(E)/放弃(U)] <退出>: ↙

完成复制 3 个圆后，效果如图 3-2 所示。

除了上述复制操作之外，用户也可以使用"编辑"菜单中的相关命令（如"复制"命令、"带基点复制"命令、"剪切"命令等）将图像复制或剪切到剪贴板，然后通过各类粘贴方式将复制到剪贴板的内容粘贴到 AutoCAD 图形中。另外，在复制操作过程中，还可以使用"阵列（A）"选项来指定在线性阵列中排列的副本数量。

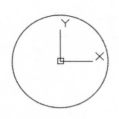

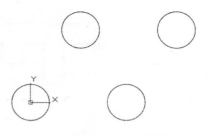

图 3-1　绘制圆　　　　　　　　　　　　　　图 3-2　复制效果

# 3.3　镜像对象

使用"镜像"功能可以根据已经绘制好的一半图形快速地绘制另一半对称的图形，从而完成整个图形的绘制。

## 3.3.1　镜像操作

镜像图形对象的典型操作步骤如下。

1）在菜单栏中选择"修改"→"镜像"菜单命令，或者在功能区"默认"选项卡的"修改"面板中单击"镜像"按钮 ◭。

2）选择要镜像的对象。

3）指定镜像直线的第一点。

4）指定镜像直线的第二点。

5）根据设计情况决定是否删除源对象。

例如，先在图形文档中绘制好图 3-3 所示的图形，接着单击"镜像"按钮 ◭，根据命令提示执行如下操作。

```
命令:_mirror
选择对象: 指定对角点: 找到 11 个              //以窗口选择方式选择对象，如图3-4 所示
选择对象: ✓
指定镜像线的第一点:                         //选择中心线的一个端点
指定镜像线的第二点:                         //选择中心线的另一个端点
要删除源对象吗? [是(Y)/否(N)] <否>:✓
```

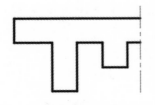

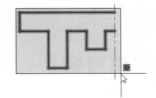

图 3-3　绘制图形　　　　　　　　　　　图 3-4　窗口选择（框选）

完成镜像操作得到的图形如图 3-5 所示。

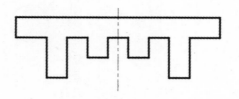

图 3-5　镜像结果

### 3.3.2 镜像文字和属性

在 AutoCAD 2016 的默认情况下，镜像文字和属性时，它们在镜像图像中不会反转或倒置，文字的对齐和对正方式在镜像对象前后都是相同的，如图 3-6 所示。在这种情况下，系统变量“MIRRTEXT”的值为 0（其初始值为 0）。

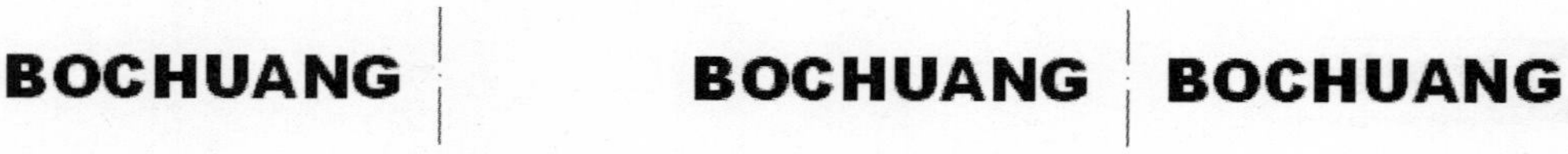

BOCHUANG
BOCHUANG
BOCHUANG

a)　　b)

图 3-6　镜像文字

a) 镜像前　b) 镜像后

系统变量“MIRRTEXT”的类型为整数，其保存位置为图形文件，用途是控制“MIRROR”命令放置文字的方式。当“MIRRTEXT”的值为 0 时，保持文字方向；当“MIRRTEXT”的值为 1 时，镜像显示文字。“MIRRTEXT”设置与镜像文字的影响关系如图 3-7 所示。

R3
+12V
10K
R3
+12V
10K

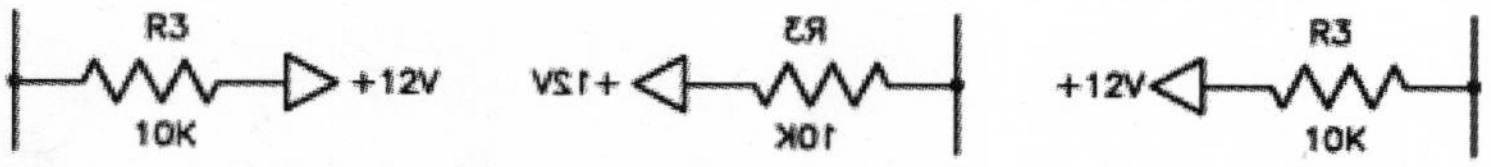

镜像之前　镜像之后（MIRRTEXT=1）　镜像之后（MIRRTEXT=0）

图 3-7　“MIRRTEXT”设置对镜像文字的影响

系统变量“MIRRTEXT”将对使用“TEXT”“ATTDEF”或“MTEXT”命令、属性定义和变量属性创建的文字产生影响。注意，如果文字和常量属性属于某个图形块的一部分，那么镜像插入块时，块中的文字和常量属性都作为整体将被反转，而不管“MIRRTEXT”如何设置。

## 3.4　偏移对象

使用“偏移”功能可以创建造型与原始对象造型平行的新对象。通常使用该功能创建同心圆、平行线和平行曲线。

在菜单栏中选择“修改”→“偏移”菜单命令，或者在功能区“默认”选项卡的“修改”面板中单击“偏移”按钮，此时命令提示如下。

当前设置: 删除源=否    图层=源    OFFSETGAPTYPE=0

指定偏移距离或 [通过(T)/删除(E)/图层(L)] <通过>:

各选项的功能含义如下。

● 指定偏移距离：距现有对象指定的距离处创建对象。指定偏移距离后，需要选择要偏移的对象和指定要在哪一侧偏移，示例如下。

选择要偏移的对象或 [退出(E)/放弃(U)] <退出>:

　　　　　　　　　//选择一个对象、输入选项或按〈Enter〉键结束命令

指定要偏移的那一侧上的点，或 [退出(E)/多个(M)/放弃(U)] <退出>:

　　　　　　　　　//指定对象上要偏移的那一侧上的点或输入选项

典型示例如图 3-8 所示。

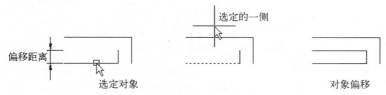

图 3-8　偏移对象 1

● "通过（T）"选项：创建通过指定点的对象。选择该选项后可按照如下操作进行。

选择要偏移的对象，或 [退出(E)/放弃(U)] <退出>:　　　　//选择一个对象或按〈Enter〉键结束命令

指定通过点或 [退出(E)/多个(M)/放弃(U)] <退出>:　　　　//指定偏移对象要通过的点或输入距离等

选择该选项进行偏移操作的示例如图 3-9 所示。

图 3-9　偏移对象 2

● "删除（E）"选项：用于设置偏移源对象后是否将其删除。

● "图层（L）"选项：确定将偏移对象创建在当前图层上还是源对象所在的图层上。

在 AutoCAD 中可以对直线、圆弧、圆、椭圆、椭圆弧、二维多段线、构造线（参照线）和样条曲线等图形对象进行偏移操作。在进行二维多段线和样条曲线偏移时，注意二维多段线和样条曲线在偏移距离大于可调整的距离时将自动进行修剪，如图 3-10 所示。

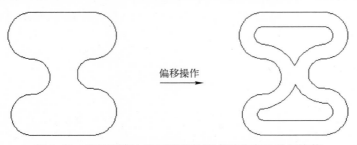

图 3-10　偏移距离大于可调整的距离时将自动进行修剪

另外，在偏移某些图形（如闭合多段线）以获得更长线段时会导致线段间存在潜在间

隔，可以使用"OFFSETGAPTYPE"系统变量来控制这些潜在间隔的闭合方式。"OFFSETGAPTYPE"系统变量的类型为整数，保存位置为注册表，初始值为 0，功能为控制偏移闭合多段线时处理线段之间的潜在间隙的方式。当"OFFSETGAPTYPE"系统变量为 0 时，通过延伸多段线线段填充间隙；当"OFFSETGAPTYPE"系统变量为 1 时，用圆角弧线段填充间隙（每个弧线段半径等于偏移距离）；当"OFFSETGAPTYPE"系统变量为 2 时，用倒角直线段填充间隙（在原始对象上从每个倒角到其相应顶点的垂直距离等于偏移距离）。

**1．指定的距离来偏移对象的典型步骤**

1）在菜单栏中选择"修改"→"偏移"菜单命令，或者在功能区"默认"选项卡的"修改"面板中单击"偏移"按钮。

2）指定偏移距离，可以输入值或使用定点设备（鼠标）。

3）选择要偏移的对象。

4）在要放置新对象的一侧上单击一点。

5）选择另一个要偏移的对象，或按〈Enter〉键结束命令。

**2．通过一点创建偏移对象**

1）在菜单栏中选择"修改"→"偏移"菜单命令，或者在功能区"默认"选项卡的"修改"面板中单击"偏移"按钮。

2）在命令提示下输入"T"以选择"通过点（T）"选项。

3）选择要偏移的对象。

4）指定通过点。

5）选择另一个要偏移的对象，或按〈Enter〉键结束命令。

# 3.5　阵列对象

阵列对象是指创建按指定方式排列的多个对象副本。阵列分矩形阵列、环形阵列和路径阵列 3 种。在创建各种阵列的过程中，可以控制阵列关联性。

## 3.5.1　矩形阵列

在 AutoCAD 2016 中，矩形阵列是指将项目分布到任意行、列和层的组合。在二维制图中，只考虑行和列的相关设置（行数、行间距、列数和列间距），而不用考虑层的设置（默认层数为 1），所述的行和列的轴相互垂直。矩形阵列的示例如图 3-11 所示。在创建矩形阵列的过程中，通过拖曳阵列夹点，可以增加或减少阵列中行、列的数量和间距，如图 3-12 所示。

图 3-11　矩形阵列示例

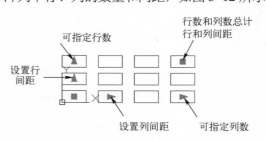

图 3-12　使用夹点更改阵列配置

创建矩形阵列的一般方法步骤如下。

1）确保显示功能区（以切换到"草图与注释"工作空间为例），在功能区"默认"选项卡的"修改"面板中单击"矩形阵列"按钮 <sub>88</sub>。

2）选择要排列的对象，并按〈Enter〉键，此时将显示默认的矩形阵列。

3）在阵列预览中，拖曳夹点以调整间距以及行数和列数，或者在"阵列"上下文功能区中修改值，即在功能区中出现的"阵列创建"选项卡中分别设置列、行、层和特性等相关参数。

4）在"阵列创建"选项卡中单击"关闭阵列"按钮 X。

当然创建矩形阵列时，用户也可以使用命令窗口进行相关的输入操作。

**操作范例：创建矩形阵列**

1）新建一个图形文件，切换到"草图与注释"选项卡，接着以原点（0,0）为圆心绘制一个半径为 10 的圆。

2）在功能区"默认"选项卡的"修改"面板中单击"矩形阵列"按钮 <sub>88</sub>。

3）选择要阵列的圆，按〈Enter〉键。

4）在"阵列创建"选项卡中设置图 3-13 所示的阵列参数，注意单击选中"关联"按钮 <sub>88</sub>。

| 默认 插入 注释 参数化 视图 管理 输出 附加模块 A360 精选应用 BIM 360 Performance | | **阵列创建** | |
|---|---|---|---|
| | 列数： 5 | 行数： 4 | 级别： 1 |
| 矩形 | 介于： 50 | 介于： 35 | 介于： 1 |
| | 总计： 200 | 总计： 105 | 总计： 1 |
| 类型 | 列 | 行 ▼ | 层级 |

关联 基点 关闭阵列 / 特性 / 关闭

图 3-13 "阵列创建"选项卡

5）在"阵列创建"选项卡中单击"关闭阵列"按钮 X。

完成该范例创建的矩形阵列如图 3-14 所示。

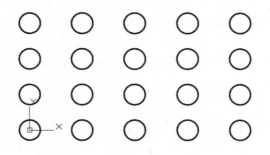

图 3-14 完成创建的矩形阵列

**知识点拨：** 在创建矩形阵列的过程中，可以设置阵列特性，包括阵列关联性和阵列基点。在"阵列创建"选项卡的"特征"面板中，"关联"按钮 <sub>88</sub> 用于设置阵列是否具有关联性，而"基点"按钮 <sub>88</sub> 则用于重定义阵列的基点。需要注意的是阵列关联时，项目包含在单个阵列对象中，类似于块；非关联时，阵列中的项目将创建为独立的对象，更改其中一个项目不影响阵列中的其他项目。

### 3.5.2 环形阵列

环形阵列是指通过围绕指定的圆心复制选定对象来创建的阵列，其操作思想是围绕中心点或旋转轴在环形阵列中均匀分布对象副本。对于填充角度，若输入正值则按逆时针旋转来计算，若输入负值则按顺时针旋转来计算。

**操作范例：创建环形阵列**

1）新建一个图形文件，单击"圆心，半径"按钮 ⊙，按照如下操作绘制一个圆。

命令: _circle

指定圆的圆心或 [三点(3P)/两点(2P)/切点、切点、半径(T)]: 25,25✓

指定圆的半径或 [直径(D)]: 5✓

绘制的圆如图 3-15 所示。该圆将作为环形阵列的原始图形对象（或称源图形对象）。

2）在功能区"默认"选项卡的"修改"面板中单击"环形阵列"按钮 ⸬，或者在菜单栏中选择"修改"→"阵列"→"环形阵列"命令。

3）根据命令行提示进行如下操作。

命令: _arraypolar

选择对象: 找到 1 个                                    //选择要阵列的圆

选择对象: ✓                                           //按〈Enter〉键结束选择对象

类型 = 极轴 关联 = 是

指定阵列的中心点或 [基点(B)/旋转轴(A)]: 0,0✓          //输入阵列的中心点坐标

选择夹点以编辑阵列或 [关联(AS)/基点(B)/项目(I)/项目间角度(A)/填充角度(F)/行(ROW)/层(L)/旋转项目(ROT)/退出(X)] <退出>: I✓                      //选择"项目"选项

输入阵列中的项目数或 [表达式(E)] <6>: 7✓              //输入项目数为 7

选择夹点以编辑阵列或 [关联(AS)/基点(B)/项目(I)/项目间角度(A)/填充角度(F)/行(ROW)/层(L)/旋转项目(ROT)/退出(X)] <退出>: F✓                       //选择"填充角度"选项

指定填充角度(+=逆时针、-=顺时针)或 [表达式(EX)] <360>: ✓  //按〈Enter〉键接受默认的填充角度

选择夹点以编辑阵列或 [关联(AS)/基点(B)/项目(I)/项目间角度(A)/填充角度(F)/行(ROW)/层(L)/旋转项目(ROT)/退出(X)] <退出>: AS✓                     //选择"关联"选项

创建关联阵列 [是(Y)/否(N)] <是>: N✓                   //选择"否"选项

选择夹点以编辑阵列或 [关联(AS)/基点(B)/项目(I)/项目间角度(A)/填充角度(F)/行(ROW)/层(L)/旋转项目(ROT)/退出(X)] <退出>: ✓                        //按〈Enter〉键

完成创建的环形阵列效果如图 3-16 所示。

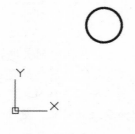

图 3-15　绘制圆

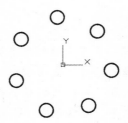

图 3-16　创建环形阵列

### 3.5.3 路径阵列

在功能区"默认"选项卡的"修改"面板中单击"路径阵列"按钮 <sub> </sub>，或者选择菜单栏中的"修改"→"阵列"→"路径阵列"命令，可以创建沿整个路径或部分路径平均分布的对象副本，路径可以是直线、多段线、三维多段线、样条曲线、螺旋、圆弧、圆或椭圆。

**操作范例：创建路径阵列**

1）单击"打开"按钮 📂，打开位于随书光盘的"CH3"文件夹中的"路径阵列.dwg"图形文档，该图形文档中存在着图3-17a所示的一个正五边形和一条多段线。

2）在功能区"常用"选项卡的"修改"面板中单击"路径阵列"按钮 <sub> </sub>，或者在菜单栏中选择"修改"→"阵列"→"路径阵列"命令。

3）根据命令行提示进行如下操作。

```
命令: _arraypath
选择对象: 找到 1 个                                    //选择正五边形
选择对象: ↙                                           //按〈Enter〉键结束选择要阵列的对象
类型 = 路径  关联 = 否
选择路径曲线:                                          //选择多段线
选择夹点以编辑阵列或 [关联(AS)/方法(M)/基点(B)/切向(T)/项目(I)/行(R)/层(L)/对齐项目(A)/Z 方向
(Z)/退出(X)] <退出>: M↙                               //选择"方法"选项
输入路径方法 [定数等分(D)/定距等分(M)] <定距等分>: M↙  //选择"定距等分"选项
选择夹点以编辑阵列或 [关联(AS)/方法(M)/基点(B)/切向(T)/项目(I)/行(R)/层(L)/对齐项目(A)/Z 方向
(Z)/退出(X)] <退出>: I↙                               //选择"项目"选项
指定沿路径的项目之间的距离或 [表达式(E)] <57.0634>: 98↙  //输入沿路径的项目之间的距离
最大项目数 = 7
指定项目数或 [填写完整路径(F)/表达式(E)] <7>: 6↙       //输入项目数
选择夹点以编辑阵列或 [关联(AS)/方法(M)/基点(B)/切向(T)/项目(I)/行(R)/层(L)/对齐项目(A)/Z 方向
(Z)/退出(X)] <退出>: A↙                               //选择"对齐项目"选项
是否将阵列项目与路径对齐? [是(Y)/否(N)] <是>: ↙       //默认选择"是"选项
选择夹点以编辑阵列或 [关联(AS)/方法(M)/基点(B)/切向(T)/项目(I)/行(R)/层(L)/对齐项目(A)/Z 方向
(Z)/退出(X)] <退出>: Z↙                               //选择"Z 方向"选项
是否对阵列中的所有项目保持 Z 方向? [是(Y)/否(N)] <是>: ↙  //按〈Enter〉键接受默认选项
选择夹点以编辑阵列或 [关联(AS)/方法(M)/基点(B)/切向(T)/项目(I)/行(R)/层(L)/对齐项目(A)/Z 方向
(Z)/退出(X)] <退出>: ↙                                //按〈Enter〉键退出
```

创建的路径阵列如图3-17b所示。

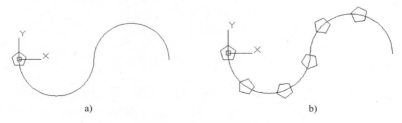

a)                                    b)

图3-17  创建路径阵列

a) 原始图形  b) 创建路径阵列的结果

在创建路径阵列时，用户也可以从功能区出现的"阵列创建"选项卡中设置路径阵列的相关参数，包括项目、行、层级和特性设置，如图 3-18 所示。使用"阵列创建"选项卡，更能直观地设定阵列参数，包括默认设置，还可以一目了然地获知阵列的相关特性，如关联、基点、切线方向、对齐项目和 Z 方向等。

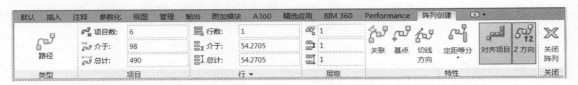

图 3-18 "阵列创建"选项卡

# 3.6 移动对象

移动对象的典型方法和步骤如下。

1）在菜单栏中选择"修改"→"移动"命令，或者在功能区"默认"选项卡的"修改"面板中单击"移动"按钮✥。

2）选择要移动的对象，按〈Enter〉键。

3）依次指定移动的基点和指定第二点。也可以在"指定基点或 [位移(D)] <位移>:"提示下输入"D"并按〈Enter〉键，通过指定位移来移动对象。

指定的两个点定义了一个矢量，用于指示选定对象要移动的距离和方向。

**操作实例：移动对象操作**

在菜单栏中选择"修改"→"移动"命令，或者在功能区"默认"选项卡的"修改"面板中单击"移动"按钮✥，接着根据命令行提示执行如下操作。

命令: _move

选择对象: 找到 1 个                        //选择图 3-19 所示的正六边形

选择对象: ↙

指定基点或 [位移(D)] <位移>:              //捕捉到图 3-20 所示的端点作为基点

指定第二个点或 <使用第一个点作为位移>:     //移动鼠标捕捉到直线的另一端点（右端点）

移动操作的结果如图 3-21 所示。

图 3-19 选择正六边形

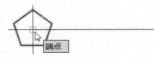

图 3-20 指定基点

图 3-21 移动对象

如果在"指定第二个点"提示下按〈Enter〉键，则第一点将被解释为相对 X、Y、Z 轴位移。例如，如果指定基点为（15,20）并在下一个提示下按〈Enter〉键，则该对象从它当前的位置开始在 X 方向上移动 15 个单位，在 Y 方向上移动 20 个单位。

## 3.7 旋转对象

使用"旋转"功能可以将图形对象围绕基点进行旋转。利用"图形单位"对话框中的"角度"选项组，可以设置输入正角度值是逆时针或顺时针来旋转对象，而"图形单位"对话框则可以由"格式"→"单位"菜单命令来打开，如图 3-22 所示。默认时没有勾选"顺时针"复选框，表示默认的正角度方向是逆时针方向。

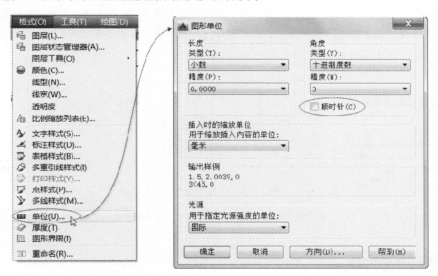

图 3-22  设置正角度方向

在菜单栏中选择"修改"→"旋转"命令，或者在功能区"默认"选项卡的"修改"面板中单击"旋转"按钮○，接着根据命令行提示执行如下操作。

命令:_rotate

UCS 当前的正角方向： ANGDIR=逆时针  ANGBASE=0

选择对象: //选择要旋转的对象

选择对象: //按〈Enter〉键

指定基点: //指定点

指定旋转角度，或 [复制(C)/参照(R)] <0>: //输入角度或指定点，或者输入"C"或"R"

在这里介绍一下"旋转角度""复制（C）"和"参照（R）"选项功能意义。

- "旋转角度"：指定对象绕基点旋转的角度。旋转轴通过指定的基点，并且默认平行于当前 UCS 的 Z 轴。
- "复制（C）"：创建要旋转的选定对象的副本。
- "参照（R）"：将对象从指定的角度旋转到新的绝对角度。选择此选项后，将执行如下操作。

指定参照角度 <上一个参照角度>: //通过输入值或指定两点来指定角度

指定新角度或 [点(P)] <上一个新角度>: //通过输入值或指定两点来指定新的绝对角度

**操作实例：旋转图形对象**

在菜单栏中选择"修改"→"旋转"命令，或者在功能区"默认"选项卡的"修改"面板中单击"旋转"按钮○，接着根据命令行提示执行如下操作。

命令：_rotate

UCS 当前的正角方向： ANGDIR=逆时针 ANGBASE=0

选择对象: 找到 1 个                               //选择图 3-23a 所示的矩形作为要旋转的对象

选择对象: ↙                                        //按〈Enter〉键

指定基点:                                        //选择图 3-23b 所示的中点作为旋转基点

指定旋转角度，或 [复制(C)/参照(R)] <330>: -45↙   //指定旋转角度值为-45°

旋转结果如图 3-23c 所示。

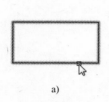 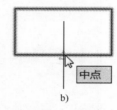 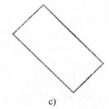

a)                                   b)                                  c)

图 3-23 旋转图形对象

a) 选择要旋转的对象 b) 指定基点 c) 旋转结果

## 3.8 缩放对象

使用"缩放"功能可以将对象按统一比例放大或缩小，比例因子大于 1 时将放大对象，比例因子介于 0 和 1 时将缩小对象。缩放对象时需要指定基点和比例因子。

在菜单栏中选择"修改"→"缩放"菜单命令，或者在功能区"默认"选项卡的"修改"面板中单击"缩放"按钮﹇，接着根据命令行提示执行如下操作。

命令：_scale

选择对象:                                        //选择要缩放的对象

选择对象:                                        //按〈Enter〉键

指定基点:                                        //指定缩放基点

指定比例因子或 [复制(C)/参照(R)]:      //指定比例、输入"C"或输入"R"

在这里介绍一下"比例因子""复制（C）"和"参照（R）"选项的功能意义，以及简述选择各选项后需要执行的余下步骤。

- "比例因子"：按指定的比例缩放选定对象的尺寸。若输入大于 1 的比例因子则使对象放大，若输入介于 0 和 1 之间的比例因子则使对象缩小。此外，还可以拖曳鼠标来使对象变大或变小。
- "复制（C）"：选择此选项，则创建要缩放的选定对象的副本。
- "参照（R）"：选择此选项，则按参照长度和指定的新长度缩放所选对象。

指定参照长度 <1.0000 >:　　　//指定缩放选定对象的起始长度

指定新的长度或 [点(P)]:　　　//指定将选定对象缩放到的最终长度，或输入 "P"，使用两点来定义长度

**1．使用比例因子缩放对象的操作步骤（假设将比例因子设置为 2）**

1）在菜单栏中选择 "修改"→"缩放" 菜单命令，或者在功能区 "默认" 选项卡的 "修改" 面板中单击 "缩放" 按钮。

2）选择要缩放的对象。

3）指定基点。

4）输入比例因子为 "2"，确定后完成对象的放大操作。

按指定比例缩放对象的示例如图 3-24 所示。

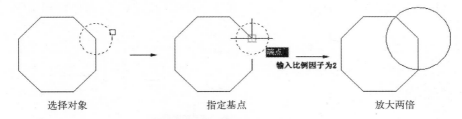

图 3-24　按比例因子缩放的示例

**2．使用参照距离缩放对象的典型操作步骤**

1）在菜单栏中选择 "修改"→"缩放" 菜单命令，或者在功能区 "默认" 选项卡的 "修改" 面板中单击 "缩放" 按钮。

2）选择要缩放的对象。

3）指定基点。

4）输入 "R" 并按〈Enter〉确定，从而选择 "参照（R）" 选项。

5）选择第一个和第二个参照点，或输入参照长度的值。

## 3.9　拉伸与拉长

在 AutoCAD 2016 中，拉伸对象和拉长对象是不同的。初学者要特别注意两者的差别之处。"拉伸" 的命令为 "STRETCH"，"拉长" 的命令为 "LENGTHEN"。

### 3.9.1　拉伸对象

使用 "STRETCH" 命令（菜单命令为 "修改"→"拉伸"，其对应的工具按钮为 "拉伸" 按钮）可以重定位穿过或在交叉选择窗口（交叉选择窗口也称 "窗交窗口"）内的对象的端点，主要功能体现在下列两个方面。

● 拉伸交叉窗口部分包围的对象。

● 移动（而不是拉伸）完全包含在交叉窗口中的对象或单独选定的对象。

说明：圆、椭圆和块等一些对象无法被拉伸。

拉伸对象的典型示例如图 3-25 所示。要拉伸对象，首先需要为拉伸指定一个基点，然后指定位移点。

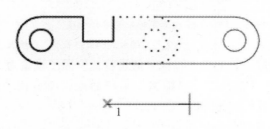

图 3-25 拉伸对象的典型示例

拉伸对象的一个示例如图 3-26 所示。在该示例中，使用交叉选择的方式来选择要拉伸的对象，即先选择点 1，从右向左移动鼠标选择点 2（注意该示例启用了正交模式），按〈Enter〉键结束对象选择后，分别指定基点 3 和第二点 4（位移点），最后得到拉伸结果。

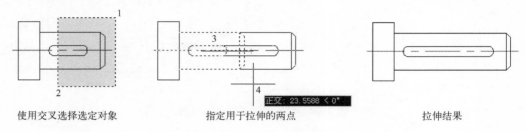

使用交叉选择选定对象      指定用于拉伸的两点      拉伸结果

图 3-26 拉伸对象的示例

拉伸对象的典型步骤如下。

1）在菜单栏中选择"修改"→"拉伸"命令，或者在功能区"默认"选项卡的"修改"面板中单击"拉伸"按钮 。

2）使用"交叉窗口选择"方式选择对象，注意在交叉窗口中必须至少包含一个顶点或端点。"拉伸"按钮 仅移动位于窗交选择内的顶点和端点，不更改那些位于窗交选择外的顶点和端点，同时不修改三维实体、多段线宽度、切线或曲线拟合的信息。

3）根据命令行提示及实际设计情况，执行如下操作之一。

● 指定拉伸基点，然后指定第二点，从而确定距离和方向。
● 以相对笛卡儿坐标、极坐标、柱坐标或球坐标的形式输入位移。输入时无须包含"@"符号，因为该相对坐标是假设的。提示输入第二位移点时，直接按〈Enter〉键，此时第一点将被视为 X、Y、Z 位移。

### 3.9.2 拉长对象

使用"LENGTHEN"命令（菜单命令为"修改"→"拉长"）可以修改直线、圆弧、开放多段线、椭圆弧和开放样条曲线的长度（缩短或变长），如图 3-27 所示，还可以修改圆弧的包含角。某些拉长结果与延伸和修剪的效果相似。

在菜单栏中选择"修改"→"拉长"命令，或者在功能区"默认"选项卡的"修改"面板中单击"拉长"按钮 ，在命令窗口的命令行中显示如下提示信息。

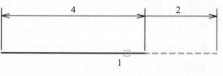

图 3-27 拉长对象示例

选择要测量的对象或 [增量(DE)/百分数(P)/总计(T)/动态(DY)]:

- 选择要测量的对象：在提示下选择要测量的对象后，显示该对象的长度和包含角（如果对象有包含角）。
- "增量（DE）"选项：选择此选项，将以指定的增量修改对象的长度，该增量从距离选择点最近的端点处开始测量。差值还以指定的增量修改弧的角度，该增量也是从距离选择点最近的端点处开始测量的。注意，指定正值时扩展对象，指定负值时则修剪对象。输入"DE"并按〈Enter〉键确定后，即选择"增量（DE）"选项后，按照如下提示进行余下操作。

输入长度增量或 [角度(A)] <当前>:　　　　//指定距离、输入"A"或按〈Enter〉键

其中，"长度增量"选项以指定的增量修改对象的长度；"角度（A）"选项以指定的角度修改选定圆弧的包含角。

- "百分比（P）"选项：选择此选项，将通过指定对象总长度的百分数设置对象长度。
- "总计（T）"选项：选择此选项，将通过指定从固定端点测量的总长度的绝对值来设置选定对象的长度。此选项也按照指定的总角度设置选定圆弧的包含角。
- "动态（DY）"选项：选择此选项，将打开动态拖曳模式。通过拖曳选定对象的端点之一来改变其长度，而其他端点保持不变。

**操作实例：通过拖动改变对象长度**

1）新建一个图形文件，在图形区域中绘制一根长度为80的水平直线段。

2）选择"修改"→"拉长"菜单命令，或者单击"拉长"按钮，根据命令行提示执行操作。

命令: _lengthen

选择要测量的对象或 [增量(DE)/百分数(P)/总计(T)/动态(DY)]: DY ↙

选择要修改的对象或 [放弃(U)]:　　　　//选择图 3-28 所示的直线

指定新端点:　　　　//拖动光标向左指定新端点以缩短线段，如图 3-29 所示

选择要修改的对象或 [放弃(U)]: ↙

图 3-28　选择要修改的对象

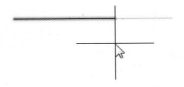

图 3-29　指定新端点

# 3.10　修剪对象

使用"修剪"功能可以很方便地修剪相关的图形对象。通常在相交处将不需要的线段部分修剪掉，注意 AutoCAD 允许选择的剪切边或边界边无须与修剪对象相交，可以将对象修剪或延伸至投影边或延长线交点（对象延长后的相交处）。

要修剪对象，可以在菜单栏中选择"修改"→"修剪"命令，也可以在功能区"默认"

选项卡的"修改"面板中单击"修剪"按钮 ┼，接着根据命令行提示进行操作。

命令: _trim

当前设置:投影=UCS，边=延伸

选择剪切边...

选择对象或 <全部选择>:

选择对象:

选择要修剪的对象，或按住〈Shift〉键选择要延伸的对象，或

[栏选(F)/窗交(C)/投影(P)/边(E)/删除(R)/放弃(U)]:

要完全掌握修剪操作的技巧，需要了解"选择要修剪的对象，或按住〈Shift〉键选择要延伸的对象，或[栏选(F)/窗交(C)/投影(P)/边(E)/删除(R)/放弃(U)]:"提示中的主要选项。

● 要修剪的对象：指定要修剪的对象，可以选择多个修剪对象，按〈Enter〉键退出命令。

● 按住〈Shift〉键选择要延伸的对象：结合〈Shift〉键进行操作，延伸选定对象而不是修剪它们。此选项提供了一种在修剪和延伸之间切换的简便方法。

● "栏选（F）"：选择此选项，将选择与选择栏相交的所有对象。所述的选择栏是一系列临时线段，它们是用两个或多个栏选点来指定的。

● "窗交（C）"：选择此选项，则选择矩形区域（由两点确定）内部或与之相交的对象。

● "投影（P）"：选择此选项，则可以指定修剪对象时使用的投影方式。选择此选项，将显示"输入投影选项 [无(N)/UCS(U)/视图(V)] <当前>:"的提示。

● "边（E）"：选择此选项，将确定对象是在另一对象的延长边处进行修剪，还是仅在三维空间中与该对象相交的对象处进行修剪。此时将显示"输入隐含边延伸模式 [延伸(E)/不延伸(N)] <当前>:"的提示。

● "删除（R）"：选择此选项，将删除选定的对象。此选项提供了一种用来删除不需要的对象的简便方式，而无须退出"TRIM"命令。

● "放弃（U）"：选择此选项，撤销由"TRIM"命令所做的最近一次修改。

为了便于让读者掌握多种情况下的修剪操作，下面将进行简单的分类说明。

1）对象既可以作为剪切边，也可以是被修剪的对象，如图 3-30 所示，图中"×"符号处表示选取对象的位置处。

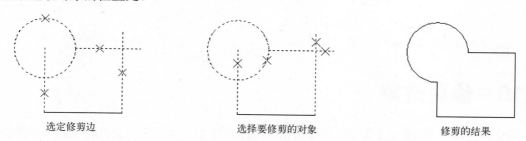

选定修剪边　　　　　选择要修剪的对象　　　　　修剪的结果

图 3-30　对象既可作为剪切边也可作为被修剪的对象

2）修剪若干个对象时，可使用不同的选择方法选择当前的剪切边和修剪对象。在图 3-31

所示的修剪示例中，修剪对象是采用栏选方式进行选择的。

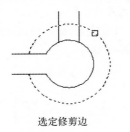  

选定修剪边　　　　　　　用栏选方式选定要修剪的对象　　　　　　结果

图 3-31　修剪示例 1

3）可以将对象修剪到与其他对象最近的交点处（包括延伸交点）。在提示选择修剪边对象时，若直接按〈Enter〉键或按鼠标右键，然后选择要修剪的对象时，那么将对象修剪到最近的交点或延伸交点处。图 3-32 所示的修剪示例就是采用这种操作方式来进行修剪对象的。

 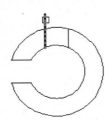 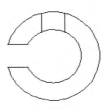

在提示选择剪切边对象时按<Enter>键　　　选择要修剪的对象　　　　　结果

图 3-32　修剪示例 2

4）如果两个图形对象只是延伸后才具有相交点，那么利用该延伸交点也可修剪对象，如图 3-33 所示，其操作过程如下。

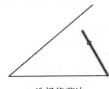 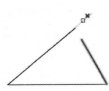 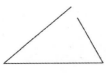

选择修剪边　　　　　　　选择要修剪的对象　　　　　　结果

图 3-33　修剪示例 3

命令: _trim　　　　　　　　　　　　　　　　　　//选择"修改"→"修剪"命令

当前设置:投影=UCS，边=无

选择剪切边...

选择对象或 <全部选择>: 找到 1 个　　　　　　　//选择修剪边

选择对象: ↙　　　　　　　　　　　　　　　　　　//按〈Enter〉键结束剪切边选择

选择要修剪的对象，或按住〈Shift〉键选择要延伸的对象，或 [栏选(F)/窗交(C)/投影(P)/边(E)/删除(R)/放弃(U)]: E↙　　　　　　　　　　　　　　　　//选择"边（E）"选项

输入隐含边延伸模式 [延伸(E)/不延伸(N)] <不延伸>: E↙　　//选择"延伸（E）"选项

选择要修剪的对象，或按住〈Shift〉键选择要延伸的对象，或 [栏选(F)/窗交(C)/投影(P)/边(E)/删除(R)/放弃(U)]:　　　　　　　　　　　　　　　//选择要修剪的对象

选择要修剪的对象，或按住〈Shift〉键选择要延伸的对象，或 [栏选(F)/窗交(C)/投影(P)/边(E)/删除(R)/放弃(U)]: ↙　　　　　　　　　　　　　　　//按〈Enter〉键

5）在修剪操作中，可以切换到延伸方式，如图3-34所示。其操作方法如下。

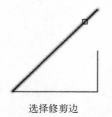　　

　　选择修剪边　　　　　　按住〈Shift〉键选择要延伸的对象　　　　　　结果

图3-34　从修剪切换到延伸

单击"修剪"按钮 ，接着根据命令提示执行操作。

命令: _trim

当前设置:投影=UCS，边=无

选择剪切边...

选择对象或 <全部选择>:　找到 1 个　　　　　　　　　　//选择剪切边

选择对象:↙

选择要修剪的对象，或按住〈Shift〉键选择要延伸的对象，或 [栏选(F)/窗交(C)/投影(P)/边(E)/删除(R)/放弃(U)]: E ↙　　　　　　　　　　//选择"边（E）"选项

输入隐含边延伸模式 [延伸(E)/不延伸(N)] <不延伸>: E↙　　//选择"延伸（E）"选项

选择要修剪的对象，或按住〈Shift〉键选择要延伸的对象，或 [栏选(F)/窗交(C)/投影(P)/边(E)/删除(R)/放弃(U)]:　　　　　　　//按住〈Shift〉键选择要延伸的对象

选择要修剪的对象，或按住〈Shift〉键选择要延伸的对象，或 [栏选(F)/窗交(C)/投影(P)/边(E)/删除(R)/放弃(U)]: ↙　　　　　　　　　　//按〈Enter〉键

# 3.11　延伸对象

使用"延伸"功能可以使对象精确地延伸至由其他对象定义的边界边。延伸对象的操作方法与修剪对象的操作方法相同。

要延伸对象，可以在菜单栏中选择"修改"→"延伸"命令，或者在功能区"默认"选项卡的"修改"面板中单击"延伸"按钮 ，接着根据命令行提示进行操作。

命令: _extend

当前设置:投影=UCS，边=当前值

选择边界的边...

选择对象或 <全部选择>:

选择对象:

选择要延伸的对象，或按住〈Shift〉键选择要修剪的对象，或 [栏选(F)/窗交(C)/投影(P)/边(E)/放弃(U)]:

要完全掌握延伸操作的技巧，需要了解"选择要延伸的对象，或按住〈Shift〉键选择要修剪的对象，或[栏选(F)/窗交(C)/投影(P)/边(E)/放弃(U)]:"提示中的主要选项。

- 要延伸的对象：指定要延伸的对象，若按〈Enter〉键则结束命令。
- 按住〈Shift〉键选择要修剪的对象：将选定对象修剪到最近的边界而不是将其延伸。此选项提供了一种在延伸和修剪之间切换的简便方法。
- "栏选（F）"：选择此选项，则选择与选择栏相交的所有对象，所述的选择栏是一系列临时线段，它们是用两个或多个栏选点指定的，注意选择栏不构成闭合环。
- "窗交（C）"：选择此选项，则选择矩形区域（由两点确定）内部或与之相交的对象。
- "投影（P）"：使用此选项来指定延伸对象时使用的投影方法。
- "边（E）"：选择此选项，则显示"输入隐含边延伸模式 [延伸(E)/不延伸(N)] <当前>:"命令提示，从中选择"延伸（E）"或"不延伸（N）"选项，即设置将对象延伸到另一个对象的隐含边，或设置仅延伸到三维空间中与其实际相交的对象。
- "放弃（U）"：放弃最近由"EXTEND"命令所做的更改。

**操作实例：图形延伸**

在菜单栏中选择"修改"→"延伸"命令，在功能区"默认"选项卡的"修改"面板中单击"延伸"按钮 --/，接着根据命令行提示进行如下操作。

命令: _extend
当前设置:投影=UCS，边=延伸
选择边界的边...
选择对象或 <全部选择>: 找到 1 个                          //选择图 3-35a 所示的边界边
选择对象: ↙
选择要延伸的对象，或按住〈Shift〉键选择要修剪的对象，或
[栏选(F)/窗交(C)/投影(P)/边(E)/放弃(U)]:                   //选择图 3-35b 所示的线段
选择要延伸的对象，或按住〈Shift〉键选择要修剪的对象，或
[栏选(F)/窗交(C)/投影(P)/边(E)/放弃(U)]: ↙

延伸对象的结果如图 3-35c 所示。

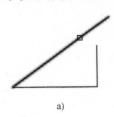
a)

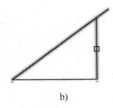
b)

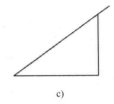
c)

图 3-35　延伸对象

a) 选择边界边　b) 选择要延伸的对象　c) 延伸对象的结果

**知识点拨**：修剪样条拟合多段线将删除曲线拟合信息，并将样条拟合线段改为普通多段线线段；延伸一个样条曲线拟合的多段线将为多段线的控制框架添加一个新顶点。

## 3.12 打断与合并

在 AutoCAD 2016 中，可以将一个闭合对象打断成开放的图形对象，或将一个单独对象打断为两个对象，同样也可以将多个有效对象合并为一个对象。

### 3.12.1 打断对象

使用"修改"菜单中的"打断"命令，可以打断大多数几何对象（不包括块、标注、多线、面域），打断点之间可以具有间隙。如果要打断对象而不创建间隙，可以在相同的位置处指定两个打断点。

**1．在两点之间打断选定的对象**

在两点之间打断选定的对象的典型操作步骤如下。

1）在菜单栏中选择"修改"→"打断"命令，或者在功能区的"默认"选项卡的"修改"面板中单击"打断"按钮。

2）选择要打断的对象。在默认情况下，选择对象时的单击点作为第一个打断点。如果要重新选择第一个打断点时，则在当前命令行输入"F"并按〈Enter〉键，或者使用鼠标在命令提示选项中选择"第一点（F）"选项，然后重新指定第一个打断点。

3）指定第二个打断点。

**操作范例：在两点之间打断选定的对象**

在菜单栏中选择"修改"→"打断"命令，或者在功能区的"默认"选项卡的"修改"面板中单击"打断"按钮。接着根据命令行的提示执行如下操作。

命令: _break

选择对象:                               //选择对象，如图 3-36a 所示

指定第二个打断点 或 [第一点(F)]:      //在图 3-36b 所示的位置处单击以指定第二个打断点

打断的结果如图 3-36c 所示。

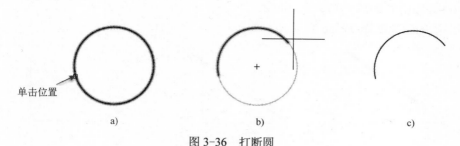

单击位置

a)                    b)                    c)

图 3-36 打断圆

a) 选择对象（指定第一打断点）　b) 指定第二点　c) 打断结果

**2．在一点处打断选定的对象**

在一点打断选定对象的操作方法和步骤如下。

1）在菜单栏中选择"修改"→"打断"命令。

2）选择对象。

3）在当前命令行输入"F"并按〈Enter〉键，然后指定第一个断点。

4）命令行提示"指定第二个打断点"，此时在命令行中输入"@0,0"，并按〈Enter〉键。
整个过程的命令历史记录及说明如下。

命令:_break

选择对象:　　　　　　　　　　　　　　//选择要被打断的对象

指定第二个打断点 或 [第一点(F)]: F✓　　　//选择"第一点（F）"选项

指定第一个打断点:　　　　　　　　　　//指定第一个打断点

指定第二个打断点:@0,0✓　　　　　　//输入第二个打断点的相对坐标，使两个打断点重合

另外，在功能区"默认"选项卡的"修改"面板中提供了专门的"打断于点"按钮
，用于在一点打断选定的对象，有效对象包括直线、开放的多段线和圆弧。其操作步骤
如下。

1）单击"打断于点"按钮。

2）选择要打断的对象。

3）指定打断点。

该执行步骤的命令及说明如下。

命令:_break

选择对象:　　　　　　　　　　　　　　//选择要被打断的对象

指定第二个打断点 或 [第一点(F)]: _f

指定第一个打断点:　　　　　　　　　　//选择打断点

指定第二个打断点:@

## 3.12.2 合并对象

使用"合并"功能可以将相似的对象通过其端点合并为单个对象，可以合并的对象包括
圆弧、椭圆弧、直线、多段线、三维多段线、螺旋和样条曲线，即可以合并线性和弯曲对象
的端点，以便创建单个对象。注意构造线、射线和闭合的对象无法合并。

合并对象的一般操作步骤如下。

1）在菜单栏中选择"修改"→"合并"命令，或者在功能区"默认"选项卡的"修
改"面板中单击"合并"按钮。

2）选择要合并的源对象。

3）选择要合并到源对象中的一个或多个对象。

例如，若要将图 3-37 所示的两段同心且同半径的圆弧合并起来，首先选择"修改"→
"合并"命令，或者单击"合并"按钮，然后根据命令提示执行如下操作。

命令:_join

选择源对象或要一次合并的多个对象: 找到 1 个　　//选择图 3-38 所示的一段圆弧

选择要合并的对象: ✓　　　　　　　　　//按〈Enter〉键

选择圆弧，以合并到源或进行 [闭合(L)]:　　//选择另一段圆弧

选择要合并到源的圆弧: 找到 1 个✓　　　//按〈Enter〉键

已将 1 个圆弧合并到源

合并的效果如图 3-39 所示。

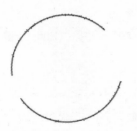

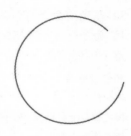

图 3-37 两段圆弧 　　　　　　图 3-38 选择源对象 　　　　　　图 3-39 合并效果

另外，使用"合并"功能还可以用圆弧和椭圆弧创建完整的圆和椭圆，请看图 3-40 所示的示例，其操作步骤如下。

转换为圆

图 3-40 转换为圆

利用已经存在的一段圆弧来获得一个完整的圆。首先，选择"修改"→"合并"命令，或者单击"合并"按钮⁂，然后根据命令提示执行如下操作。

命令: _join

选择源对象或要一次合并的多个对象: 找到 1 个: 　　　　　　//选择圆弧

选择要合并的对象: ↙ 　　　　　　　　　　　　　　　 //按〈Enter〉键

选择圆弧，以合并到源或进行 [闭合(L)]: L↙ 　　　　 //选择"闭合（L）"选项

已将圆弧转换为圆。

# 3.13 　倒角与圆角

在机械制图时，经常会在机件图形中绘制倒角和圆角。

### 3.13.1 　倒角

倒角使用成角的直线连接两个对象。可以为由直线、多段线、射线、构造线等组成的图形添加倒角。例如，可以给两条不平行的直线创建倒角，如图 3-41 所示。

倒角

图 3-41 在两直线间倒角

选择"修改"→"倒角"命令，或者单击"倒角"按钮，则在命令窗口的命令行中显示提示操作信息（可在命令文本窗口中查看）。

命令: _chamfer

（"修剪"模式) 当前倒角距离 1 = 0.0000，距离 2 = 0.0000

选择第一条直线或 [放弃(U)/多段线(P)/距离(D)/角度(A)/修剪(T)/方式(E)/多个(M)]:

- 第一条直线：指定定义二维倒角所需的两条边中的第一条边或要倒角的三维实体的边。
- "放弃（U）"：恢复在命令中执行的上一个操作。
- "多段线（P）"：对整个二维多段线倒角。
- "距离（D）"：设置倒角至选定边端点的距离。
- "角度（A）"：用第一条线的倒角长度（距离）和第二条线的角度设置倒角距离。
- "修剪（T）"：控制"CHAMFER"是否将选定的边修剪到倒角直线的端点。
- "方式（E）"：控制"CHAMFER"默认使用两个距离还是一个距离和一个角度来创建倒角。
- "多个（M）"：为多组对象的边倒角。

下面主要介绍 4 个知识点。

**1. 使用两个距离来创建倒角**

需要指定的两个距离如图 3-42 所示，这两个距离可以相等也可以不相等。如果将这两个距离均设置为零，那么倒角操作将延伸或修剪两条直线，以使它们终止于同一点，如图 3-43 所示。

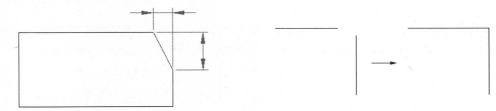

图 3-42　倒角距离示意　　　　　　　图 3-43　两个倒角距离都为零时

设置倒角距离并创建倒角的典型步骤如下。

1）选择"修改"→"倒角"命令，或者单击"倒角"按钮。

2）在命令行中输入"D"并按〈Enter〉键，即选择"距离（D）"选项。

3）指定第一个倒角距离。

4）指定第二个倒角距离。

5）依次选择两条直线。

**2. 使用一个角度和一个距离来创建倒角**

用第一条线的倒角距离和第二条线的角度来创建倒角，其示意图如图 3-44 所示。系统将提示指定倒角长度和倒角角度。

通过指定倒角长度和倒角角度来创建倒角的典型步骤如下。

1）选择"修改"→"倒角"命令，或者单击"倒角"按钮。

2）在命令行中输入"A"并按〈Enter〉键，即选择"角度（A）"选项。

3）指定倒角长度。

4）指定倒角角度。

5）依次选择两条直线。

**3．设置修剪倒角对象**

可以设置倒角操作时是否进行修剪。

命令: _chamfer

（"修剪"模式）当前倒角距离　1＝2.0000，距离　2＝2.0000

选择第一条直线或 [放弃(U)/多段线(P)/距离(D)/角度(A)/修剪(T)/方式(E)/多个(M)]: T✓

输入修剪模式选项 [修剪(T)/不修剪(N)] <修剪>:　　//选择"修剪（T）"或"不修剪（N）"选项

该设置将影响下一次倒角操作。

**4．多段线倒角**

可以对多段线的某两条线段进行倒角，而倒角将成为多段线的新线段，如图3-45所示。

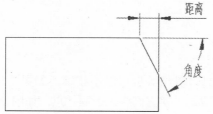

图3-44　使用角度和距离来创建倒角

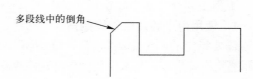

图3-45　对多段线中的指定线段进行倒角

如果选择的两个倒角对象是一条多段线的两个线段，则它们必须相邻或仅隔一个弧线段。如果它们被弧线段间隔，倒角将删除此弧并用倒角线替换它，如图3-46所示。

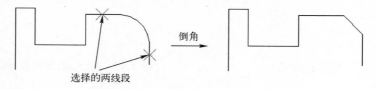

图3-46　倒角替代多段线的圆弧

也可以对整条多段线进行倒角。对整条多段线进行倒角时，相交多段线线段在每个多段线顶点处被倒角，如果多段线包含的线段过短以至于无法容纳倒角距离，则不对这些线段倒角，如图3-47所示。

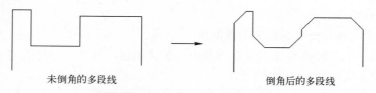

图3-47　对整条多段线进行倒角

使用当前的倒角方法和默认的距离对整条多段线进行倒角，其操作的步骤如下。

1）选择"修改"→"倒角"命令，或者单击"倒角"按钮。

2）在命令行中输入"P"并按〈Enter〉键，或者使用鼠标在命令提示选项中选择"多段线（P）"选项。

3）选择多段线。

### 3.13.2 圆角

圆角是将两个对象通过一个指定半径的圆弧光滑地连接起来，这两个对象均与圆弧相切，如图 3-48 所示。

图 3-48 圆角

可以对圆弧、圆、椭圆、椭圆弧、直线、多段线、样条曲线、构造线等对象进行圆角处理。构造线和直线在相互平行时可以进行圆角。

选择"修改"→"圆角"命令，或者单击"圆角"按钮，将在命令提示信息如下。

命令: _fillet

当前设置: 模式 = 修剪，半径 = 5.0000

选择第一个对象或 [放弃(U)/多段线(P)/半径(R)/修剪(T)/多个(M)]:

- 第一个对象：选择定义二维圆角所需的两个对象中的第一个对象，或选择三维实体的边以便给其加圆角。
- "放弃（U）"：恢复在命令中执行的上一个操作。
- "多段线（P）"：对整个二维多段线进行圆角处理。
- "半径（R）"：定义圆角弧的半径。修改圆角半径将影响后续的圆角操作。如果将圆角半径设置为 0，则被圆角的对象被修剪或延伸直到它们相交，也就是并不创建圆弧。
- "修剪（T）"：控制"FILLET"（圆角）是否将选定的边修剪到圆角弧的端点。两种情况（修剪与不修剪）如图 3-49 所示。

图 3-49 设置圆角时是否修剪

- "多个（M）"：给多个对象集加圆角。"FILLET"将重复显示主提示和"选择第二个对象"提示，直到用户按〈Enter〉键结束该命令。

下面针对实际应用介绍其操作及技巧。

**1. 控制圆角位置**

对一些对象进行圆角时，选定的对象之间可以存在多个可能的圆角。这就需要用户在选择对象时注意单击对象的位置，以此来控制圆角位置，如图 3-50 所示。

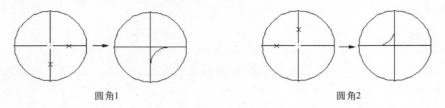

图 3-50 控制圆角位置

**2. 为直线和多段线的组合加圆角**

可以为直线和多段线的组合添加圆角，该直线（或其延长线）必须与多段线的一条直线段相交，如图 3-51 所示。

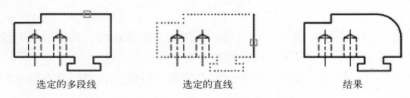

图 3-51 为直线和多段线的组合加圆角

如果打开"修剪"选项，则进行圆角的对象和圆角弧合并形成单独的新多段线。

**3. 对整个多段线进行圆角处理**

对整个多段线进行圆角处理的步骤简述如下。

1）选择"修改"→"圆角"命令，或者单击"圆角"按钮🔲。

2）输入"P"并按〈Enter〉键，或者使用鼠标在提示选项中选择"多段线（P）"选项。

3）选择多段线。

如果设置的圆角半径非零，则"圆角"命令（FILLET）将在长度足够适合圆角半径的每条多段线线段的顶点处插入圆角弧。对于其他特殊情况，读者可以查阅 AutoCAD 的帮助文件来了解。

**4. 对平行直线进行圆角**

可以对平行的直线、参照线和射线进行圆角处理。注意，第一个选定对象必须是直线或射线，但第二个对象可以是直线、构造线或射线。创建的圆角弧直径等于平行线之间的间距。如果两条平行直线长度不相同，则会延长短线使两者并齐。

**操作范例：对平行直线进行圆角**

1）假设已经绘制好图 3-52 所示的图形，其中线段 1、线段 2、线段 3 和线段 4 相互平行，线段 2 和线段 3 的长度并不相等。

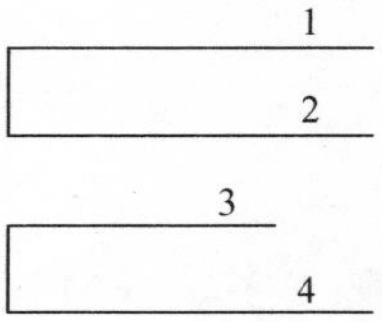

图 3-52 假设绘制好的图形

2）单击"圆角"按钮，接着根据命令行提示执行如下操作。

命令：_fillet

当前设置：模式 = 修剪，半径 = 0.0000

选择第一个对象或 [放弃(U)/多段线(P)/半径(R)/修剪(T)/多个(M)]：　　//选择直线段 1

选择第二个对象，或按住〈Shift〉键选择对象以应用角点或 [半径(R)]：　　//选择直线段 4

此时，绘制的圆角 1 如图 3-53 所示。

3）单击"圆角"按钮，接着根据命令提示，执行如下操作。

命令：_fillet

当前设置：模式 = 修剪，半径 = 0.0000

选择第一个对象或 [放弃(U)/多段线(P)/半径(R)/修剪(T)/多个(M)]：　　//选择直线段 2

选择第二个对象，或按住〈Shift〉键选择对象以应用角点或 [半径(R)]：　　//选择直线段 3

此时，绘制的圆角 2 如图 3-54 所示。

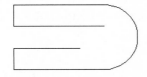　　　　　　　　　　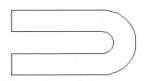

　　　　图 3-53　圆角 1　　　　　　　　　　　　　　图 3-54　圆角 2

**5．圆和圆弧圆角**

在圆之间和圆弧之间可能存在多个圆角，因此，在对这类图元进行圆角处理时，需要注意把握对象的选择点，以获得想要的圆角。

# 3.14　光顺曲线

可以在选定直线或曲线之间的间隙中创建样条曲线，生成的样条曲线的形状取决于指定的连续性，选定对象（有效对象包括直线、圆弧、椭圆弧、螺旋、开放的多段线和开放的样条曲线）的长度保持不变。即可以在两条开放曲线的端点之间创建相切或平滑的样条曲线。

创建光顺曲线的示例如图 3-55 所示，在选择对象时要注意选择点。该示例的具体操作步骤如下。

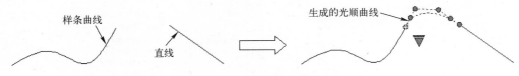

图 3-55　示例：创建光顺曲线

1）在菜单栏中选择"修改"→"光顺曲线"命令，或者在功能区"默认"选项卡的"修改"面板中单击"光顺曲线"按钮。

2）根据命令行提示进行如下操作。

命令: _BLEND

连续性 = 相切

选择第一个对象或 [连续性(CON)]: CON↙　　　　//选择"连续性（CON）"选项

输入连续性 [相切(T)/平滑(S)] <相切>: S↙　　　　//选择"平滑（S）"选项

选择第一个对象或 [连续性(CON)]:　　　　　　　　//在靠近样条曲线右端点处单击样条曲线

选择第二个点:　　　　　　　　　　　　　　　　　//在直线左端点附近选择单击直线

　　**知识点拨：** 光顺曲线的连续性过渡类型选项有"相切（T）"和"平滑（S）"。其中，"相切（T）"选项用于创建一条三阶样条曲线，在选定对象的端点处具有相切 (G1) 连续性；"平滑（S）"选项用于创建一条五阶样条曲线，在选定对象的端点处具有曲率 (G2) 连续性。

# 3.15　分解对象

　　使用"分解"功能可以将一个整体对象（复合对象）分解成其组件部分。分解后，各分解对象的颜色、线型和线宽可能会所改变。分解对象的命令为"EXPLODE"。可以分解的对象包括块、多段线和面域等。

　　分解对象的操作步骤如下。

　　1）在菜单栏中选择"修改"→"分解"命令，或者在功能区"默认"选项卡的"修改"面板中单击"分解"按钮  。

　　2）选择要分解的对象。

　　3）按〈Enter〉结束。

# 3.16　编辑多段线、多线、样条曲线和阵列

　　使用图 3-56 所示的"修改"→"对象"级联菜单中的相关命令，可以对相关对象（例如图案填充、多段线、样条曲线、多重引线、多线和阵列等）进行编辑修改。用户在功能区的"修改"面板中亦可找到一些相应的对象编辑工具按钮。本节主要介绍编辑多段线、多线、样条曲线和阵列的方法。

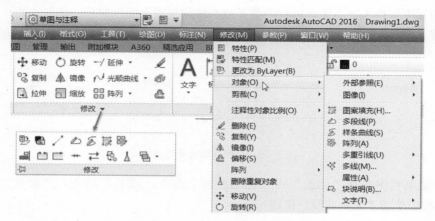

图 3-56　"修改"菜单下的"对象"级联菜单

### 3.16.1 编辑多段线

编辑多段线的典型步骤如下。

1）从"修改"→"对象"级联菜单中选择"多段线"命令，或者在功能区"默认"选项卡的"修改"面板中单击"编辑多段线"按钮。

2）选择要修改的多段线。若输入"M"以选择"多条（M）"选项，则可以选择多条多段线。

3）命令行显示"输入选项 [闭合(C)/合并(J)/宽度(W)/编辑顶点(E)/拟合(F)/样条曲线(S)/非曲线化(D)/线型生成(L)/反转(R)/放弃(U)]:"，选择其中一个选项来对多段线进行修改。

另外，也可以在图形窗口中选择要修改的多段线，接着右击，从弹出的快捷菜单中选择"多段线"→"编辑多段线"命令，然后选择所需要的选项来对该多段线进行编辑修改。

### 3.16.2 编辑多线

可以编辑多线交点、增加或删除多线的顶点，以及打断多线等。

从"修改"→"对象"级联菜单中选择"多线"命令，将打开图 3-57 所示的"多线编辑工具"对话框。该对话框提供了多种类型的多线编辑工具，要使用其中的某一个工具，只需在对话框中单击该工具按钮，然后执行相应的选择操作即可。

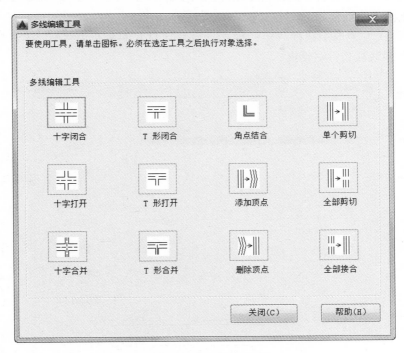

图 3-57 "多线编辑工具"对话框

在"多线编辑工具"对话框中，提供的多线编辑工具图标以四列显示，其中第一列控制交叉的多线，第二列控制 T 形相交的多线，第三列控制角点结合和顶点，第四列控制多线中的打断。

**操作实例：多线编辑**

1）已经绘制好图 3-58 所示的两个相交多线。

2）在菜单栏中选择"修改"→"对象"→"多线"命令，打开"多线编辑工具"对话框。

3）在"多线编辑工具"对话框中单击"十字打开"按钮。

4）在图形窗口中选择其中的一条多线，接着选择另一条多线。

5）按〈Enter〉键结束命令。

编辑后的多线效果如图 3-59 所示。

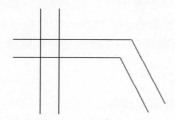 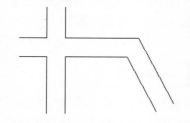

图 3-58　相交多线　　　　　　　图 3-59　编辑多线（"十字打开"）后的效果

**附加技能要求：** 还需要掌握编辑多线样式的步骤。

编辑多线样式的步骤如下。

1）从"格式"菜单中选择"多线样式"命令（对应的命令为"MLSTYLE"），打开图 3-60 所示的"多线样式"对话框。

图 3-60　"多线样式"对话框

2）在"多线样式"对话框的列表中选择要修改的样式名，然后单击列表右侧的"修改"按钮。

3）系统弹出图 3-61 所示的"修改多线样式：BCML"对话框，根据需要修改相关设置。修改好相关设置后，单击该对话框的"确定"按钮。

图 3-61 "修改多线样式"对话框

4）返回到"多线样式"对话框。在"多线样式"对话框中单击"保存"按钮，利用打开的"保存多线样式"对话框将对样式所做的修改保存到系统"MLN"格式文件中。

5）在"多线样式"对话框中单击"确定"按钮。

### 3.16.3 编辑样条曲线

编辑样条曲线的典型步骤如下。

1）从"修改"→"对象"级联菜单中选择"样条曲线"命令，或者在功能区"默认"选项卡的"修改"面板中单击"编辑样条曲线"按钮 。

2）选择要修改的样条曲线。

3）命令行显示"输入选项 [闭合(C)/合并(J)/拟合数据(F)/编辑顶点(E)/转换为多段线(P)/反转(R)/放弃(U)/退出(X)] <退出>:"，选择其中一个选项来对多段线进行修改。

另外，也可以在图形窗口中选择要修改的样条曲线，接着右击，从弹出的快捷菜单中选择"样条曲线"级联菜单中的相关命令进行编辑修改。最快捷的方式是直接在图形窗口中双击样条曲线来激活其编辑命令。

### 3.16.4 编辑阵列

可以通过编辑阵列属性、编辑源对象或使用其他对象替换项来修改关联阵列。

编辑阵列（指编辑关联阵列对象及其源对象）的一般方法和步骤如下。

1）在菜单栏中选择"修改"→"对象"→"阵列"命令，或者在功能区"默认"选项卡的"修改"面板中单击"编辑阵列"按钮🔲。

2）选择要编辑的阵列。

3）根据命令行提示选择相应的选项来进行编辑、修改操作。

● 对于矩形阵列，命令行提示为"输入选项 [源(S)/替换(REP)/基点(B)/行(R)/列(C)/层(L)/重置(RES)/退出(X)] <退出>:"。

● 对于环形阵列，命令行提示为"输入选项 [源(S)/替换(REP)/基点(B)/项目(I)/项目间角度(A)/填充角度(F)/行(R)/层(L)/旋转项目(ROT)/重置(RES)/退出(X)] <退出>:"。

● 对于路径阵列，命令行提示为"输入选项 [源(S)/替换(REP)/方法(M)/基点(B)/项目(I)/行(R)/层(L)/对齐项目(A)/Z 方向(Z)/重置(RES)/退出(X)] <退出>:"。

## 3.17  使用夹点编辑

AutoCAD 夹点是一些实心的小方框，在没有执行任何命令的情况下使用定点设备（鼠标）指定对象时，将在指定对象的关键点上显示出夹点，如图 3-62 所示。注意锁定图层上的图形不显示夹点。

可以通过"工具"→"选项"菜单命令打开"选项"对话框，利用"选择集"选项卡设置是否启用（显示）夹点以及与夹点相关的选项、参数。默认情况下，启用夹点和夹点提示。

使用夹点可以对图元对象进行拉伸、移动、旋转、缩放或镜像等操作。使用夹点进行的相关编辑操作被称为夹点模式。被选中的夹点将以设置好的颜色显示（默认为红色）。

选择基准夹点后，用户可以选择一种夹点模式，选择夹点模式的方法主要有如下几种。

1）通过按〈Enter〉键或空格键循环选择这些模式。

2）使用快捷键或单击鼠标右键查看所有模式和选项，从中选择所需要的夹点模式。如图 3-63 所示，在选择圆上的一点作为基准夹点后，右击该夹点，从弹出的快捷菜单中可以选择"移动""旋转""缩放"和"镜像"等模式的选项。

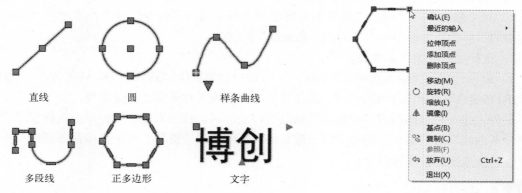

图 3-62  各对象上的夹点显示（参考）　　　图 3-63  右击选定的基准夹点

下面以使用选定的夹点移动对象为例进行介绍，操作步骤如下。

1）选择要移动的对象。

2）在对象上通过单击选择基准夹点。此时，亮显选定夹点，并激活默认夹点模式"拉伸"，如图 3-64 所示。

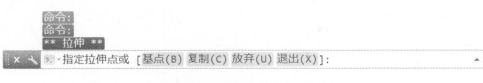

图 3-64 激活默认夹点模式"拉伸"

3）按〈Enter〉键或空格键遍历夹点模式，直到显示夹点模式"移动（MOVE）"，如图 3-65 所示。

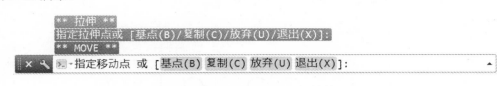

图 3-65 选择夹点模式"移动（MOVE）"

说明：也可以单击鼠标右键弹出显示模式和选项的快捷菜单，利用快捷菜单来选择"移动"夹点模式选项。

4）移动定点设备（如鼠标）并单击。在移动定点设备时，选定对象随夹点移动。也可以通过移动点坐标来指定移动对象。

说明：如果要在移动选定的对象时复制该对象，那么可在移动此对象时按住〈Ctrl〉键。

## 3.18 思考练习

1）删除图形对象有哪几种方法？

2）如何在 AutoCAD 2016 中复制图形对象？请举例进行说明。

3）简述镜像图形对象的典型步骤。在镜像文字时，如果要在镜像图像中反转文字，应该如何设置？

4）使用"偏移"工具命令可以创建哪些对象？在偏移多段线时，可能会出现哪些情况？

5）AutoCAD 中的拉伸对象和拉长对象有什么不同？两者的操作步骤如何？

6）使用系统提供的"修剪"和"延伸"功能，分别可以进行哪些设计工作？

7）如果要打断对象而不创建间隙，应该如何操作？

8）分别简述使用夹点移动对象、使用夹点旋转对象、使用夹点缩放对象、使用夹点拉伸对象和使用夹点为对象创建镜像的一般步骤。

9）什么是光顺曲线？如何创建光顺曲线？

10）上机练习：在新图形中，绘制一个圆弧，具体尺寸由读者确定，然后使用选择"修改"→"合并"菜单命令将圆弧转换为完整的圆。

11）上机练习：根据图 3-66 所示的尺寸分别绘制两个图形。

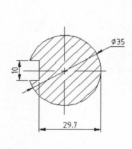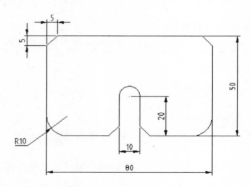

图 3-66　绘制图形练习 1

12）上机练习：根据图 3-67 所示的尺寸绘制图形。

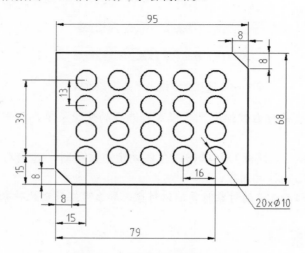

图 3-67　绘制图形练习 2

13）上机练习：根据图 3-68 所示的尺寸绘制图形。

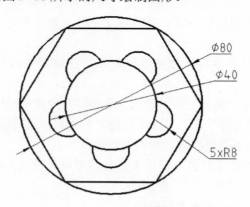

图 3-68　图形绘制练习 3

# 第4章 文字与文字样式

**本章导读：**

在设计中，时常会在图形中添加文字来表达图样的各种信息，包括复杂的技术要求、标题栏信息、标签、局部注释等，添加的文字可以是图形的一部分。本章将介绍 AutoCAD 2016 中与文字、文字样式相关的知识。

## 4.1 创建单行文字

使用"绘图"→"文字"→"单行文字"菜单命令（其相应的按钮为"单行文字"按钮 **AI**）可以创建一行或多行文字，创建的每一行文字都是独立的对象，可以对其进行移动、格式设置或其他修改。通常，创建的单行文字作为标签文本或其他简短注释。

执行单行文字的创建命令时，命令窗口出现的命令提示信息如图 4-1 所示。从该命令行提示中看到，可以为单行文字指定文字样式并设置对正（对齐）方式。其中文字样式用来设定文字对象的默认特征，对齐方式则决定着字符的哪一部分与插入点对齐。

图 4-1 用于创建单行文字的命令行提示

### 4.1.1 创建单行文字的步骤

以默认的文字样式和对正方式为例，创建单行文字的步骤如下。

1）在菜单栏中选择"绘图"→"文字"→"单行文字"命令，或者在命令行中输入"TEXT"并按〈Enter〉键，也可在功能区"注释"选项卡的"文字"面板中单击"单行文字"按钮 **AI**，或者在功能区"默认"选项卡的"注释"面板中单击"单行文字"按钮 **AI**。

2）指定文字的起点（插入点）。如果直接按〈Enter〉键，那么 AutoCAD 系统认为将紧接着上一次创建的文字对象（如果有的话）定位新的文字起点。

3）指定文字的高度。

**说明：** 指定文字起点（插入点）后，一条拖引线从文字起点附着到光标上，如图 4-2 所示。如果在某一个合适点单击，则将拖引线的长度设置为文字的高度。

4）指定文字的旋转角度。可以输入角度值或使用定点设备来指定文字的旋转角度。

5）输入文字。在每一行结尾按〈Enter〉键，可以按照需要输入另一行文字。若使用鼠标在图形区域中指定另一个点，则光标将移到该点处，可以在该点处继续输入文字，如图 4-3 所示。每次按〈Enter〉键或指定点时，都会开始创建新的文字对象。

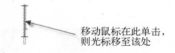

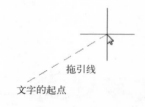

图 4-2 附着光标的拖引线 图 4-3 重新指定文字输入点

6）在空行处按〈Enter〉键结束命令。

### 4.1.2 创建单行文字时指定文字样式

在创建单行文字时可以指定文字样式，其步骤如下。

1）在菜单栏中选择"绘图"→"文字"→"单行文字"命令，或者在命令行中输入"TEXT"并按〈Enter〉键，还可以单击"单行文字"按钮**A**。

2）当前命令行提示为"指定文字的起点或 [对正(J)/样式(S)]:"时，在当前命令行中输入"S"并按〈Enter〉键确认选择"样式（S）"选项。

3）在"输入样式名"提示下输入现有文字样式名。

如果要首先查看文字样式列表，则使用鼠标选择"？"提示选项（或者输入"?"并按〈Enter〉键），接着在"输入要列出的文字样式<*>"提示下按〈Enter〉键，此时系统打开图4-4 所示的 AutoCAD 命令历史记录列表（使用"草图与注释"工作空间的浮动命令窗口时）来显示文字样式列表，或者弹出"AutoCAD 文本窗口"对话框表来显示文字样式（使用固定命令窗口时）。

```
文字样式:
样式名: "Annotative"   字体: Arial
    高度:  0.0000  宽度因子:  1.0000  倾斜角度: 0
    生成方式: 常规
样式名: "Standard"     字体: Arial
    高度:  0.0000  宽度因子:  1.0000  倾斜角度: 0
    生成方式: 常规
样式名: "WZ-3.5"          字体文件: gbenor.shx,gbcbig.shx
    高度:  3.5000  宽度因子:  1.0000  倾斜角度: 0
    生成方式: 常规
样式名: "WZ-5"            字体文件: gbenor.shx,gbcbig.shx
    高度:  5.0000  宽度因子:  1.0000  倾斜角度: 0
    生成方式: 常规
样式名: "WZ-7"            字体文件: gbenor.shx,gbcbig.shx
    高度:  7.0000  宽度因子:  1.0000  倾斜角度: 0
    生成方式: 常规
× ⚒  A⌐ TEXT 按 ENTER 键继续:
```

图 4-4 查看文字样式列表

4）继续进行创建单行文字的操作。

### 4.1.3 创建单行文字时设置对正方式

在创建单行文字时可以设置单行文字的对正方式，其一般步骤如下。

1）选择"绘图"→"文字"→"单行文字"菜单命令，或者在命令行中输入"TEXT"并按〈Enter〉键，还可以单击"单行文字"按钮**A**。

2）当前命令行提示为"指定文字的起点或 [对正(J)/样式(S)]:"时，输入"J"并按〈Enter〉键，选择"对正（J）"选项。

3）当前命令行提示为"输入选项 [左(L)/居中(C)/右(R)/对齐(A)/中间(M)/布满(F)/左上(TL)/中上(TC)/右上(TR)/左中(ML)/正中(MC)/右中(MR)/左下(BL)/中下(BC)/右下(BR)]:"时，选择一个对齐选项，例如输入"MC"并按〈Enter〉键，选择"正中（MC）"选项。

4）继续根据命令行提示执行创建单行文字的操作。

各个对正选项的含义见表4-1。

表 4-1　创建单行文字时的对正选项

| 对正选项 | 功能含义 | 备注 | 图例 |
|---|---|---|---|
| 左（L） | 在由用户给出的点指定的基线上左对正文字 | | ₁AUTOCAD |
| 居中（C） | 从基线的水平中心对齐文字，此基线是由用户给出的点指定的 | 旋转角度是指基线以中点为圆心旋转的角度，它决定了文字基线的方向；文字基线的绘制方向为从起点到指定点，若指定点在圆心的左边，将绘制出倒置的文字 | AUTOCAD |
| 右（R） | 在由用户给出的点指定的基线上右对正文字 | | AUTOCAD |
| 对齐（A） | 通过指定基线端点来指定文字的高度和方向 | 字符的大小根据其高度按比例调整；文字字符串越长，字符越矮 | 1 Ø12.7 FOR Ø8 2 BUSHING~PRESS FIT-4 REQ.-EQ. SP. |
| 中间（M） | 文字在基线的水平中点和指定高度的垂直中点上对齐，中间对齐的文字不保持在基线上 | "中间"选项与"正中"选项不同，"中间"选项使用的中点是所有文字包括下行文字在内的中点，而"正中"选项使用大写字母高度的中点 | AUT@CAD |
| 布满（F） | 指定文字按照由两点定义的方向和一个高度值布满一个区域 | 此选项只适用于水平方向的文字；高度以图形单位表示，是大写字母从基线开始的延伸距离，指定的文字高度是文字起点到用户指定的点之间的距离；文字字符串越长，字符越窄，而字符高度保持不变 | Ø12.7 FOR Ø8 BUSHING~PRESS FIT-4 REQ-EQ. SP. |
| 左上（TL） | 在指定为文字顶点的点上左对正文字 | 此选项只适用于水平方向的文字 | AUTOCAD |
| 中上（TC） | 以指定为文字顶点的点居中对正文字 | 此选项只适用于水平方向的文字 | AUTOCAD |
| 右上（TR） | 以指定为文字顶点的点右对正文字 | 此选项只适用于水平方向的文字 | AUTOCAD |
| 左中（ML） | 在指定为文字中间点的点上靠左对正文字 | 此选项只适用于水平方向的文字 | 1AUTOCAD |
| 正中（MC） | 在文字的中央水平和垂直居中对正文字 | 此选项只适用于水平方向的文字 | AUT@CAD |
| 右中（MR） | 以指定为文字的中间点的点右对正文字 | 此选项只适用于水平方向的文字 | AUTOCAD1 |
| 左下（BL） | 以指定为下方基线的点左对正文字 | 此选项只适用于水平方向的文字 | AUTOCAD |
| 中下（BC） | 以指定为下方基线的点居中对正文字 | 此选项只适用于水平方向的文字 | AUTOCAD |
| 右下（BR） | 以指定为下方基线的点靠右对正文字 | 此选项只适用于水平方向的文字 | AUTOCAD₁ |

图4-5形象地给出了9种方式的对齐点。

图 4-5 单行文字的 9 种对齐点

## 4.2 创建多行文字

AutoCAD 的多行文字是单独的对象，是由任意数目的文字行或段落组成的。多行文字用于较长的、较为复杂的内容，在多行文字中可以很方便地添加特殊符号等。用户可以对多行文字进行移动、旋转、复制、删除、镜像或缩放操作。多行文字的应用比单行文字的应用灵活很多，编辑选项也比单行文字多。例如，在多行文字对象中，可以通过将格式（如下画线、粗体、颜色和不同的字体）应用到单个字符来替代当前文字样式，还可以创建堆叠文字（如分数或形位公差）并插入特殊字符（其中包括用于 TrueType 字体的 Unicode 字符）。

### 4.2.1 创建多行文字的步骤

输入多行文字之前，需要指定文字边框的对角点，所述的"文字边框"用于定义多行文字对象中段落的宽度。下面介绍创建多行文字的步骤。

1）在菜单栏中选择"绘图"→"文字"→"多行文字"命令，或者在功能区"注释"选项卡的"文字"面板中单击"多行文字"按钮 **A**。

2）指定边框的两个对角点以定义多行文字对象的宽度。如果功能区处于激活开启状态，AutoCAD 会打开"文字编辑器"功能区上下文选项卡并显示一个多行文字输入框，如图 4-6 所示（图中以功能区处于激活开启状态为例）。如果功能区未处于激活开启状态，则显示在位文字编辑器。

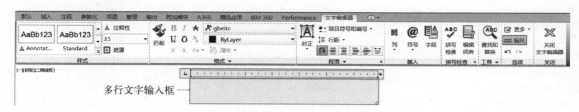

图 4-6 显示"文字编辑器"和输入框

说明：可以设置多行文字输入框顶部是否带有标尺，其方法是在功能区"文字编辑器"选项卡的"选项"面板中单击选中"标尺"按钮 ▭ 或取消选中它。

3）利用"文字编辑器"设置所需要的文字样式和文字格式。

4）在多行文字输入框内输入文字。可以利用"插入"面板中的按钮来设置添加一些特殊符号。

5）如果需要，可以设置段落形式、对齐方式、部分字符的特殊格式等。

6）在功能区"文字编辑器"选项卡中单击"关闭文字编辑器"按钮 ，完成多行文字的创建。

## 4.2.2 在多行文字中插入符号

在创建多行文字的过程中可以插入一些特殊符号，例如"直径"符号、"几乎相等"符号、"不相等"符号、"地界线"符号等。

在创建多行文字时，在功能区"文字编辑器"选项卡的"插入"面板中单击"符号"按钮 ，展开"符号"下拉菜单，如图 4-7 所示；然后从中选择某种符号的选项以在多行文字中插入所需的符号。例如，从该下拉菜单中选择"几乎相等"选项，则在多行文字中插入"≈"符号。

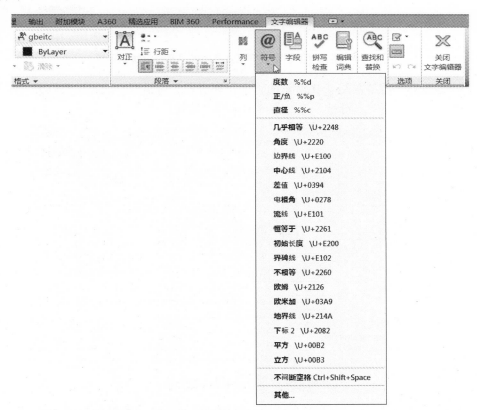

图 4-7 展开"符号"下拉菜单

如果功能区处于未被激活的状态，那么在创建多行文字时，可以在打开的"文字格式"工具栏中单击"选项"按钮 ，在展开的选项菜单中选择"符号"命令，从而打开"符号"级联菜单，如图 4-8 所示，从中选择所需的符号选项。注意在"文字格式"工具栏中单击"符号"按钮 ，也可以展开"符号"下拉菜单。

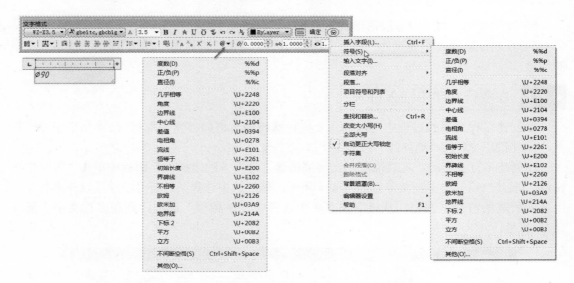

图 4-8　展开"文字格式"工具栏中的"符号"级联菜单

有一些特殊符号需要在图 4-9 所示的"字符映射表"对话框中选择。要打开"字符映射表"对话框，则在上述的"符号"下拉菜单中选择"其他"命令。

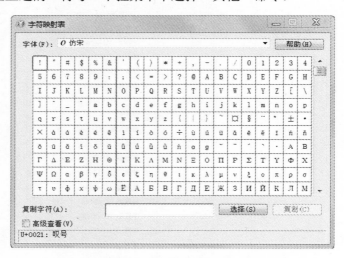

图 4-9　"字符映射表"对话框

"字符映射表"对话框列出了所选字体中可用的字符，这些字符集包括 Windows、DOS 和 Unicode。可以将"字符映射表"对话框中的单个字符或字符组复制到剪贴板中，然后再将其粘贴到可以显示它们的任何程序中（即将其粘贴到其他任何兼容程序中），甚至可以通过直接将字符从"字符映射表"拖入空文档中。

在"字符映射表"对话框中选择一种字体，接着选择该字体下一种可用的字符，单击"选择"按钮，则该字符出现在"复制字符"框中，然后单击对话框中的"复制"按钮；在多行文字输入框内适当位置单击右键，然后从弹出的快捷菜单中选择"粘贴"命令，将选定的字符粘贴到编辑器文本框中。在粘贴时注意字符字体的匹配。

### 4.2.3 向多行文字对象添加不透明背景或进行填充

如果功能区处于活动状态，那么在创建或编辑多行文字的过程中，在功能区"文字编辑器"选项卡的"样式"面板中单击"背景遮罩"按钮，也可以在编辑器文本框中单击鼠标右键并从弹出的快捷菜单中选择"背景遮罩"命令，系统弹出图 4-10 所示的"背景遮罩"对话框。

在"背景遮罩"对话框中勾选"使用背景遮罩"复选框，接着输入边界偏移因子的值（该值是基于文字高度的）。偏移因子为 1.0 非常适合多行文字对象；偏移因子为 1.5（默认值）则会使背景扩展出文字高度的 0.5 倍。

在"背景遮罩"对话框的"填充颜色"选项组中，如果取消勾选"使用图形背景颜色"复选框，则可以利用位于"使用图形背景颜色"复选框右侧的"颜色"下拉列表框来指定一种背景色。给多行文字对象添加不透明背景色的示例如图 4-11 所示。

图 4-10 "背景遮罩"对话框　　　　图 4-11 给多行文字对象添加背景色

### 4.2.4 创建堆叠文字

堆叠文字是指应用于多行文字对象和多重引线中的字符的分数和公差格式。在图 4-12 所示的几组文字中均有堆叠文字。

$$\phi 10^{+0.30}_{-0.25} \qquad \phi 16\frac{H7}{p6} \qquad \phi 90{}^{H6}\!/_{h6}$$

图 4-12 堆叠文字

**1. 用来定义堆叠的字符**

在 AutoCAD 中使用如下特殊符号可以指示选定文字的堆叠位置。

- 斜杠（/）：以垂直方式堆叠文字，由水平线分隔。
- 井号（#）：以对角形式堆叠文字，由对角线分隔。
- 插入符（^）：创建公差堆叠（垂直堆叠，且不用直线分隔）。

**2. 手动堆叠字符**

为了描述的简洁性，下面将工作界面切换为"草图与注释"工作空间界面。在执行多行文字的创建命令时，在"文字编辑器"功能区上下文选项卡中采用手动的方式堆叠字符，那么需要在输入文字（包括特殊的堆叠字符）后，选择其中要堆叠的文字，然后在"格式"面板中单击"堆叠"按钮。

例如，在"文字编辑器"输入框中输入"Φ50+0.036^-0.014"，接着选择"+0.036^-

0.014"，如图 4-13 所示，然后在"格式"面板中单击"堆叠"按钮，堆叠结果如图 4-14 所示，最后单击"关闭文字编辑器"按钮。

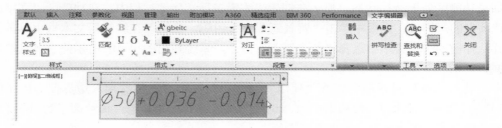

图 4-13　选择要进行格式设置的文字

图 4-14　堆叠结果

说明：如果要将堆叠文字更改为非堆叠文字，那么在双击要修改的文字后，在"文字编辑器"输入框中选择堆叠文字，然后单击"格式"面板中的"堆叠"按钮以关闭堆叠状态。

### 3．自动堆叠文字

如果事先设置启用自动堆叠文字功能，那么输入由堆叠字符分隔的数字后输入非数字字符或按空格键，AutoCAD 会自动堆叠满足要求的文字。例如，输入"5/9"后按空格键，可以得到默认的自动堆叠结果，如图 4-15 所示，此时用户可以单击按钮，以对自动堆叠进行手动修改或设置，包括改为"非堆叠"和设置堆叠特性等。这里以选择"堆叠特性"选项为例，打开"堆叠特性"对话框，接着在"堆叠特性"对话框中单击"自动堆叠"按钮，弹出图 4-16 所示的"自动堆叠特性"对话框，从中可设置是否启用自动堆叠功能和如何自动堆叠等。

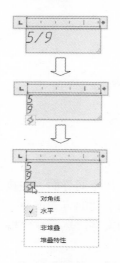

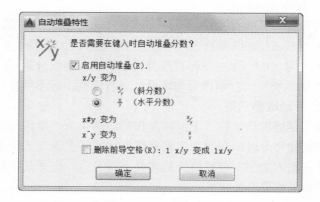

图 4-15　自动堆叠文字示例　　　　图 4-16　"自动堆叠特性"对话框

**4．设置堆叠特性**

使用以下典型方法设置堆叠文字的堆叠特性。

1）在"文字编辑器"输入框（边框）中选择堆叠文字。

2）单击鼠标右键，接着从弹出的快捷菜单中选择"堆叠特性"命令。

3）系统弹出图 4-17 所示的"堆叠特性"对话框。可在该对话框中修改文字、设置堆叠外观，如果在"堆叠特性"对话框中单击"自动堆叠"按钮，则弹出"自动堆叠特性"对话框。

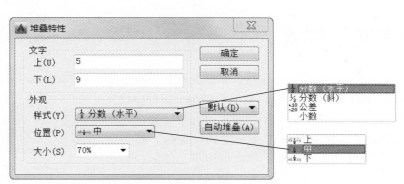

图 4-17 "堆叠特性"对话框

4）在"堆叠特性"对话框中设置好相关内容后，单击"确定"按钮。

# 4.3 控制码与特殊符号

在 AutoCAD 中，通过输入控制代码或 Unicode 字符串可以在水平行输入一些特殊字符或符号。当然，也可以使用"文字格式"工具栏的"符号"级联菜单中的选项来输入符号。

表 4-2 给出了 3 种常见符号的控制码与 Unicode 字符串。

表 4-2 3 种常见符号的控制码与 Unicode 字符串

| 序号 | 控制码 | Unicode 字符串 | 结果（对应符号） |
| --- | --- | --- | --- |
| 1 | %%d | \U+00B0 | 度符号（°） |
| 2 | %%p | \U+00B1 | 公差符号（±） |
| 3 | %%c | \U+2205 | 直径符号（Φ） |

例如，要在图形区域中输入"Φ100±1"文本，可以按照如下步骤操作。

1）以功能区处于活动状态为例。单击"多行文字"按钮 **A**，或者在菜单栏中选择"绘图"→"文字"→"多行文字"命令。

2）指定多行文字输入边框的对角点。系统弹出"文字编辑器"功能区上下文选项卡，在"工具"面板中选中"标尺"按钮 显示文字编辑器输入框顶部的标尺。

3）设置好相关的文字颜色和格式后，在"文字编辑器"的输入框内输入

"%%c100%%p1", 或者输入 "\U+2205100\U+00B11" (系统支持 Unicode 字符串输入的话)。

4) 在 "文字编辑器" 功能区上下文选项卡中单击 "关闭文字编辑器" 按钮 ✕。在图形区域输入的多行文字显示为 "⌀100±1"。

另外,图 4-18 给出了一些文字符号和相应的 Unicode 字符串。

# 4.4 设置文字样式

文字样式设置了文字的字体、字号、倾斜角度、方向和其他特征。在 AutoCAD 2016 中,可以由用户在一个图形中设置多种文字样式,以满足不同场合下不同对象的应用需要。

在菜单栏中选择 "格式" → "文字样式" 命令,打开图 4-19 所示的 "文字样式" 对话框。如果启用了功能区,那么可以从功能区 "注释" 选项卡的 "文字" 面板中打开 "文字样式" 下拉列表框,从中选择 "管理文字样式" 选项来打开 "文字样式" 对话框。

| | |
|---|---|
| 度数 | %%d |
| 正/负 | %%p |
| 直径 | %%c |
| 几乎相等 | \U+2248 |
| 角度 | \U+2220 |
| 边界线 | \U+E100 |
| 中心线 | \U+2104 |
| 差值 | \U+0394 |
| 电相角 | \U+0278 |
| 流线 | \U+E101 |
| 恒等于 | \U+2261 |
| 初始长度 | \U+E200 |
| 界碑线 | \U+E102 |
| 不相等 | \U+2260 |
| 欧姆 | \U+2126 |
| 欧米加 | \U+03A9 |
| 地界线 | \U+214A |
| 下标 2 | \U+2082 |
| 平方 | \U+00B2 |
| 立方 | \U+00B3 |
| 不间断空格 | Ctrl+Shift+Space |
| 其他... | |

图 4-18 文字符号和相应的 Unicode 字符串

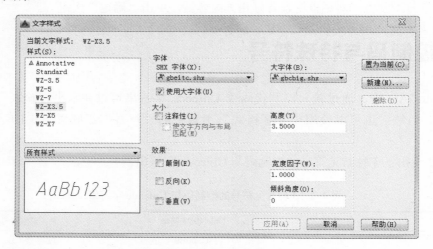

图 4-19 "文字样式" 对话框

"文字样式" 对话框中的各主要组成如下。

● "样式" 列表框:显示图形中的样式列表,该列表包括已定义的样式名并默认显示选择的当前样式。样式名称可以长达 255 个字符,包括字母、数字以及特殊字符,如美元符号 "$"、下画线 "_" 和连字符 "-"。

● 样式列表过滤器:该过滤器位于 "样式列表" 下方,可以从中选择 "所有样式" 或 "正在使用的样式" 选项。

● "预览" 框:显示随着字体的改变和效果的修改而动态更改的样例文字。

- "字体"选项组：该选项组用于设置更改样式的字体。其中，"SHX 字体"下拉列表框列出所有注册的 TrueType 字体和 Fonts 文件夹中编译的形（SHX）字体的字体族名，用户可以从该下拉列表框中选择所需要的一种字体名称；"字体样式"下拉列表框则用来指定字体格式，比如斜体、粗体或者常规字体；如果勾选"使用大字体"复选框后，则"字体样式"下拉列表框变为"大字体"下拉列表框，用于选择大字体文件；"使用大字体"复选框用于指定亚洲语言的大字体文件。只有在"字体名"中指定 SHX 文件，才能使用"大字体"，只有 SHX 文件可以创建"大字体"。
- "大小"选项组：该选项组用于更改文字的大小。
- "效果"选项组：该选项组用于修改字体的效果特性，例如高度、宽度因子、倾斜角以及是否颠倒显示、反向或垂直对齐。
- "置为当前"按钮：单击该按钮，则将在"样式"下选定的样式设置为当前样式。
- "新建"按钮：单击该按钮，则显示"新建文字样式"对话框，以开始新建一个文字样式。
- "删除"按钮：单击该按钮，则删除未使用的指定文字样式。
- "应用"按钮：单击该按钮，则将对话框中所做的样式更改应用到当前样式和图形中具有当前样式的文字。

**操作范例：定制符合国家标准要求的一种文字样式**

1）新建一个使用 acadiso.dwt 模板的图形文件，切换到"草图与注释"工作空间，通过"快速访问"工具栏中设置在工作界面中显示菜单栏。

2）在菜单栏中选择"格式"→"文字样式"命令，打开"文字样式"对话框。

3）在"文字样式"对话框中单击"新建"按钮，打开"新建文字样式"对话框。

4）在"新建文字样式"对话框中的"样式名"文本框中输入"BC 文字-3.5"，如图 4-20 所示，然后单击"确定"按钮。

图 4-20 "新建文字样式"对话框

5）在"文字样式"对话框的"字体"选项组中，从左边的下拉列表框中选择"gbenor.shx"，勾选"使用大字体"复选框，接着在"大字体"下拉列表框中选择"gbcbig.shx"，如图 4-21 所示。

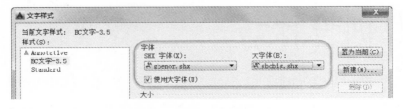

图 4-21 设置字体

6）在"大小"选项组中，设置字体"高度"为"3.5"，如图 4-22 所示。"宽度因子"默认为"1"，"倾斜角度"默认为"0"。

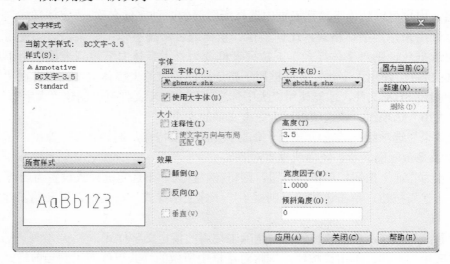

图 4-22　设置字体高度

7）单击"应用"按钮。

8）在"样式"列表框中选择刚创建的"BC 文字-3.5"文字样式名，然后单击"置为当前"按钮。

9）在"文字样式"对话框中单击"关闭"按钮。

## 4.5　修改文字

创建好单行文字或多行文字后，可以对其进行修改，例如移动、旋转、删除和复制等。

在绘图区域中单击单行文字或多行文字，则在单行文字或多行文字上显示有夹点。然后选择一个夹点，可以进行拉伸、移动、缩放、镜像、旋转操作。

例如，单击图 4-23 所示的文字对象，接着选择文字位置的正方形夹点，按〈Enter〉键或空格键遍历夹点模式，直到显示夹点模式为"旋转"，输入旋转角度为"30"并按〈Enter〉键，旋转结果如图 4-24 所示。

图 4-23　单击单行文字　　　　　　　　图 4-24　旋转结果

可以通过在命令行中输入"TEXTEDIT"命令，或者从图 4-25 所示的"修改"菜单中选择"对象"→"文字"→"编辑"命令，对单行文字或多行文字进行编辑处理。

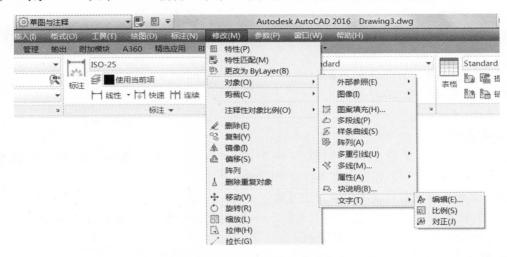

图 4-25　用于修改文字的菜单命令

在命令行中输入"TEXTEDIT"命令并按〈Enter〉键确认后，命令行显示"选择注释对象或 [放弃(U)]:"的提示信息。此时，如果单击要编辑的单行文字（每次只能编辑一行），则在该文字编辑框内重新输入新的文字，然后按〈Enter〉键即可；如果单击要编辑的多行文字，则显示"文字编辑器"功能区上下文选项卡和一个输入框（以功能区被激活时为例），如图 4-26 所示。利用此"文字编辑器"，可以重新更改输入的文字，设置文字的相关格式，包括单个文字的格式，整个修改过程比较灵活。进行相关修改后，单击"文字编辑器"选项卡的"关闭"面板中的"关闭文字编辑器"按钮✕。

图 4-26　显示"文字编辑器"

执行"修改"菜单中的"对象"→"文字"→"比例"命令（其对应的命令为"SCALETEXT"），可以缩放选定的文字对象。

**操作范例：修改文字对象的比例**

执行"修改"菜单中的"对象"→"文字"→"比例"命令，接着根据命令提示进行如下操作。

命令:_scaletext

选择对象: 找到 1 个　　　　　　　　//选择要缩放的文字

选择对象: ✓

输入缩放的基点选项

[现有(E)/左对齐(L)/居中(C)/中间(M)/右对齐(R)/左上(TL)/中上(TC)/右上(TR)/左中(ML)/正中(MC)/右中(MR)/左下(BL)/中下(BC)/右下(BR)] <现有>:✓

指定新模型高度或 [图纸高度(P)/匹配对象(M)/比例因子(S)] <3.5>: S✓

指定缩放比例或 [参照(R)] <2>: 1.5✓

1 个对象已更改

完成该操作后，文字对象放大了 1.5 倍。

执行"修改"菜单中的"对象"→"文字"→"对正"命令（其对应的命令为"JUSTIFYTEXT"），可以设置选定多行文字的对正方式。

**操作范例：修改多行文字对象对正方式**

1）在菜单栏中选择"修改"→"对象"→"文字"→"对正"命令。

2）根据命令行提示，进行如下操作。

命令: _justifytext

选择对象: 找到 1 个          //选择要修改的多行文字，如图 4-27 所示

选择对象: ✓

输入对正选项

[左对齐(L)/对齐(A)/布满(F)/居中(C)/中间(M)/右对齐(R)/左上(TL)/中上(TC)/右上(TR)/左中(ML)/正中(MC)/右中(MR)/左下(BL)/中下(BC)/右下(BR)] <正中>: MC✓

设置对正方式后的效果如图 4-28 所示。

紫荆工业设计创意机构
博创设计坊

紫荆工业设计创意机构
博创设计坊

图 4-27 选择要修改对正方式的多行文字    图 4-28 修改对正方式后的效果

另外，用户可以利用"特性"面板来对选定文字进行修改，其方法如下。

1）选择要修改的单行文字或多行文字对象。

2）在菜单栏中选择"修改"→"特性"命令，或者在工具栏或相应面板中单击"特性"按钮■，打开"特性"面板，如图 4-29 所示，其文字对象为一个多行文字。

3）在"特性"面板中按照要求修改该文字的相关内容和特性。

4）修改好相关内容和特性后，按〈Esc〉键，然后关闭"特性"面板。

图 4-29 "特性"面板

## 4.6 思考练习

1）对比一下单行文字和多行文字的差别之处。

2）简述在 AutoCAD 2016 中插入多行文字的一般步骤。

3）总结一下，修改文字有哪些方法？

4）如何在图形区域中输入"Φ80±1"和"60°±2°"。

5）如何设置文字样式？

6）请在 AutoCAD 2016 的图形区域中输入图 4-30 所示的文本。

图 4-30 练习输入文本

# 第 5 章 标注及标注编辑

**本章导读:**

在一幅完整的工程图样上,通常少不了尺寸标注和其他类型的标注。标注实际上是图形的一种语言,它可以让图形更容易被理解。本章将介绍创建尺寸标注及编辑尺寸标注的相关内容。

## 5.1 尺寸标注的基本组成元素

标注是设计者在图形中添加的文字、数字和其他符号等内容,用来传递所需要的准确的设计信息,使用标注可以使图形更容易被理解。标注可以分为"尺寸标注"和"工程符号或文字描述性标注"(例如引线注释、形位公差、技术要求等)。

在学习相关标注的创建方法之前,需要了解尺寸标注的基本组成元素。尺寸标注的基本组成元素包括尺寸文本(也称标注文本)、尺寸线、尺寸线终端结构(通常为箭头或斜线)和尺寸界线,如图 5-1 所示。

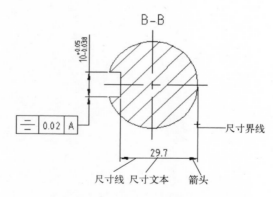

图 5-1 尺寸标注的基本组成元素

**1. 尺寸文本**

尺寸文本包含尺寸测量值和相关的符号。尺寸测量值也称尺寸数字,是指表示尺寸的数值;符号一般出现在尺寸数字之前,例如尺寸文本"R20"。

**2. 尺寸线**

尺寸线位于一对尺寸界线之间,采用细实线来绘制。在标注时,应尽量避免尺寸线与其他尺寸线或尺寸界线相交,力求保证标注工整、清楚。

**3. 尺寸线终端结构**

尺寸线终端结构通常为箭头或斜线,在某些特殊情况下,可以采用其他形式,例如黑点。箭头适用于各种类型的机件图样、工程图样,是一种广泛采用的尺寸线终端结构;斜线形式只适合标注线性尺寸，一般多采用在手工绘制草图的情况下。

### 4. 尺寸界线

尺寸界线由图形的轮廓线、轴线或对称中心线处引出，用来表示所标注的尺寸的起止范围。尺寸界线也用细实线来绘制，尺寸界线一般垂直于尺寸线。在一些场合下，也可以使尺寸界线倾斜放置，如图 5-2 所示。

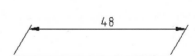

图 5-2　尺寸界线示意

## 5.2　创建线性标注

线性标注主要用来测量当前用户坐标系 XY 平面中的两点间的直线距离。线性标注可以水平、垂直或对齐放置。创建线性标注时，可以修改文字内容、文字角度或尺寸线的角度。

创建水平或垂直的线性标注，其步骤简述如下。

1）在"标注"菜单中选择"线性"命令，或者单击"线性"按钮┠┥。

2）按〈Enter〉键后选择要标注的对象，或者依次指定第一条尺寸界线的原点和第二条尺寸界线的原点。

3）此时，命令行出现"指定尺寸线位置或[多行文字(M)/文字(T)/角度(A)/水平(H)/垂直(V)/旋转(R)]:"的提示信息。在指定尺寸线位置之前，可以编辑文字、文字角度、尺寸线角度或指定标注方向等。

4）指定尺寸线的位置。

**操作实例：创建线性尺寸**

1）单击"线性"按钮┠┥，根据命令行提示执行如下操作。

命令: _dimlinear

指定第一个尺寸界线原点或 <选择对象>:↙　　　　　//按〈Enter〉键

选择标注对象:　　　　　　　　　　　　　　　//选择图 5-3 所示的对象

指定尺寸线位置或

[多行文字(M)/文字(T)/角度(A)/水平(H)/垂直(V)/旋转(R)]:　　//在图 5-4 所示的位置处单击

标注文字 = 55

图 5-3　选择要标注的对象

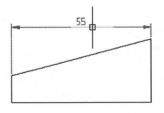

图 5-4　放置尺寸线

2）单击"线性"按钮 ⊢⌐，根据命令行提示执行如下操作。

命令：_dimlinear

指定第一条尺寸界线原点或 <选择对象>：     //选择图 5-5 所示的 A 顶点

指定第二条尺寸界线原点：       //选择图 5-5 所示的 B 顶点

指定尺寸线位置或

[多行文字(M)/文字(T)/角度(A)/水平(H)/垂直(V)/旋转(R)]：  //在图 5-6 所示的位置处单击

标注文字 = 25.93

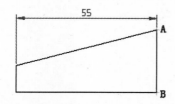

图 5-5　指定两原点

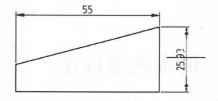

图 5-6　放置尺寸线

3）使用同样的方法，单击"线性"按钮 ⊢⌐ 来创建最后一个线性尺寸，标注结果如图 5-7 所示。

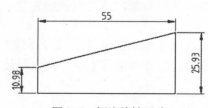

图 5-7　标注线性尺寸

# 5.3　创建对齐标注

对齐标注是与指定位置或对象平行的标注，其尺寸线平行于尺寸界线原点连成的直线；对齐标注的尺寸实际上是两点之间的实际长度尺寸，如图 5-8 所示。

创建对齐标注的典型步骤如下。

1）在"标注"菜单中选择"对齐"命令，或者单击"对齐"按钮 。

2）按〈Enter〉键并选择要标注的对象，或者指定第一条和第二条尺寸界线的原点。

3）此时，命令行出现"指定尺寸线位置或 [多行文字(M)/文字(T)/角度(A)]："的提示信息。在指定尺寸线位置之前，可以编辑文字或修改文字角度。

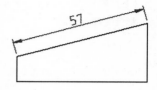

图 5-8　创建对齐标注

4）指定尺寸线的位置。

**操作实例：创建对齐尺寸**

1）新建一个图形文件，在该图形文件中绘制一个边长为 45mm 的正三角形。

命令: LINE↙

指定第一个点: 100,100↙

指定下一点或 [放弃(U)]: 145,100↙

指定下一点或 [放弃(U)]: @45<120↙

指定下一点或 [闭合(C)/放弃(U)]: C↙

2）单击"对齐"按钮，根据命令提示执行下列操作。

命令: _dimaligned

指定第一个尺寸界线原点或 <选择对象>:↙　　　　//按〈Enter〉键

选择标注对象:　　　　　　　//选择图5-9所示的一条边线

指定尺寸线位置或

[多行文字(M)/文字(T)/角度(A)]: M↙　　　　　　//输入"M"并按〈Enter〉键，打开文字编辑器（在启用功能区的状态下）；在输入框中将光标移到测量值后，输入"%%p1"表示"±1"，此时如图 5-10 所示，单击"关闭文字编辑器"按钮

指定尺寸线位置或

[多行文字(M)/文字(T)/角度(A)]:　　　　　　//在要放置尺寸线的位置处单击

标注文字 ＝ 45

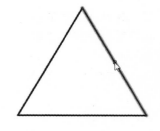

图 5-9　选择要标注的边线

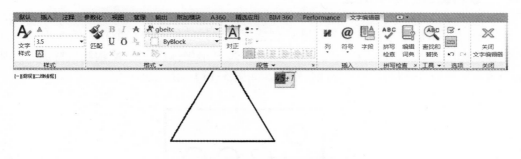

图 5-10　编辑标注文字

完成该边线的对齐标注如图 5-11 所示。

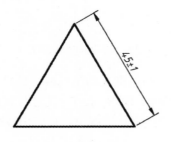

图 5-11　完成对齐标注

# 5.4　创建弧长尺寸

弧长标注用于测量圆弧或多段线弧线段上的距离。为区别它们是角度标注还是弧长标

注，默认情况下，弧长标注将显示一个圆弧符号（圆弧符号也称为"帽子"或"盖子"），它显示在标注文字的前方或上方，如图 5-12 所示。注意在新版的制图国家标准中，要求将圆弧符号标注在尺寸数字前面，例如弧长 80mm，应标注为"⌒80"。

图 5-12　弧长标注

创建弧长尺寸的一般步骤如下。

1）选择"标注"→"弧长"菜单命令，或者单击"弧长标注"按钮 🗝。

2）选择弧线段或多段线弧线段。

3）指定尺寸线的位置。

# 5.5　创建坐标标注

坐标标注用来测量原点（称为基准）到特征（例如部件上的一个孔）的水平或垂直距离。坐标点标注由 X 或 Y 值和引线组成，其中，X 基准坐标标注沿 X 轴测量特征点与基准点的距离，Y 基准坐标标注沿 Y 轴测量距离，如图 5-13 所示。

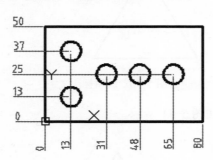

图 5-13　创建坐标标注

创建坐标标注可以保持特征点与基准点的精确偏移量，从而较为有效地减少误差。在创建坐标标注之前，通常要设置合适的 UCS 原点，使之与要求的基准相符。指定特征点位置后，系统将提示用户指定引线端点，默认情况下，指定引线端点后系统将自动确定是创建 X 基准坐标标注还是 Y 基准坐标标注。

**操作范例：创建坐标标注**

在该实例中，首先需要指定一个合适的原点（基准点）。

1）打开位于随书光盘"CH5"文件夹中的"坐标标注.dwg"文件。

2）指定原点。在"工具"菜单中选择"新建 UCS"→"原点"命令，然后选择图 5-14 所示的矩形左下角点作为新原点。指定新原点后的效果如图 5-15 所示。

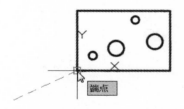

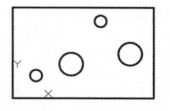

图 5-14　指定将作为新原点的点　　　　　图 5-15　指定新原点后的效果

3）创建坐标标注。单击"坐标标注"按钮 ，根据命令行提示进行以下操作。

命令：_dimordinate

指定点坐标：　　　　　　　　　　　//指定图 5-16 所示的圆心 1

指定引线端点或 [X 基准(X)/Y 基准(Y)/多行文字(M)/文字(T)/角度(A)]：　<正交 开>

　　　　　　　　　　　　　　　//按〈F8〉键打开正交模式，然后在所选圆心下方指定引线端点

标注文字 = 20

4）使用同样的方法，单击"坐标标注"按钮 ，继续创建其他位置的坐标标注，标注结果如图 5-17 所示。

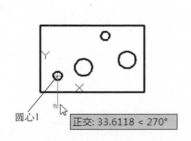

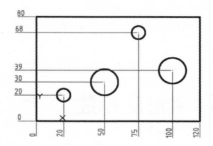

图 5-16　创建一个坐标标注　　　　　　　图 5-17　创建坐标标注结果

# 5.6　创建半径标注和直径标注

圆或圆弧的主要标注包括半径标注和直径标注。测量值表示半径标注的，其前面带有字母"R"，如图 5-18a 所示；测量值表示直径标注的，其前面显示有直径符号"∅"，如图 5-18b 所示。

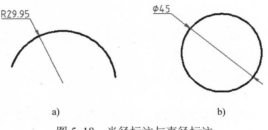

a)　　　　　　　　　　　　　　b)

图 5-18　半径标注与直径标注

a) 半径标注　b) 直径标注

### 5.6.1 创建半径标注

创建半径标注的步骤如下。

1）单击"半径标注"按钮⊘，或者选择"标注"→"半径"菜单命令。

2）选择圆弧、圆或多段线弧线段。

3）此时，命令行出现"指定尺寸线位置或 [多行文字(M)/文字(T)/角度(A)]:"的提示信息。在指定尺寸线位置之前，可以根据需要执行如下操作。

● 要编辑标注文字内容，输入"T"或"M"并按〈Enter〉键，即选择"文字"或"多行文字"选项，然后编辑标注文字的内容。

● 要编辑标注文字角度，输入"A"并按〈Enter〉键，即选择"角度（A）"选项。

4）指定尺寸线位置。

### 5.6.2 创建直径标注

创建直径标注的步骤如下。

1）单击"直径标注"按钮⊘，或者选择"标注"→"直径"菜单命令。

2）选择要标注的圆或圆弧。

3）在指定尺寸线位置之前，可以根据需要编辑多行文字和单行标注文字，还可以设置标注文字的角度。

4）指定尺寸线位置。

## 5.7 创建角度标注

角度标注测量两条直线或三个点之间的角度，也可以测量其他对象如圆弧的角度，如图 5-19 所示。

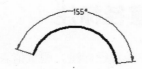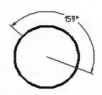

图 5-19 创建角度标注

创建角度标注的方法步骤如下。

1）单击"角度标注"按钮△，或者选择"标注"→"角度"菜单命令。

2）按照需要使用以下方法之一。

● 选择一条直线，然后选择另一条直线。

● 选择圆弧。

● 选择圆（单击点作为角的第一端点），然后在圆周上指定第二点（该点作为角的第二端点）。

● 按〈Enter〉键或空格键，接着选择角的顶点，然后分别指定角的两个端点。

3）此时，命令窗口的命令行出现"指定标注弧线位置或 [多行文字(M)/文字(T)/角度(A)/象限点(Q)]:"的提示信息。在指定尺寸线圆弧的位置之前，可以编辑标注文字、自定义标注文字，修改标注文字的角度，以及指定标注应锁定到的象限。

4）指定尺寸线圆弧的位置。

# 5.8 创建折弯标注

圆弧或圆的中心位于布局之外并且无法在其实际位置显示时，可以创建半径折弯标注，以在更方便的位置指定标注的原点（即图示中心位置），如图 5-20 所示。半径折弯标注的组成示意如图 5-21 示。

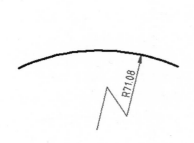

图 5-20 创建折弯标注

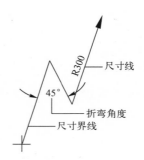

图 5-21 半径折弯标注的组成示意

如果要修改折弯标注的默认折弯角度，可以在"格式"菜单中选择"标注样式"命令（对应的命令为"DIMSTYLE"），打开"标注样式管理器"对话框。选择当前的标注样式，单击"修改"按钮，系统弹出"修改标注样式"对话框；切换到"修改标注样式：标注 BC-5"对话框的"符号和箭头"选项卡，在"半径折弯标注"选项组的"折弯角度"文本框中设置该折弯的默认角度，例如输入"45"，如图 5-22 所示。

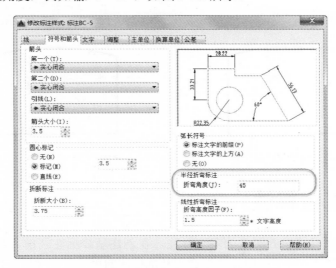

图 5-22 设置半径折弯标注的折弯角度

创建半径折弯标注的步骤如下。

1）单击"折弯标注（已折弯）"按钮 ⚡，或者在"标注"菜单中选择"折弯"命令。

2）选择圆弧或圆。

3）指定标注原点的位置（图示中心位置）。

4）指定尺寸线位置。在指定尺寸线位置之前，可以编辑标注文字及设置标注文字的角度。

5）指定标注折弯位置。

**操作实例：创建半径折弯标注**

1）打开位于随书光盘"CH5"文件夹中的"半径折弯标注.dwg"文件。

2）单击"折弯标注"按钮 ⚡，然后根据命令窗口的命令行提示进行以下操作。

命令: _dimjogged

选择圆弧或圆:      //选择图 5-23 所示的圆弧

指定图示中心位置:     //在图 5-24 所示的大概位置处单击

标注文字 = 139.76

指定尺寸线位置或 [多行文字(M)/文字(T)/角度(A)]:  //在图 5-25 所示的位置处单击

指定折弯位置:           //移动鼠标并指定折弯位置，如图 5-26 所示

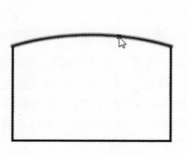

图 5-23 选择圆弧

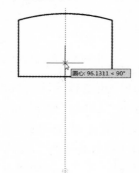

图 5-24 指定标注原点的位置

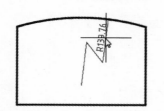

图 5-25 指定尺寸线位置

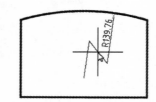

图 5-26 指定折弯位置

# 5.9 创建基线标注

基线标注是自同一基线处测量的多个标注。在创建基线标注之前，必须创建线性、对齐、坐标标注或角度标注等。基线标注以选定基准标注的第一条尺寸界线作为基准位置，从而引出一系列的标注。基线标注的标注样式是从上一个标注或选定标注继承的。常见的角度

基线标注和线性基线标注如图 5-27 所示。

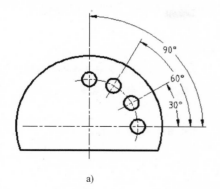
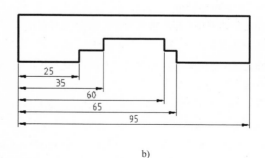

a)　　　　　　　　　　　　　　　　　　　　b)

图 5-27　常见基线标注

a) 角度基线标注　b) 线性基线标注

创建基线标注的一般步骤如下。

1）单击"基线标注"按钮 ，或者在"标注"菜单中选择"基线"命令。默认情况下，上一个创建的线性标注或角度标注将作为基准标注，同时使用基准标注的第一条尺寸界线作为基线标注的尺寸界线原点，并提示用户指定第二条尺寸线。此时需要指定基准标注。

2）使用对象捕捉选择第二条尺寸界线的原点，或按〈Enter〉键并接着选择任一标注作为基准标注。

3）使用对象捕捉指定下一个尺寸界线的原点。

4）根据需要可继续指定下一个尺寸界线原点。

5）按两次〈Enter〉键结束命令。

**操作范例：创建基线标注**

1）打开随书光盘"CH5"文件夹中的"基线标注.dwg"，文件中存在的图形如图 5-28 所示。

2）创建一个角度尺寸。单击"角度标注"按钮 ，或者选择"标注"→"角度"菜单命令，接着根据命令行提示执行以下操作。

命令: _dimangular

选择圆弧、圆、直线或 <指定顶点>:　　　　　　　　//选择图 5-29 所示的中心线

选择第二条直线:　　　　　　　　　　　　　　　　//选择图 5-30 所示的直线（中心线）

指定标注弧线位置或 [多行文字(M)/文字(T)/角度(A)/象限点(Q)]:　//在标注弧线的放置处单击

标注文字 = 30

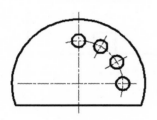
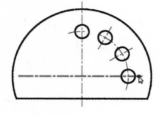
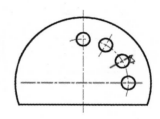

图 5-28　原始图形　　　　图 5-29　选择第一条线　　　　图 5-30　选择第二条直线

3）创建连续标注。在功能区"注释"选项卡的"标注"面板中单击"基线标注"按钮
，或者在"标注"菜单中选择"基线"命令，接着根据命令行提示执行以下操作。

命令: _dimbaseline
指定第二条尺寸界线原点或 [放弃(U)/选择(S)] <选择>: S✓
选择基准标注:                                  //选择刚创建的角度标注作为基准标注
指定第二条尺寸界线原点或 [放弃(U)/选择(S)] <选择>:  //选择图 5-31 所示的端点
标注文字 =60
指定第二条尺寸界线原点或 [放弃(U)/选择(S)] <选择>:  //选择图 5-32 所示的端点
标注文字 =90
指定第二条尺寸界线原点或 [放弃(U)/选择(S)] <选择>:✓
选择基准标注: ✓
尺寸界线已解除关联。

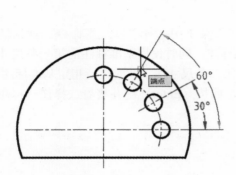

图 5-31　指定第二条尺寸界线原点

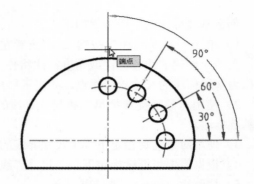

图 5-32　继续指定尺寸界线原点

## 5.10　创建连续标注

连续标注是首尾相连的多个标注。在创建连续标注之前，必须创建一个合适的尺寸标注。连续标注从指定标注的第二个尺寸界线引出第一个标注，接下去每一个连续标注都从前一个连续标注的第二个尺寸界线处开始标注。在图 5-33 中，两个示例的尺寸标注都是连续标注。

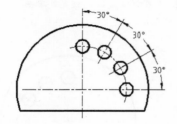
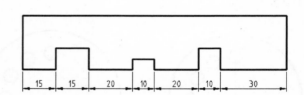

图 5-33　连续标注示例

创建连续标注的操作步骤与创建基线标注类似。下面简述创建连续标注的操作步骤。

1）在功能区"注释"选项卡的"标注"面板中单击"连续标注"按钮 ⊩⊩，或者在"标注"菜单中选择"连续"命令。

2）选择一个尺寸标注以创建连续标注，注意在默认情况下，程序使用现有标注的第二条尺寸界线的原点作为新连续标注的第一条尺寸界线的原点，并提示用户指定第二条尺寸线界线原点。

3）使用对象捕捉选择第二条尺寸界线的原点，或按〈Enter〉键选择其他标注来创建新的连续标注。

4）可以根据需要继续指定其他尺寸界线原点。

5）按两次〈Enter〉键结束命令。

**操作实例：创建连续标注**

1）打开随书光盘"CH5"文件夹中的"连续标注.dwg"，文件中存在的图形如图 5-34 所示。

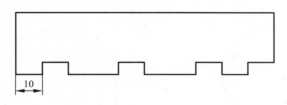

图 5-34　原始图形

2）创建连续标注。单击"连续标注"按钮 ⊩⊩，或者在"标注"菜单中选择"连续"命令，根据命令行提示执行以下操作。

```
命令: _dimcontinue
选择连续标注:                                    //选择已经存在的线性标注
指定第二条尺寸界线原点或 [放弃(U)/选择(S)] <选择>:    //选择图 5-35 所示的点 1
标注文字 = 10
指定第二条尺寸界线原点或 [放弃(U)/选择(S)] <选择>:    //选择图 5-35 所示的点 2
标注文字 = 20
指定第二条尺寸界线原点或 [放弃(U)/选择(S)] <选择>:    //选择图 5-35 所示的点 3
标注文字 = 10
指定第二条尺寸界线原点或 [放弃(U)/选择(S)] <选择>:    //选择图 5-35 所示的点 4
标注文字 = 20
指定第二条尺寸界线原点或 [放弃(U)/选择(S)] <选择>:    //选择图 5-35 所示的点 5
标注文字 = 10
指定第二条尺寸界线原点或 [放弃(U)/选择(S)] <选择>:    //选择图 5-35 所示的点 6
标注文字 = 10
指定第二条尺寸界线原点或 [放弃(U)/选择(S)] <选择>:    //选择图 5-35 所示的点 7
标注文字 = 10
指定第二条尺寸界线原点或 [放弃(U)/选择(S)] <选择>:✓
选择连续标注:✓
```

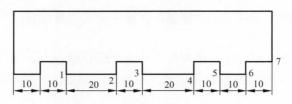

图 5-35　创建连续标注

## 5.11　创建圆心标记

可以给圆或圆弧创建圆心标记，如图 5-36 所示。圆心标记的形式由标注样式设定，在"修改标注样式"对话框的"符号和箭头"选项卡中，可以利用"圆心标记"选项组设定圆心标记形式为"无""标记"或"直线"，默认的形式为"标记"。

图 5-36　创建圆心标记

创建圆心标记的方法很简单。首先，在功能区"注释"选项卡的"标注"面板中单击"圆心标记"按钮⊕，或者在菜单栏中选择"标注"→"圆心标记"命令，然后选择要创建圆心标记的圆弧或圆即可。

## 5.12　QDIM 和 DIM 标注命令

在 AutoCAD 2016 中，用户还需要掌握"QDIM"和"DIM"这两个标注命令。

使用"QDIM"命令（其映射的工具按钮为，菜单命令为"标注"→"快速标注"），可以快速地创建或编辑一系列标注（尤其是一系列基线标注或连续标注），或者为一系列圆或圆弧创建标注。快速标注多个对象的步骤简述如下。

1）在功能区"注释"选项卡的"标注"面板中单击"快速标注"按钮，或者在"标注"菜单中选择"快速标注"命令。

2）选择要标注的几何图形，然后按〈Enter〉键。

3）出现"指定尺寸线位置或 [连续(C)/并列(S)/基线(B)/坐标(O)/半径(R)/直径(D)/基准点(P)/编辑(E)/设置(T)] <当前设置>:"的提示信息。在指定尺寸线位置之前，可以在命令行提示下输入相应字母来选择标注类型。在接受默认标注类型或选择所需的标注类型后，指定尺寸线位置。

在这里有必要介绍一下快速标注的各主要选项。

- "连续（C）"：用于创建一系列连续标注，其中线性标注线端对端地沿着同一条直线排列。
- "并列（S）"：用于创建一系列并列标注，其中线性尺寸线以恒定的增量相互偏移。
- "基线（B）"：用于创建一系列基线标注，其中线性标注共享一条公用尺寸界线。
- "坐标（O）"：用于创建一系列坐标标注，其中元素将以单个尺寸界线以及 X 或 Y 值进行注释，相对于基准点进行测量。
- "半径（R）"：用于创建一系列半径标注。
- "直径（D）"：用于创建一系列直径标注。
- "基准点（P）"：用于为基线和坐标标注设置新的基准点。
- "编辑（E）"：用于编辑一系列标注，将提示用户在现有标注中添加或删除点。
- "设置（T）"：用于为指定尺寸界线原点（交点或端点）设置对象捕捉优先级。

如果要编辑某些线性尺寸标注，则在单击"快速标注"按钮 后，选择要编辑的该标注，然后按〈Enter〉键，可以重新指定该尺寸线的位置。

"DIM"命令（对应的工具为"标注"按钮 ）用于在同一命令任务中创建各种类型的尺寸标注。执行此命令，命令行出现"选择对象或指定第一个尺寸界线原点或 [角度(A)/基线(B)/连续(C)/坐标(O)/对齐(G)/分发(D)/图层(L)/放弃(U)]："的提示信息，此时将光标悬停在标注对象上时，该命令将自动预览要使用的合适标注类型，接着选择对象、线或点进行标注即可。如果需要，允许使用命令选项更改标注类型。

# 5.13 设置标注间距

使用系统提供的"DIMSPACE"命令（其映射的工具按钮为 ，菜单命令为"标注"→"标注间距"），可以将重叠或间距不等的线性标注和角度标注有序隔开，调整线性标注或角度标注之间的间距。选择的标注必须是线性标注或角度标注并属于同一类型（旋转或对齐标注）、相互平行或同心并且在彼此的尺寸延伸线上。

图 5-37a 显示了间距不等且产生重叠现象的平行线性标注，图 5-37b 为使用"DIMSPACE"命令之后等间距的平行线性标注。

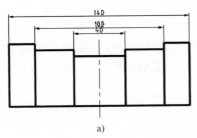 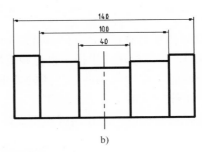

图 5-37 设置标注间距前后

a) 设置标注间距之前 b) 设置标注间距之后

执行"DIMSPACE"命令对平行线性标注和角度标注之间的间距做同样的调整，其步骤概括如下。

　　1）在功能区"注释"选项卡的"标注"面板中单击"标注间距"按钮▥，或者在"标注"菜单中选择"标注间距"命令。

　　2）选择要用作基准标注的标注。

　　3）选择要使其等间距的下一个标注，即选择要产生间距的一个标注。

　　4）继续选择标注，然后按〈Enter〉键。

　　5）命令窗口的命令行出现"输入值或 [自动(A)] <自动>:"的提示信息。此时可以按照如下之一进行操作。

- 指定从基准标注均匀隔开选定标注的间距值。例如，如果输入值为"0.5"，则所有选定标注将以 0.5 的距离隔开。注意当输入值为"0"时，会将选定的线性标注和角度标注的标注线末端对齐。

- 在命令行输入"A"并按〈Enter〉键，即选择"自动（A）"选项，将基于在选定基准标注的标注样式中指定的文字高度自动计算间距，所得的间距值是标注文字高度的两倍。

## 5.14　标注打断

　　使用系统提供的"DIMBREAK"命令（其映射的工具按钮为⊥，菜单命令为"标注"→"标注打断"），可以自动或手动将折断标注添加到线性标注、角度标注和坐标标注等，如图 5-38 所示。在实际设计中，使用"DIMBREAK"命令，可以在标注或尺寸界线与其他对象的交叉处打断或恢复标注和尺寸界线。打断的标注也常称为"折断标注"。

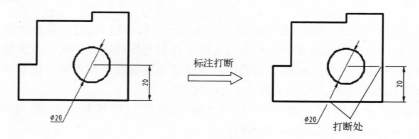

图 5-38　标注打断

　　可以将折断标注添加到这些标注和引线对象：线性标注（对齐和旋转）、角度标注（2点和 3 点）、半径标注（半径、直径和折弯）、弧长标注、坐标标注、使用直线引线的多重引线。但要注意，使用样条曲线引线的多重引线和使用"LEADER"命令或"QLEADER"命令创建的引线对象不支持折断标注。

　　另外，折断标注不起作用或不受支持的情况简述如下（摘自 AutoCAD 的帮助文件并经过整理）。

- 外部参照或块中没有打断：在外部参照和块中不支持标注或多重引线上的折断标注。但是，外部参照或块中的对象可以用作标注或多重引线（不在外部参照或块中）上折断标注的剪切边。

- 箭头和标注文字上没有打断：折断标注不能放置在箭头或标注文字上。如果用户希望打断显示在标注文字上，则建议使用"背景遮罩"选项。如果对象和标注的相交点显示在箭头或标注文字上，则直到相交对象、标注或多重引线删除时才会显示打断。

● 跨空间标注上没有打断：不同空间中的对象以及标注或多重引线不支持自动打断。为打断不同空间中的标注或多重引线，需要使用"DIMBREAK"命令的"手动"选项。

在添加折断标注时，可以用作剪切边的对象包括标注、引线、直线、圆、圆弧、样条曲线、椭圆、多段线、文字、多行文字、部分类型的块和部分外部参照。

## 5.14.1 为某个对象创建折断标注

为某个对象创建折断标注的一般步骤如下。

1）在功能区"注释"选项卡的"标注"面板中单击"标注打断"按钮，或者在"标注"菜单中选择"标注打断"命令。

2）选择标注或多重引线。

3）此时，命令行出现"选择要折断标注的对象或 [自动(A)/手动(M)/删除(R)] <自动>:"的提示信息。根据需要执行如下操作之一：

● 选择与标注或多重引线相交的对象，按〈Enter〉键，则基于相交对象创建单个折断标注。

● 在命令行中输入"A"并按〈Enter〉键，则为每个相交对象自动创建折断标注。

● 在命令行中输入"M"并按〈Enter〉键，则手动放置折断标注，需要为打断位置指定标注或尺寸界线上的两点。

## 5.14.2 一次为多个标注或多重引线创建自动折断标注

一次为多个标注或多重引线创建折断标注的步骤如下。

1）在功能区"注释"选项卡的"标注"面板中单击"标注打断"按钮，或者在"标注"菜单中选择"标注打断"命令。

2）命令行出现"选择要添加/删除折断的标注或 [多个(M)]:"的提示信息，在当前命令行中输入"M"并按〈Enter〉键，即选择"多个（M）"选项。

3）选择要将折断标注添加到其中的多个标注或多重引线，选择好后按〈Enter〉键。

4）此时，命令行出现"选择要折断标注的对象或 [自动(A)/删除(R)] <自动>:"的提示信息，选择"自动（A）"选项。

## 5.14.3 删除折断标注

从单个标注或多重引线中删除所有折断标注的步骤如下。

1）在功能区"注释"选项卡的"标注"面板中单击"标注打断"按钮，或者在"标注"菜单中选择"标注打断"命令。

2）选择标注或多重引线。

3）在当前命令行中输入"R"并按〈Enter〉键以确定选择"删除（R）"选项。

从多个标注或多重引线中删除所有折断标注的步骤如下。

1）单击"标注打断"按钮，或者在"标注"菜单中选择"标注打断"命令。

2）输入"M"并按〈Enter〉键，即在命令提示选项中选择"多个（M）"选项。

3）选择要从中删除折断标注的多个标注或多重引线，选择好所有对象后按〈Enter〉键。

4）在当前命令行输入"R"，然后按〈Enter〉键，即选择"删除（R）"选项。

### 5.14.4 创建折断标注的操作实例

1）新建一个图形文件，在该图形文件中绘制图 5-39 所示的图形，并标注其尺寸。

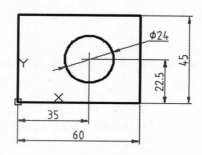

图 5-39 绘制图形并标注尺寸

2）创建折断标注。

在功能区"注释"选项卡的"标注"面板中单击"标注打断"按钮，或者在"标注"菜单中选择"标注打断"命令，接着根据命令行提示进行如下操作。

命令:_DIMBREAK

选择要添加/删除折断的标注或 [多个(M)]: M↙

选择标注: 找到 1 个　　　　　　　　　//选择图 5-40 所示的第 1 个标注

选择标注: 找到 1 个, 总计 2 个　　　//选择图 5-40 所示的第 2 个标注

选择标注: 找到 1 个, 总计 3 个　　　//选择图 5-40 所示的第 3 个标注

选择标注: ↙

选择要折断标注的对象或 [自动(A)/删除(R)] <自动>: A↙

3 个对象已修改

折断标注的效果如图 5-41 所示。

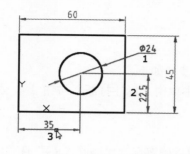

图 5-40 选择多个标注

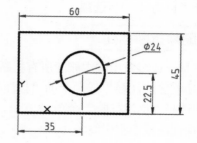

图 5-41 折断标注

3）删除折断标注练习。

在功能区"注释"选项卡的"标注"面板中单击"标注打断"按钮，或者在"标注"菜单中选择"标注打断"命令，接着根据命令行提示进行如下操作。

命令：_DIMBREAK

选择要添加/删除折断的标注或 [多个(M)]:       //选择图 5-42 所示的直径标注

选择要折断标注的对象或 [自动(A)/手动(M)/删除(R)] <自动>: R↙

1 个对象已修改

完成效果如图 5-43 所示。

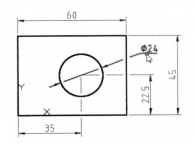

图 5-42　选择直径标注

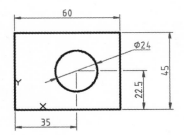

图 5-43　删除指定的折断标注

# 5.15　多重引线对象

　　引线主要用来连接注释与几何特征。可以从图形中的指定位置处创建引线并在绘制时控制其外观，绘制的引线可以是直线段或平滑的样条曲线。在创建多重引线对象时，可以优先创建箭头，也可以优先创建尾部或内容。在多重引线中，可以包含多条引线，即可以使一个注解指向图形中的多个对象。

　　在图 5-44 所示的局部装配图中，采用多重引线来注写零件序号。

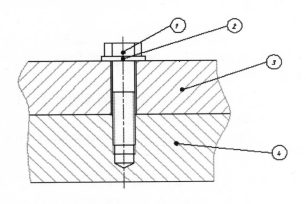

图 5-44　多重引线示例

## 5.15.1　熟悉"多重引线"工具

　　以 AutoCAD 2016 的"草图与注释"工作空间为例，"多重引线"的相关工具位于功能区

"默认"选项卡"注释"面板的"引线"下拉列表框中（见图 5-45a），或者位于功能区"注释"选项卡的"引线"面板中（见图 5-45b）。多重引线的相关按钮说明如下。

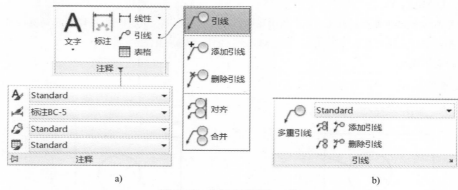

a)                                                b)

图 5-45 "多重引线"工具

a)"注释"面板中的"引线"下拉列表框  b)"引线"面板

- "多重引线"按钮：创建多重引线对象。其英文命令为"MLEADER"，对应的菜单命令为"标注"→"多重引线"。
- "添加引线"按钮：将引线添加至现有的多重引线对象。
- "删除引线"按钮：将引线从现有的多重引线对象中删除。
- "多重引线对齐"按钮：将选定的多重引线对象对齐并按一定的间距排列。
- "多重引线合并"按钮：将包含块的选定多重引线组织整理到行或列中，并通过单引线显示结果。
- "多重引线样式"按钮：创建和修改多重引线样式。多重引线样式可以控制引线的外观。

### 5.15.2　创建多重引线对象

单击"多重引线"按钮，或者从"标注"菜单中选择"多重引线"命令，接着根据命令行提示确定是创建箭头优先、引线基线优先还是内容优先。

**操作范例：创建多重引线对象**

下面通过一个简单的操作实例讲解创建多重引线对象的步骤。在该实例中采用系统默认的多重引线样式，有关多重引线样式的设置将稍后介绍。

1）打开位于随书光盘"CH5"文件夹中的"多重引线.dwg"文件，切换到"草图与注释"工作空间。

2）在功能区"注释"选项卡的"引线"面板中单击"多重引线"按钮，或者在"标注"菜单中选择"多重引线"命令，然后根据命令行提示执行如下操作。

命令: _mleader

指定引线箭头的位置或 [引线基线优先(L)/内容优先(C)/选项(O)] <选项>:

　　　　　　　　　//例如，选择图 5-46 所示的中点来指定引线箭头的位置

指定引线基线的位置:　　//在图 5-47 所示的位置处单击

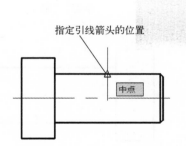

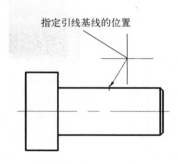

图 5-46　指定引线箭头的位置　　　　图 5-47　指定引线基线的位置

3）此时，功能区出现"文字编辑器"上下文选项卡，同时在引线末端出现一个文本输入框，在"文字编辑器"上下文选项卡中设置好文字样式、字高等内容后，在文本输入框中输入"表面氧化处理，光亮"，如图 5-48 所示。

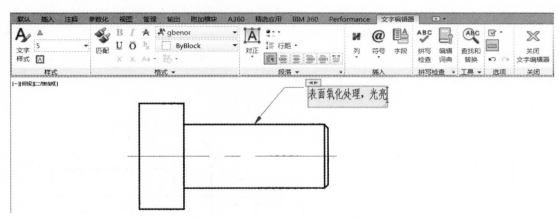

图 5-48　输入注释文本

4）在"关闭"面板中单击"关闭文字编辑器"按钮✕。创建的多重引线如图 5-49 所示。

说明：多重引线的引出点符号除了各种箭头之外，还可以是其他符号，如点、方框等；引线可以是直线也可以是样条曲线；多重引线的内容类型可以是多行文字也可以是块，还可以是"无"。这些多重引线样式都需要用户根据设计要求来定制。

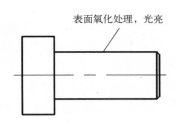

图 5-49　创建多重引线

### 5.15.3　编辑多重引线对象

可以将引线添加至多重引线对象或从多重引线对象中删除引线，设置多重引线对齐、隔开或合并，这些内容将是本节所要介绍的内容。

**1．添加引线**

添加引线的示例如图 5-50 所示。

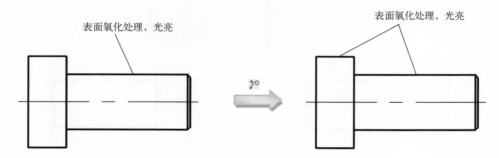

图 5-50　添加引线示例

为多重引线对象添加引线的一般步骤如下。

1）单击"添加引线"按钮 ⚲ 。

2）选择多重引线。

3）指定新添加的引线箭头的位置。

4）可以继续添加引线箭头的位置。

5）按〈Enter〉键完成。

**2．将引线从现有的多重引线对象中删除**

从现有多重引线对象中删除引线的示例如图 5-51 所示。

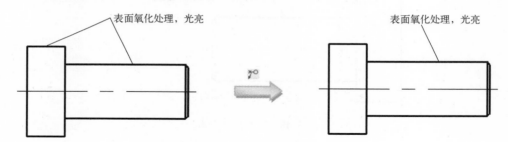

图 5-51　从现有多重引线对象中删除引线

从现有多重引线对象中删除引线的一般步骤如下。

1）单击"删除引线"按钮 ⚲ 。

2）选择多重引线。

3）选择要删除的引线。

4）可以继续选择要删除的引线。

5）按〈Enter〉键完成。

**3．对齐或隔开多重引线对象**

将多个多重引线对象设置对齐的示例如图 5-52 所示。

对齐多重引线对象的一般步骤如下。

1）单击"多重引线对齐"按钮 ⚬ 。

2）选择要对齐的多重引线，按〈Enter〉键。

3）选择要对齐到的多重引线。

4）指定方向。通常在此时启动正交模式，以方便操作。

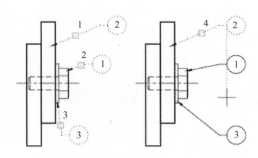

图 5-52　对齐多重引线对象

可以在对齐多重引线对象的过程中更改多重引线对象的间距，其方法及典型步骤如下。

1）单击"多重引线对齐"按钮 。

2）选择要对齐的多重引线，按〈Enter〉键。

3）此时，当前命令行出现"选择要对齐到的多重引线或 [选项(O)]:"的提示信息。在当前命令行中输入"O"并按〈Enter〉键，则出现图 5-53 所示的提示信息。

```
选择多重引线:
当前模式：使用当前间距
选择要对齐到的多重引线或 [选项(O)]:O
× ⌐ 🗗▾ MLEADERALIGN 输入选项 [分布(D) 使引线线段平行(P) 指定间距(S) 使用当前间距(U)] <使用当前间距>:   ▲
```

图 5-53　命令行提示

4）根据需要执行如下操作之一。

● 输入"D"并按〈Enter〉键，则将内容在两个选定点之间均匀隔开。

● 输入"P"并按〈Enter〉键，则放置内容并使选定多重引线中的每条最后的引线线段均平行。

● 输入"S"并按〈Enter〉键，则指定选定的多重引线内容范围之间的间距。

● 输入"U"并按〈Enter〉键，则使用多重引线内容之间的当前间距。

**4. 合并多重引线**

可以收集内容为块的多重引线对象并将其附着到一个基线，如图 5-54 所示。

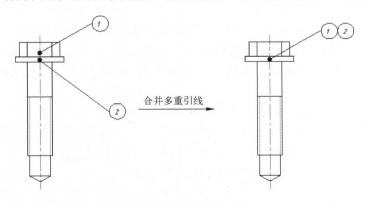

图 5-54　合并多重引线对象

合并多重引线对象的一般步骤如下。

1）单击"多重引线合并"按钮 /8。

2）依次选择要合并成组的多重引线对象（要求多重引线的类型为块），选择完所需的多重引线对象后，按〈Enter〉键。

3）指定收集的多重引线位置。在指定该放置位置之前，可以进行"垂直（V）""水平（H）"或"缠绕（W）"设置。

### 5.15.4 设置多重引线样式

用户可以在创建多重引线对象之前，根据需要设置多重引线样式。

要设置多重引线样式，可以在"格式"菜单中选择"多重引线样式"命令，或者在功能区"默认"选项卡的"注释"溢出面板中单击"多重引线样式"按钮 ，也可以在功能区"注释"选项卡的"引线"面板中单击"多重引线样式管理器"按钮 ，打开图 5-55 所示的"多重引线样式管理器"对话框。利用该对话框可以新建、修改、删除和设置多重引线样式等。

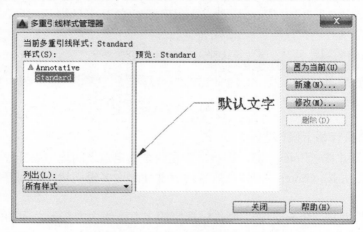

图 5-55 "多重引线样式管理器"对话框

**操作范例：新建一个用于注写零件序号的多重引线样式**

该操作范例具体操作步骤如下。

1）在"格式"菜单中选择"多重引线样式"命令，或者在功能区"默认"选项卡的"注释"溢出面板中单击"多重引线样式"按钮 ，也可以在功能区"注释"选项卡的"引线"面板中单击"多重引线样式管理器"按钮 ，打开"多重引线样式管理器"对话框。

2）在"多重引线样式管理器"对话框中单击"新建"按钮，打开"创建新多重引线样式"对话框。

3）在"创建新多重引线样式"对话框中输入"新样式名"为"BC-零件序号"，"基础样式"选择"Standard"，如图 5-56 所示，然后单击"继续"按钮，系统弹出图 5-57 所示的"修改多重引线样式：BC-零件序号"对话框。

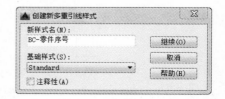

图 5-56 输入新样式名

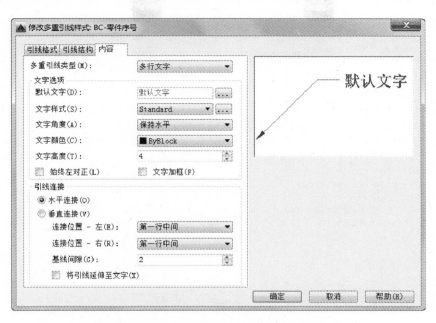

图 5-57 "修改多重引线样式: BC-零件序号"对话框

4) 在"内容"选项卡中，从"多重引线类型"下拉列表框中选择"块"选项，接着在"块选项"中的"源块"下拉列表框中选择"圆"选项，如图 5-58 所示。

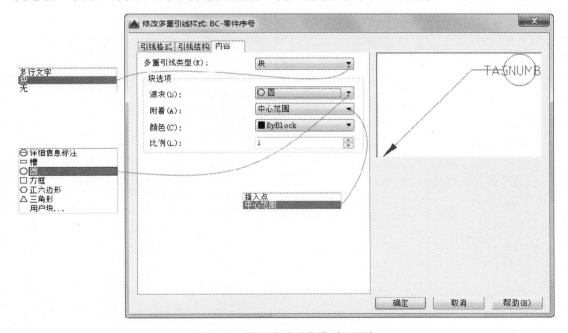

图 5-58 设置多重引线类型及源块

5) 切换到"引线结构"选项卡，设置引线结构的"约束""基线设置"和"比例"选项，如图 5-59 所示。

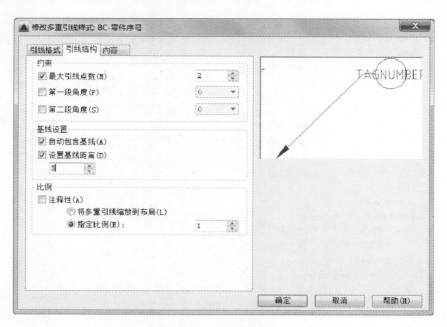

图 5-59 设置引线结构

6）切换到"引线格式"选项卡。在"常规"选项组中，将"类型"设置为"直线"；在"箭头"选项组中，从"符号"下拉列表框中选择"点"选项，并设置其"大小"为"3"；其他采用默认值，如图 5-60 所示。

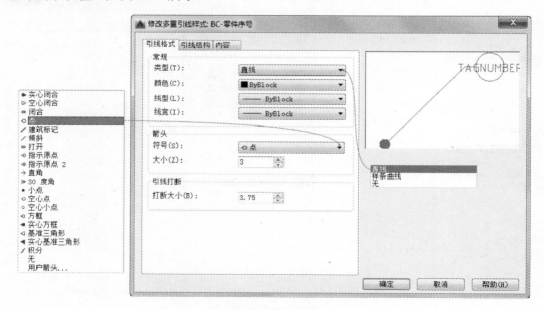

图 5-60 设置引线格式

7）在"修改多重引线样式"对话框中单击"确定"按钮。返回到"多重引线样式管理器"对话框，如图 5-61 所示，新创建的"BC-零件序号"多重引线样式出现在"样式"列表框中（当列出所有样式时）。

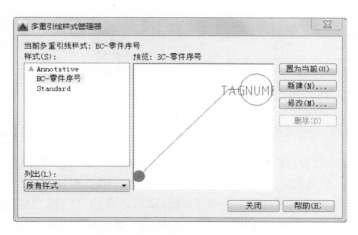

图 5-61 "多重引线样式管理器"对话框

8）在"多重引线样式管理器"对话框中单击"关闭"按钮。

# 5.16 折弯线性

使用系统提供的"DIMJOGLINE"命令（其对应的工具按钮为"折弯线性"按钮 ，菜单命令为"标注"→"折弯线性"），可以在线性标注或对齐标注中添加或删除折弯线。标注中的折弯线表示所标注的对象中的折弯，其标注值表示实际距离，而不是图形中测量的距离，图形中测量的距离小于实际距离，因此需要用户对其标注值尺寸文本进行修改。图 5-62 中的线性标注添加了折弯线。

折弯由两条平行线和一条与平行线成 40°角的交叉线组成，如图 5-63 所示。折弯的高度由标注样式的线性折弯大小值决定。

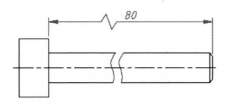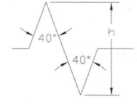

图 5-62 折弯标注　　　　　　　　图 5-63 折弯线示意

## 5.16.1 创建折弯线性

下面结合操作实例，介绍将折弯添加到线性标注的典型步骤。

1）单击"折弯线性"按钮 ，或者在"标注"菜单中选择"折弯线性"命令。

2）选择要在其上添加折弯的线性标注，例如选择图 5-64 所示的线性标注。

3）在尺寸线上指定一点以放置折弯。若在提示指定折弯位置时直接按〈Enter〉键，则将折弯放在标注文字和第一条尺寸界线之间的中点处，或基于标注文字位置的尺寸线的中点处。例如，在该操作实例中，按〈Enter〉键，得到的折弯标注如图 5-65 所示。

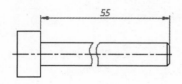

图 5-64　选择线性标注

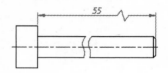

图 5-65　完成折弯标注

在将折弯添加到线性标注后，用户可以使用夹点的方式调整折弯位置：先选择标注然后选择折弯处的夹点，沿着尺寸线将夹点移至另一合适点，如图 5-66 所示。

用户也可以修改折弯高度因子：选择折弯标注后，单击"特性"按钮 圖（该按钮可以从"快速访问"工具栏中调出并选择），打开"特性"选项板，展开"直线和箭头"区域，从中修改线性标注上折弯符号的高度因子，如图 5-67 所示。

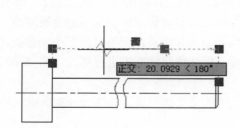

图 5-66　使用夹点调整折弯位置

图 5-67　修改折弯高度因子

### 5.16.2　删除折弯线性

对于添加有折弯的线性标注，如果不再需要折弯标注，则可以将其从线性标注中删除。其方法步骤如下。

1）在"标注"菜单中选择"折弯线性"命令，也可以在功能区"注释"选项卡的"标注"面板中单击"折弯线性"按钮 ∿。

2）在当前命令行中输入"R"并按〈Enter〉键，也可以使用鼠标在命令行提示选项中直接选择"删除（R）"选项。

3）选择要删除的折弯。

## 5.17　使线性标注的尺寸界线倾斜

使用系统提供的"标注"→"倾斜"命令，可以很方便地调整线性标注尺寸界线的倾斜角度。使线性标注的尺寸界线倾斜的示例如图 5-68 所示。

图 5-68  倾斜尺寸界线的示例

使线性标注的尺寸界线倾斜的典型操作步骤如下。

1）在"标注"菜单中选择"倾斜"命令，或者在功能区"注释"选项卡的"标注"面板中单击"倾斜"按钮 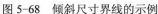。

2）选择所需的线性标注，可以多选，然后按〈Enter〉键。

3）输入倾斜角度，如果在"输入倾斜角度（按〈Enter〉键表示无）"的提示下直接按〈Enter〉键则表示无倾斜角度。

# 5.18  创建形位公差

在一些关键的机械图样中，通常会要求创建形位公差。形位公差包括形状公差和位置公差，主要用来表示形状和位置的允许偏差。常用的形状公差包括直线度、平面度、圆度和圆柱度，常用的位置公差包括平行度、垂直度、倾斜度、位置度、同心度（同轴度）、对称度、圆跳动和全跳动。

形位公差可以通过特征控制框来表示，这些控制框中包含单个标注的所有公差信息，如图 5-69 所示。形位公差的特征控制框至少由两个组件部分组成，其中，第一个特征控制框包含一个几何特征符号，表示应用公差的几何特征，例如位置、轮廓、形状、方向、同轴或跳动等。

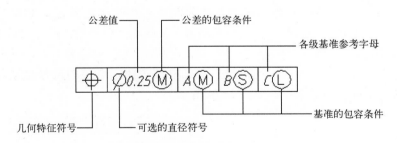

图 5-69  形位公差示意

可以创建带有或不带引线的形位公差，当使用"TOLERANCE"命令时，创建的形位公差不带引线，可以采用直线等工具来另外绘制引线；当使用"LEADER"命令时，创建的形位公差可带有引线。通常形位公差不能与几何对象关联。

## 5.18.1  创建不带引线的形位公差

要创建不带引线的形位公差，可以使用"TOLERANCE"命令，也可以单击其对应的

"公差"按钮 ，或者选择"标注"→"公差"菜单命令。执行命令后，系统弹出图 5-70 所示的"形位公差"对话框。

图 5-70 "形位公差"对话框

- "符号"：单击"符号"下的黑框，将打开图 5-71 所示的"特征符号"对话框。在该对话框中选择所需要的几何特征符号，如果单击该对话框右下位置处的空白符号框，则退出该对话框。当选择某个特征符号后，该特征符号显示在"形位公差"对话框的黑框中，如图 5-72 所示，图中选中的是同轴度公差符号。

图 5-71 "特征符号"对话框

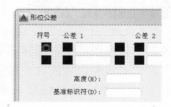

图 5-72 指定特征符号

- "公差 1"：用于创建特征控制框中的第一个公差值，所述的公差值指明了几何特征相对于精确形状的允许偏差量。可以根据设计要求，在公差值前插入直径符号，在公差值后插入公差的包容条件符号。单击"公差 1"第一个框（水平方向），则插入直径符号，该直径符号插入在公差值前面。若再次单击该框，则取消插入直径符号。在"公差 1"下的第二个框（水平方向）中输入公差值。单击"公差 1"第三个框（水平方向），则打开图 5-73 所示的"附加符号"对话框。从中选择修饰符号。选择要使用的符号后，"附加符号"对话框被关闭，选定的符号将显示在"形位公差"对话框的相应黑框中，如图 5-74 所示。

图 5-73 "附加符号"对话框

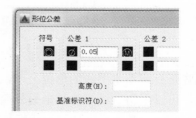

图 5-74 指定公差的包容条件符号

- "公差 2"：在特征控制框中创建第二个公差值。

- "基准 1"：在特征控制框中创建第一级基准参照，所述的"基准参照"由值和修饰符号组成。基准是理论上精确的几何参照，用于建立特征的公差带。在"基准 1"下的第一个框中创建基准参照值。单击"基准 1"下位于基准参照值后的黑框，则打开"附加符号"对话框，从中选择要使用的符号。

- "基准 2"：在特征控制框中创建第二级基准参照，方式与创建第一级基准参照相同。

- "基准 3"：在特征控制框中创建第三级基准参照，方式与创建第一级基准参照相同。

- "高度"框：创建特征控制框中的投影公差零值，而投影公差带控制固定垂直部分延伸区的高度变化，并以位置公差控制公差精度。

- "基准标识符"：创建由参照字母组成的基准标识符。基准是理论上精确的几何参照，用于建立其他特征的位置和公差带。可以作为基准的对象包括点、直线、平面、圆柱或者其他几何图形。

- "延伸公差带"：单击该框，可在延伸公差带值的后面插入延伸公差带符号。

在"形位公差"对话框中设置好相关的内容后，单击"确定"按钮，然后在图形中指定形位公差的位置即可。

例如，创建图 5-75 所示的形位公差，其步骤简述如下。

1）在功能区"注释"选项卡的"标注"溢出面板中单击"公差"按钮，或者在"标注"菜单中选择"公差"命令，还可以在当前命令行中输入"TOLERANCE"命令并按〈Enter〉键。

2）打开"形位公差"对话框。在"形位公差"对话框中指定形位公差的特征符号，设置"公差 1"和"基准 1"，并输入"高度"值为"1.000"，设置延伸公差带，如图 5-76所示。

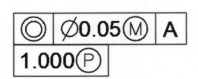

图 5-75 要创建的形位公差

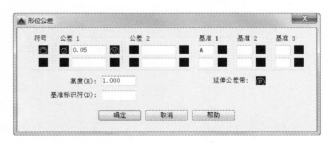

图 5-76 定制形位公差

3）单击"确定"按钮，并在图形中指定形位公差的放置位置。

## 5.18.2 创建带引线的形位公差

要在图形中插入带引线的形位公差，可以按照如下步骤进行操作。

1）在命令提示下输入"LEADER"命令并按〈Enter〉键。

2）指定引线起点。

3）指定引线的下一点。可以启用正交模式连续指定两点以获得直角形式的引线。

4）按两次〈Enter〉键以显示"输入注释选项 [公差(T)/副本(C)/块(B)/无(N)/多行文字(M)] <多行文字>:"提示。

5）输入"T"然后按〈Enter〉键，即选择"公差（T）"选项。

6）系统弹出"形位公差"对话框。利用该对话框创建所需形位公差的特征控制框。创建好的特征控制框将附着到引线的端点，如图 5-77 所示。

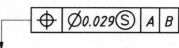

**说明**：引线的起点结构（如箭头），可以由用户再定制或编辑。

图 5-77  创建带引线的形位公差

## 5.19  设置标注样式

尺寸标注的基本组成元素包括标注文本（也称尺寸文本）、尺寸线、尺寸线终端结构（通常为箭头或斜线）和尺寸界线。这些组成元素的特性可以通过设置标注样式来控制，例如控制标注的外观（如箭头样式、文字位置和尺寸公差等）。设置合适的标注样式，有利于确保符合国家或行业的制图标准。

在创建标注时，系统将使用当前标注样式的有关设置。用户可以根据需要设置标注样式，并将其定为当前标注样式。用户还可以创建指定标注类型的标准子样式。系统初始默认的标注样式为"ISO-25"样式。

要创建新标注样式，可以按照如下简述的步骤进行。

1）在"格式"菜单中选择"标注样式"命令，也可以在"标注"菜单中选择"标注样式"命令，还可以从功能区"注释"选项卡中的"标注"面板中单击"标注设置"按钮，系统弹出图 5-78 所示的"标注样式管理器"对话框。

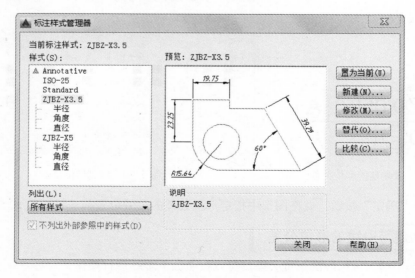

图 5-78  "标注样式管理器"对话框

2）在"标注样式管理器"对话框中单击"新建"按钮，打开图 5-79 所示的"创建新标注样式"对话框。

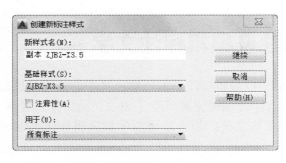

图 5-79 "创建新标注样式"对话框

3）在"创建新标注样式"对话框中，从"基础样式"下拉列表框中选择所需要的一个样式，可接受默认的新样式名或输入自定义的新样式名，然后单击"继续"按钮。

**说明**：如果要创建指定基础样式的标注子样式，则可以从"用于"下拉列表框中选择要应用于子样式的标注类型，之后单击"继续"按钮，在"新建标注样式"对话框中选择相应的选项卡并进行更改，从而定义标注子样式。

4）系统弹出图 5-80 所示的"新建标注样式：副本 ZJBZ-X3.5"对话框。

图 5-80 "新建标注样式：副本 ZJBZ-X3.5"对话框

5）在"新建标注样式"对话框的各选项卡中设置新标注样式的相关内容。注意在对话框右上角的"预览"框中显示标注的样例图像，可以直接看到对标注样式设置所做更改的效果。

6）单击"新建标注样式"对话框中的"确定"按钮，然后关闭"标注样式管理器"对话框。

**说明**：新建标注样式后，如果在"标注样式管理器"对话框中单击"置为当前"按钮，则将处于选中状态的新标注样式设置为当前标注样式，以后创建的标注都将应用该当前标注样式。

## 5.20 编辑标注及编辑标注文字

在 AutoCAD 2016 中，编辑标注及编辑标注文字的操作是比较灵活的，例如使用拖曳夹点的方式调整标注文字的放置位置。除了使用"标注样式管理器"对话框、"特性"选项板、夹点和快捷菜单等之外，用户还需要掌握编辑标注和编辑标注文字的其他方法和技巧等。

### 5.20.1 "DIMEDIT（编辑标注）"命令的应用

使用"编辑标注"命令 DIMEDIT，可以编辑标注对象上的标注文字和尺寸界线。

在命令行的"输入命令"提示下输入"DIMEDIT"并按〈Enter〉键，在命令行中出现"输入标注编辑类型 [默认(H)/新建(N)/旋转(R)/倾斜(O)] <默认>:"的提示信息。

● "默认（H）"：将选定的旋转标注文字移回默认位置。
● "新建（N）"：使用文字编辑器更改选定的标注文字。
● "旋转（R）"：旋转选定的标注文字。选择该提示选项"旋转（R）"后，若在"指定标注文字的角度"提示下输入标注文字的角度时，输入 0 将标注文字按默认方向放置。
● "倾斜（O）"：调整线性标注延伸线的倾斜角度。

**操作范例：编辑标注的练习**

所需的练习文件"标注编辑.dwg"位于随书光盘的"CH5"文件夹中，其中已经存在图 5-81 所示的标注，

在命令行的"输入命令"提示下输入"DIMEDIT"并按〈Enter〉键，接着根据命令行提示执行相应的操作。

命令: DIMEDIT✓

输入标注编辑类型 [默认(H)/新建(N)/旋转(R)/倾斜(O)] <默认>: R✓

指定标注文字的角度: 45✓

选择对象: 找到 1 个                    //选择已有的线性标注

选择对象: ✓

旋转标注文字的效果如图 5-82 所示。

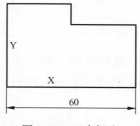
图 5-81 已有标注

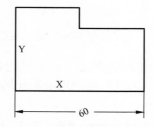
图 5-82 旋转标注文字

如果要将旋转标注文字恢复到原来的默认位置，则可以执行如下操作。

命令: DIMEDIT

输入标注编辑类型 [默认(H)/新建(N)/旋转(R)/倾斜(O)] <默认>: H✓

选择对象: 找到 1 个　　　　　　　　//选择要修改的标注对象

选择对象: ✓

## 5.20.2 "DIMTEDIT" 命令的应用

使用"DIMTEDIT"命令,可以移动和旋转标注文字并重新定位尺寸线。

在命令行的"输入命令"提示下输入"DIMEDIT"并按〈Enter〉键后,在"选择标注"的提示下选择一个要编辑标注文字的标注对象,确定后出现"为标注文字指定新位置或[左对齐(L)/右对齐(R)/居中(C)/默认(H)/角度(A)]:"的提示信息,然后进行相应操作即可。

- 标注文字的新位置:使用鼠标拖曳时,将动态更新标注文字的位置。要确定文字显示在尺寸线的上方、下方还是中间,需要使用"新建/修改/替代标注样式"对话框中的"文字"选项卡来进行设置。
- "左对齐":沿尺寸线左对正标注文字。本选项只适用于线性、直径和半径标注。
- "右对齐":沿尺寸线右对正标注文字。本选项只适用于线性、直径和半径标注。
- "居中":将标注文字放在尺寸线的中间。
- "默认":将标注文字移回默认位置。
- "角度":修改标注文字的角度。注意:文字的中心点并没有改变,输入零度角将使标注文字以默认方向放置。如果移动了文字或者重生成了标注,则由文字角度设置的方向将保持不变。

编辑标注文字,也可以使用图 5-83a 所示的"标注"→"对齐文字"级联菜单中的相应命令来执行,或者从功能区"注释"选项卡的"标注"面板中选择所需的工具按钮,如图 5-83b所示。

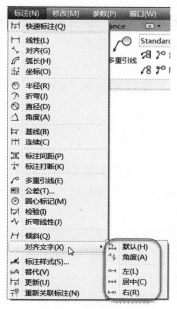

a)

b)

图 5-83 "对齐文字"级联菜单

a)"对齐文字"级联菜单　b)功能区"注释"选项卡的"标注"面板

### 5.20.3 使用"TEXTEDIT"来修改标注文字

在实际设计中，也经常使用"TEXTEDIT"命令来修改标注文字，包括编辑选定的多行文字或单行文字对象，或标注对象上的文字。

用户可以在命令行提示下输入"TEXTEDIT"命令，也可以在菜单栏选择"修改"→"对象"→"文字"→"编辑"命令，接着选择注释对象，例如选择某一组标注文字，利用文字编辑器修改文字。

### 5.20.4 标注的其他一些实用工具命令

在功能区"注释"选项卡的"标注"面板中还提供了以下一些实用工具命令。

● "检验"按钮✓：添加或删除与选定标注关联的检验信息。检验标注用于指定应检查制造的部件的频率，以确保标注值和部件公差处于指定范围内。

● "更新"按钮✓：用当前标注样式更新标注对象。可以将标注系统变量保存或恢复到选定的标注样式。

● "重新关联"按钮✓：将选定的标注关联或重新关联到对象或对象上的点。每个关联点提示旁边都显示一个标记，如果当前标注的定义点与几何对象无关联，则标记将显示为 X，如果定义点与几何图像相关联，则标记将显示为框内的 X。

● "替代"按钮✓：控制对选定标注中所使用的系统变量的替代。

## 5.21 使用"特性"选项板设置尺寸公差

在一个图形中，并不是所有的尺寸标注对象都需要注写以"后缀"形式表示的尺寸公差。通常使用"特性"选项板来给单个尺寸标注对象设置所需要的尺寸公差。

**操作范例：使用"特性"选项板设置尺寸公差**

1）打开配套的"设置尺寸公差.dwg"文件（该文件位于随书光盘的"CH5"文件夹中）。在图形中选择要添加尺寸公差的半径尺寸。

2）单击"特性"按钮🔲，或者选择"修改"→"特性"菜单命令，从而打开"特性"选项板。

3）在"特性"选项板中展开"公差"区域，从"显示公差"下拉列表框中选择所需要的一种公差方式（可供选择的选项有"无""对称""极限偏差""极限尺寸"和"基本尺寸"），并设置相应的公差参数。

例如，从"显示公差"下拉列表框中选择"极限偏差"，在"公差下偏差"框中输入"0.059"，在"公差上偏差"框中输入"0.032"，在"公差精度"框中选择"0.000"，在"公差文字高度"框中输入"0.8"，其他采用默认设置，如图 5-84 所示。

4）将光标置于绘图区域，按键盘上的〈Esc〉键，可以看到给指定尺寸标注对象设置公差的效果，如图 5-85 所示。

5）可以继续选择一个尺寸标注对象，设置其所需的尺寸公差。

图 5-84 使用"特性"选项板设置尺寸公差

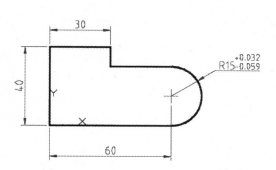

图 5-85 添加好尺寸公差

# 5.22 思考练习

1）尺寸标注的基本组成元素主要包括哪些方面？

2）什么是线性尺寸？简述线性尺寸的一般操作步骤。

3）什么是对齐标注？对齐标注主要用在什么情况下？

4）在创建坐标标注时，通常需要注意哪些方面？如何创建坐标标注？可以举例来进行辅助说明。

5）想一想，半径标注和直径标注分别用在什么情况下？如何创建圆心标记？

6）折弯标注和折弯线性标注分别用在哪些场合？它们的创建方法及步骤是怎样的？

7）基线标注和连续标注是本章的一个重点内容，回顾一下，基线标注和连续标注有什么不同？

8）使用"快速标注"可以进行哪些具体项目的标注？

9）如何设置标注间距？

10）想一想，使线性标注的尺寸界线倾斜，可以采用哪些方法？

11）如何设置标注样式？

12）形位公差标注由哪些部分组成？带引线的形位公差和不带引线的形位公差分别如何创建？

13）上机练习：绘制图 5-86 所示的图形，并标注其尺寸。

14）绘制图 5-87 所示的图形并进行标注。

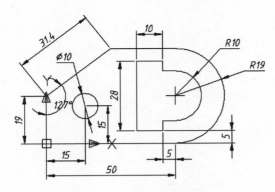

图 5-86 制图及标注练习 1

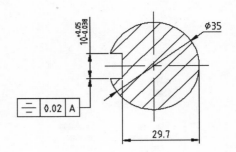

图 5-87 绘制图形并标注 2

# 第6章 图层与块

**本章导读:**

图层的应用有助于管理图形对象。绘图时处理好图形与图层之间的关系,能够为整个制图项目带来实实在在的好处和高效率的设计效果。用户可以根据需要在不同的图层中定义不同的颜色、线型、线宽等,以更好地实现绘图标准化。

除了图层的相关知识之外,图形块也是本章的一个重要方面,有关图形块的知识包括创建图形块、属性定义与编辑、插入块、编辑块定义和分解块。

## 6.1 图层应用基础概述

AutoCAD 中的每一个图层就好比是一张透明的图纸,由用户在该"图纸"上绘制图形对象;若干个图层重叠在一起就好比是若干张图纸叠放在一起,从而构成所需的图形效果。

通常,将类型、特性相似的对象绘制在同一个图层中,将类型、特性不同的对象绘制在其他的指定图层中。例如,将用粗实线表示的不同轮廓线都绘制在一个专门的图层中,将所有的中心线绘制在另一个专门的图层中,将标注、构造线等分别置于不同的图层中。在每一个图层中,都可根据需要设置其相应的颜色、线型、线宽、打印样式、开关状态和说明等图层特性。

通过使用图层可以很方便地为同一图层中的所有对象指定相同的颜色、指定某一种默认线型和线宽,并可设置图层中的对象是否可以修改,可以设置图层中的对象在任何视口中是可见的还是暗显的,还可以设置是否打印对象以及如何打印对象等。

在 AutoCAD 中,每一个图形都包括一个名为"0"的图层,该图层的用途是为了确保每个图形至少包括一个图层,并提供与块中的控制颜色相关的特殊图层。值得注意的是,该"0"图层不能被删除或者重新命名。另外,无法删除当前图层、包含对象的图层和依赖外部参照的图层。

使用 AutoCAD 2016 提供的图 6-1 所示的"图层"面板,可以对图层进行相关的操作。例如可以从其中的"图层"下拉列表框中选择所需要的一个图层,以开始在该层中绘制新图形。

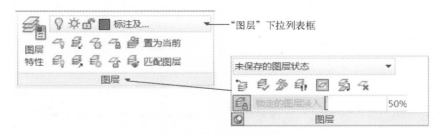

图 6-1 "图层"面板

另外，用户需要了解图层的相关菜单命令。在菜单栏中打开"格式"菜单，可以看到与图层相关的命令，除了"图层"和"图层状态管理器"命令之外，还包括其他实用的图层工具命令，如图 6-2 所示。

图 6-2　图层的相关菜单命令

## 6.2　管理图层与图层特性基础

在"图层"面板中单击"图层特性"按钮 ，或者在菜单栏中选择"格式"→"图层"命令，弹出图 6-3 所示的"图层特性管理器"选项板，从中可以对图形进行管理操作、定制图形特性。

| 状态 | 名称 | 开 | 冻结 | 锁定 | 颜色 | 线型 | 线宽 | 透明度 | 打印样式 | 打印 | 新视口冻结 |
|---|---|---|---|---|---|---|---|---|---|---|---|
|  | 0 | ♀ | ☼ | ᕃ | ■白 | Continuous | —— 默认 | 0 | Color_7 | ⊖ | ᖾ |
|  | Defpoints | ♀ | ☼ | ᕃ | ■白 | Continuous | —— 默认 | 0 | Color_7 | ⊜ | ᖾ |
| ✓ | 标注及剖面线 | ♀ | ☼ | ᕃ | ■红 | Continuous | —— 0.15 毫米 | 0 | Color_1 | ⊖ | ᖾ |
|  | 粗实线 | ♀ | ☼ | ᕃ | ■白 | Continuous | —— 0.30 毫米 | 0 | Color_7 | ⊖ | ᖾ |
|  | 细实线 | ♀ | ☼ | ᕃ | ■红 | Continuous | —— 0.15 毫米 | 0 | Color_1 | ⊖ | ᖾ |
|  | 中心线 | ♀ | ☼ | ᕃ | ■红 | CENTER | —— 0.15 毫米 | 0 | Color_1 | ⊖ | ᖾ |

当前图层: 标注及剖面线　　　　搜索图层

过滤器　　全部　　所有使用的图层

反转过滤器(I)　　全部: 显示了 6 个图层, 共 6 个图层

图 6-3　"图层特性管理器"选项板

下面介绍"图层特性管理器"选项板中各个主要选项及按钮的功能含义。

"新建特性过滤器" ：用于打开"图层过滤器特性"对话框，从中可以根据图层的一

个或多个特性创建图层过滤器。

"新建组过滤器" ：创建图层组过滤器，其中包含选择并添加到该过滤器的图层。

"图层状态管理器"：显示图层状态管理器，从中可以将图层的当前特性设置保存到一个命名图层状态中，以后可以再恢复这些设置。

"新建图层"：创建新图层。列表将显示名为"图层#"的图层，该名称处于选定状态，可立即输入新图层名。新图层将继承图层列表中当前选定图层的特性（颜色、开或关状态等）。

"在所有视口中都被冻结的新图层视口"：创建新图层，然后在所有现有布局视口中将其冻结。

"删除图层"：删除选定图层。只能删除未被参照的图层。参照的图层包括图层 0 和 DEFPOINTS、包含对象（包括块定义中的对象）的图层、当前图层以及依赖外部参照的图层。

"置为当前"：将选定图层设置为当前图层。将在当前图层中绘制图形对象。

"刷新"：通过扫描图形中的所有图元来刷新图层使用信息。

"设置"：显示"图层设置"对话框，如图 6-4 所示，从中可以设置新图层通知设置、是否将图层过滤器更改应用于"图层"工具栏以及更改图层特性替代背景色。

在"图层特性管理器"左窗格中，以树状图的形式显示图形中图层和过滤器的层次结构列表。展开"全部"顶层节点，则显示图形中的所有图层（过滤器），过滤器按字母顺序显示。显示的"所有使用的图层"过滤器是个只读过滤器。当在"全部"顶级节点下选择"所有使用的图层"过滤器，则可以在右窗格中显示所有使用的图层。

如图 6-5 所示，如果在左窗格中右击，则打开一个快捷菜单，该快捷菜单提供了用于树状图中选定项目的命令。下面介绍这些用于树状图选定项目的命令。

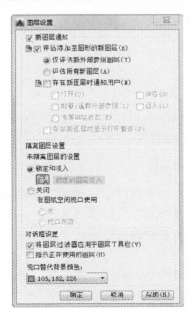

图 6-4 "图层设置"对话框

图 6-5 树状图快捷菜单

- "可见性"：用于更改选定过滤器（"全部"或"所有使用的图层"过滤器，如果选定了相应过滤器）中所有图层的可见性状态。该级联菜单中提供了"开""关""解冻"和"冻结"命令。其中，使用"开"命令可显示、打印和重生成图层上的对象，并在使用"HIDE"命令时隐藏其他对象；使用"关"命令可不显示和打印图层上的对象，而在使用"HIDE"命令时会隐藏其他对象，打开图层时不会重生成图形；使用"解冻"命令可显示和打印图层上的对象，并在使用"HIDE"命令时隐藏其他对象；使用"冻结"命令可不显示和打印图层上的对象，而在使用"HIDE"命令时会隐藏其他对象，并且解冻图层时将重生成图形。
- "锁定"：用于控制是否可以修改选定滤器中的图层上的对象。可以选择该级联菜单下的"锁定"命令或"解锁"命令。
- "视口"：在当前布局视口中，控制选定图层过滤器中的图层的"视口冻结"设置。此选项对于模型空间视口不可用。该级联菜单提供了"冻结"命令和"解冻"命令。
- "隔离组"：用于关闭所有不在选定过滤器中的图层。只有选定过滤器中的图层是可见图层。"隔离组"选项包括"所有视口"选项和"仅活动视口"选项。
- "新建特性过滤器"：选择该命令，弹出图 6-6 所示的"图层过滤器特性"对话框，从中可以根据图层名和设置（例如开或关、颜色或线型）创建新的图层过滤器。

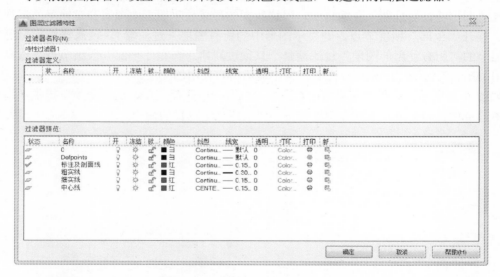

图 6-6　"图层过滤器特性"对话框

- "新建组过滤器"：创建一个名为"组过滤器 1"的新图层组过滤器，并将其添加到树状图中，可输入新的名称。在树状图中选择"全部"过滤器或其他任何图层过滤器，以在列表视图中显示图层，然后将图层从列表视图拖曳到树状图的新图层组过滤器中。
- "转换为组过滤器"：用于将选定图层特性过滤器转换为图层组过滤器。更改图层组过滤器中的图层特性不会影响该过滤器。
- "重命名"：用于重命名选定过滤器，输入新的名称。
- "删除"：用于删除选定的图层过滤器，值得注意的是无法删除"全部"过滤器、"所有使用的图层"过滤器或"外部参照"过滤器。该选项将删除指定的图层过滤器，而不是过滤器中的图层。

"图层特性管理器"选项板的列表视图位于右侧，专门用于显示图层和图层过滤器及其特性和说明。

如果在树状图中选定了一个图层过滤器，则在列表视图中将仅显示该图层过滤器中的图层。选定树状图中的"全部"过滤器时，将显示图形中的所有图层和图层过滤器。当选定某一个图层特性过滤器并且没有符合其定义的图层时，列表视图将显示为空。若要修改选定过滤器中某一个选定图层或所有图层的特性，那么单击该特性的图标，然后进行所需的修改操作。当图层过滤器中显示了混合图标或"多种"时，表明在过滤器的所有图层中，该特性互不相同。

下面介绍一下列表视图中相关的设置内容。

- "状态"：用于指示项目的类型，如图层过滤器、正在使用的图层、空图层或当前图层。
- "名称"：用于显示图层或过滤器的名称。按〈F2〉键输入新名称。
- "开"：用于打开和关闭选定图层。当图层打开时，它可见并且可以打印；当图层关闭时，它不可见并且不能打印，即使已打开"打印"选项。
- "冻结"：用于冻结所有视口中选定的图层，包括"模型"选项卡。通常在设计中，可以通过冻结图层来提高"ZOOM""PAN"和其他若干操作的运行速度，提高对象选择性能并减少复杂图形的重生成时间。值得注意的是，将不会显示、打印、消隐、渲染或重生成冻结图层上的对象。
- "锁定"：用于锁定和解锁选定图层。注意无法修改锁定图层上的对象。
- "颜色"：用于更改与选定图层关联的颜色。单击相应的颜色名可以打开"选择颜色"对话框。
- "线型"：用于更改与选定图层关联的线型。单击相应的线型名称可以打开"选择线型"对话框。
- "线宽"：更改与选定图层关联的线宽。单击相应的线宽名称可以打开"线宽"对话框。
- "打印样式"：用于更改与选定图层关联的打印样式。
- "打印"：用于控制是否打印选定图层。即使关闭图层的打印，仍将显示该图层上的对象。将不会打印已关闭或冻结的图层，而不管"打印"如何设置。
- "视口冻结（仅在布局选项卡上可用）"：在当前布局视口中冻结选定的图层。可以在当前视口中冻结或解冻图层，而不影响其他视口中的图层可见性。
- "新视口冻结"：在新布局视口中冻结选定图层。例如，在所有新视口中冻结"DIMENSIONS"图层，将在所有新创建的布局视口中限制该图层上的标注显示，但不会影响现有视口中的"DIMENSIONS"图层。如果以后创建了需要标注的视口，则可以通过更改当前视口设置来替代默认设置。
- "视口颜色（仅在"布局"选项卡上可用）"：设置与活动布局视口上的选定图层关联的颜色替代。
- "视口线型（仅在"布局"选项卡上可用）"：设置与活动布局视口上的选定图层关联的线型替代。

- "视口线宽（仅在"布局"选项卡上可用）"：设置与活动布局视口上的选定图层关联的线宽替代。
- "视口打印样式（仅在"布局"选项卡上可用）"：设置与活动布局视口上的选定图层关联的打印样式替代。当图形中的视觉样式设置为"概念"或"真实"时，替代设置将在视口中不可见或无法打印。
- "说明"：属于可选项，描述图层或图层过滤器。

在介绍了上述选项功能及概念（基本上摘自或参考 AutoCAD 帮助文件）之后，下面介绍新建图层、重命名图层、设置图层特性等相关内容，并介绍典型的图层定制实例。

# 6.3　新建图层

用户可以根据设计需要创建若干个图层以备在以后绘制图形时选择。新建图层的方法比较简单，即用户可以按照如下的步骤创建新图层。

1）在"图层"面板中单击"图层特性"按钮，或者在菜单栏中选择"格式"→"图层"命令，弹出"图层特性管理器"选项板。

2）在"图层特性管理器"选项板中单击"新建图层"按钮，新建一个图层，该图层名自动添加到图层列表中，如图 6-7 所示。

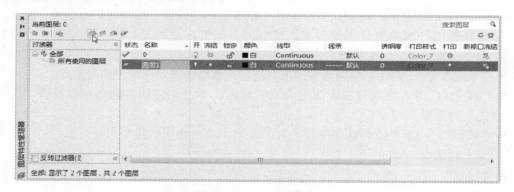

图 6-7　新建一个图层

3）在图层列表框的当前新图层的"名称"文本框中输入新的图层名。也可接受默认的图层名称。

4）分别单击该新图层对应的特性单元格，以修改该图层的相应特性，如"颜色""线型""线宽"和"开"状态等。

5）单击该图层的"说明"特性单元格，待在该单元格中出现输入光标时，可输入用于说明该图层特性的注释信息。该步骤为可选步骤。

6）在"图层特性管理器"选项板中单击竖向标题栏中的"关闭"按钮，关闭"图层特性管理器"选项板。

使用同样的方法，用户可以创建若干个所需的图层。创建的这些图层均可以从"图层"面板中的"图层"下拉列表框（也称图层控制列表框）中查看到。

## 6.4 定制绘图基本图层实例

本节介绍定制绘图基本图层的一个操作实例。在该实例中，要求分别建立"粗实线"层、"中心线"层、"细实线"层、"标注与注释"层和"细虚线"层，这些图层的主要特性见表6-1。

表6-1 实例要求的图层特性

| 序号 | 图层名称 | 线型 | 颜色 | 线宽/mm |
|------|----------|------|------|---------|
| 1 | 粗实线 | Continuous | 黑/白 | 0.3 |
| 2 | 细实线 | Continuous | 红 | 0.15 |
| 3 | 中心线 | CENTER | 红 | 0.15 |
| 4 | 标注与注释 | Continuous | 红 | 0.15 |
| 5 | 细虚线 | ACAD_ISO02W100 | 绿 | 0.15 |

本实例定制图层的典型操作实例如下。

1）新建图形的命令行为由系统变量"STARTUP"决定，在这里将"STARTUP"的值设置为"1"，这样执行新建图形的命令时，系统将显示"创建新图形"对话框。

命令: STARTUP↙

输入 STARTUP 的新值 <0>: 1↙

接着在"快速访问"工具栏中单击"新建"按钮，打开"创建新图形"对话框，单击对话框中的"从草图开始"按钮，在"默认设置"选项组中单击"公制"单选按钮，如图6-8所示，然后单击"确定"按钮。

图6-8 "创建新图形"对话框

2）在"图层"面板中单击"图层特性"按钮，或者在菜单栏中选择"格式"→"图层"命令，弹出"图层特性管理器"选项板。

3）在"图层特性管理器"选项板中单击"新建图层"按钮，新建一个图层，该图层名自动添加到图层列表中。

4）设置新图层的名称为"粗实线"，如图6-9所示。

5）单击该新图层相应的"线宽"单元格，系统弹出图6-10所示的"线宽"对话框，从"线宽"列表中选择"0.30mm"，单击"确定"按钮。

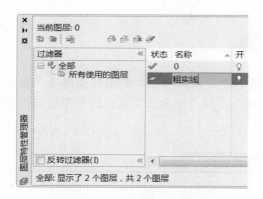

图 6-9 修改新图层名称

图 6-10 "线宽"对话框

6）该新图层的默认颜色为"黑/白"，默认"线型"为"Continuous"，设置好图层特性的"粗实线"层，如图 6-11 所示。

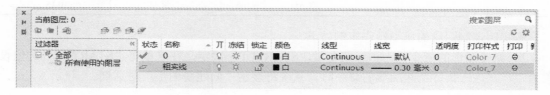

图 6-11 设置"粗实线"层的图层特性

7）在"图层特性管理器"选项板中单击"新建图层"按钮，新建一个图层。

8）将该新图层的名称修改为"中心线"。

9）单击"中心线"层相应的"颜色"单元格，打开"选择颜色"对话框，从中选择红色，如图 6-12 所示，然后单击"选择颜色"对话框中的"确定"按钮。

10）单击"中心线"层相应的"线型"单元格，打开图 6-13 所示的"选择线型"对话框。在"选择线型"对话框中单击"加载"按钮，打开图 6-14 所示的"加载或重载线型"对话框。在"可用线型"列表框中选择"ACAD_ISO02W100"线型，按住〈Ctrl〉键选择"CENTER"线型，然后单击"确定"按钮。

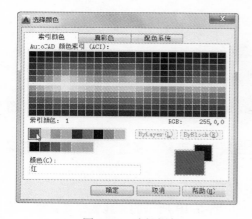

图 6-12 选择颜色

图 6-13 "选择线型"对话框

加载的线型显示在"选择线型"对话框的"已加载的线型"列表中，从中选择"CENTER"线型，如图 6-15 所示，单击"确定"按钮。

图 6-14 "加载或重载线型"对话框

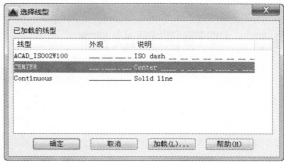

图 6-15 选择线型

11）单击"中心线"层相应的"线宽"单元格，打开"线宽"对话框，从中选择"0.15mm"，如图 6-16 所示，单击"确定"按钮。

此时，设置"中心线"层的图层特性如图 6-17 所示。

图 6-16 指定线宽

图 6-17 "中心线"层的图层特性

12）使用同样的方法，分别创建"细实线"层、"标注与注释"层和"细虚线"层，并按照要求设置它们的图层特性。

完成定制的这些图层如图 6-18 所示。

图 6-18 完成创建所需的图层

13）关闭"图层特性管理器"选项板。

14）保存文件，可将其保存为 AutoCAD 图形样板文件（*.dwt）。

此时，可以将"STARTUP"的值重新设置为"0"。

# 6.5　管理图层状态

　　创建好所需的图层后，还需要掌握管理图层状态的方法。在一些设计场合下，有效管理图层状态可以或多或少地给设计工作带来方便。

　　在 AutoCAD 中，用户可以将图形中的当前图层设置保存为命名图层状态，以便以后需要时再恢复这些设置，例如可在绘图的不同阶段或打印的过程中恢复所有图层的特定设置。

　　在菜单栏的"格式"菜单中选择"图层状态管理器"命令，或者在功能区"默认"选项卡的"图层"面板中选择"图层状态"下拉列表框中的"管理图层状态"命令，打开"图层状态管理器"对话框，如图 6-19 所示。该对话框中显示了图形中已保存的图层状态列表，用户可以将图形中的图层设置另存为命名图层状态，然后便可以在需要时恢复、编辑、输入和输出命名图层状态以在其他图形中使用。下面介绍"图层状态管理器"对话框中各组成部分（组成元素）的功能含义。

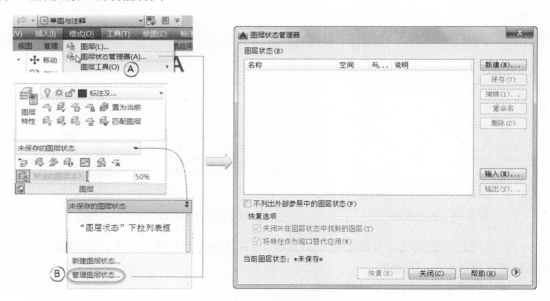

图 6-19　打开"图层状态管理器"对话框

- "图层状态"列表：在该列表中列出已保存在图形中的命名图层状态、保存它们的空间（模型空间、布局或外部参照）、图层列表是否与图形中的图层列表相同以及可选说明。
- "不列出外部参照中的图层状态"复选框：用于控制是否显示外部参照中的图层状态。
- "恢复选项"选项组：该选项组提供了"关闭未在图层状态中找到的图层"复选框和"将特性作为视口替代应用"复选框。勾选前者时，在恢复图层状态后，将关闭未保存设置的新图层，以使图形看起来与保存命名图层状态时一样；勾选后者时，会将图层特性替代应用于当前视口，注意仅当布局视口处于活动状态并访问图层状态管理器时，后者的复选框才可用。

- "新建"按钮：单击此按钮，弹出图 6-20 所示的"要保存的新图层状态"对话框，从中可以设置"新图层状态名"和"说明"。

图 6-20 "要保存的新图层状态"对话框

- "保存"按钮：用于保存选定的命名图层状态。
- "编辑"按钮：在"图层状态"列表中选定命名图层状态后单击此按钮，弹出"编辑图层状态：BC-T1"对话框，如图 6-21 所示，从中可以修改选定的命名图层状态。

图 6-21 "编辑图层状态：BC-T1"对话框

- "重命名"按钮：单击此按钮，可对选定的命名图层状态名进行更改。
- "删除"按钮：单击此按钮，则删除选定的命名图层状态。
- "输入"按钮：使用此按钮，打开图 6-22 所示的"输入图层状态"对话框，可以输入允许类型的文件（如"*.dwg""*.dws"或"*.dwt"）中的图层状态，当然也可以将之前输出的图层状态（*.las）文件加载到当前图形。输入图层状态文件可能会导致创建其他图层。另外，需要注意的是，选定"*.dwg""*.dws"或"*.dwt"文件后单击"打开"按钮，将弹出"输入图层状态"对话框以便从中选择要输入的图层状态；如果选定文件中不存在命名图层状态，系统则弹出图 6-23 所示的"图层状态-未找到图层状态"对话框来提示"选定文件不包含任何图层状态"。

图 6-22 "输入图层状态"对话框 　　　　　　　图 6-23 "图层状态-未找到图层
状态"对话框

● "输出"按钮：单击此按钮，则打开图 6-24 所示的"输出图层状态"对话框，从中可以将选定的命名图层状态保存到图层状态 (*.las) 文件中。

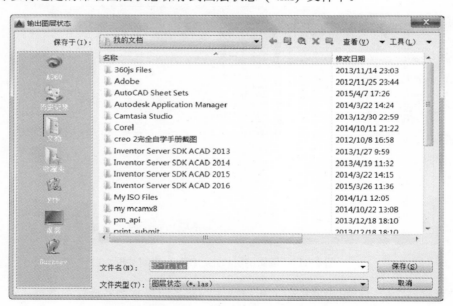

图 6-24 "输出图层状态"对话框

● "恢复"按钮：单击此按钮，将图形中所有图层的状态和特性设置恢复为之前保存的设置。仅恢复使用复选框指定的图层状态和特性设置。
● "关闭"按钮：单击此按钮，关闭"图层状态管理器"对话框并保存更改。
● "更多恢复选项"按钮 ：单击此按钮，则"图层状态管理器"对话框显示更多的恢

复选项，如图 6-25 所示。利用"要恢复的图层特性"选项组中的复选框及按钮，可以指定恢复选定命名图层状态时要恢复的图层状态设置和图层特性。

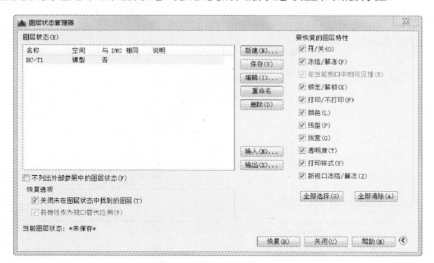

图 6-25　显示更多的恢复选项

● "更少恢复选项"按钮 ⓒ：单击此按钮，则"图层状态管理器"对话框将显示更少的恢复选项，即不显示"要恢复的图层特性"选项组中的内容。

### 6.5.1 新建和保存图层状态

用户可以按照如下的典型步骤来新建和保存图层状态。

1）在一个打开的图形文件中，在菜单栏的"格式"菜单中选择"图层状态管理器"命令，或者在功能区"默认"选项卡的"图层"面板中选择"图层状态"下拉列表框中的"管理图层状态"命令，打开"图层状态管理器"对话框。

2）在"图层状态管理器"对话框中单击位于"图层状态"列表框右侧的"新建"按钮，系统弹出"要保存的新图层状态"对话框。

3）在"要保存的新图层状态"对话框中输入"新图层状态名"和"说明"信息，如图 6-26 所示，然后单击"确定"按钮。

图 6-26　"要保存的新图层状态"对话框

4）创建的新图层状态出现在"图层状态管理器"对话框的"图层状态"列表框中，如

图 6-27 所示。用户可以在"恢复选项"选项组中勾选"关闭未在图层状态中找到的图层"复选框,这样在恢复图层状态时,会关闭未保存设置的新图层,以使图形看起来与保存命名图层状态时一样。

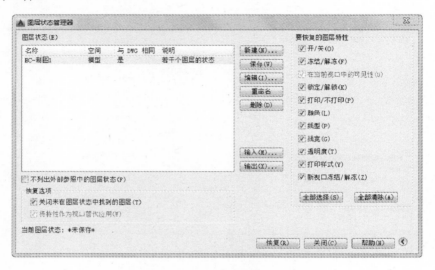

图 6-27 "图层状态管理器"对话框

5)在"图层状态管理器"对话框中单击"保存"按钮,保存选定的命名图层状态。对于已存的图层状态,AutoCAD 弹出图 6-28 所示的对话框,询问是否要覆盖选定的图层状态,单击"是"按钮,覆盖选定的图层状态。

图 6-28 询问信息

6)在"图层状态管理器"对话框中单击"关闭"按钮,关闭该对话框并保存更改。

### 6.5.2 编辑图层状态

编辑图层状态的方法很简单,用户可以按照以下的典型步骤来编辑命名图层状态。

1)在一个打开的图形文件中,在菜单栏的"格式"菜单中选择"图层状态管理器"命令,或者在功能区"默认"选项卡的"图层"面板中选择"图层状态"下拉列表框中的"管理图层状态"命令,打开"图层状态管理器"对话框。

2)在"图层状态管理器"对话框的"图层状态"列表框中选择要编辑的一个命名图层状态,如图 6-29 所示,然后单击"编辑"按钮。

图 6-29 选择要编辑的命名图层状态

3）系统弹出图 6-30 所示的"编辑图层状态：BC-制图 1"对话框。通过该对话框修改相关图层的状态特性，如线型、颜色、线宽和打印状态等。这和在"图层特性管理器"选项板中的相关操作是一样的，即单击相应的特性单元格便可以对该特性状态进行编辑。

4）图形中存在着未包含在该命名图层状态中的新图层时，如果要将该新图层添加到当前命名图层状态中，则可在"编辑图层状态"对话框中单击"将图层添加到图层状态"按钮，打开图 6-31 所示的"选择要添加到图层状态的图层"对话框，从图层列表中选择需要的图层，单击"确定"按钮即可。

图 6-30 "编辑图层状态：BC-制图 1"对话框　　　　　图 6-31 打开的对话框

如果要从当前选定的图层状态中删除图层，则需要在"编辑图层状态"对话框的图层列表中选择该图层，然后单击对话框中的"从图层状态中删除图层"按钮。

5）编辑好图层状态后，单击"编辑图层状态"对话框中的"确定"按钮，完成图层状态编辑工作。

6）保存该图层状态。也可以单击"输出"按钮，将该图层状态输入到指定图层状态文件（*.las）中。

7）在"图层状态管理器"对话框中单击"关闭"按钮，关闭该对话框并保存更改。

### 6.5.3 恢复图层状态

前面介绍了可以将当前图层设置保存为图层状态，并可以更改图层状态，以后需要时可以将它们恢复至图形，即可以恢复保存图层状态时指定的图层设置。在进行恢复图层状态操作，注意以下这些情况。

情况 1：在恢复图层状态过程中，保存图层状态时的图层将被置为当前图层。如果图层已不存在，则不会改变当前图层。

情况 2：如果恢复图层状态时布局视口处于活动状态，并且已经选定"当前视口中的可见性"恢复选项，则将打开并在模型空间中解冻需要在视口中可见的所有图层。在视口中应不可见的所有图层均将在当前视口中设置为"视口冻结"，且不更改模型空间的可见性。

恢复图层状态的典型注意事项见表 6-2。

表 6-2 恢复图层状态的典型注意事项

| 恢复图层状态的操作描述 | 注意事项 |
| --- | --- |
| 图层状态在模型空间中保存并在图样空间中恢复 | 可以选择是否将颜色、线型、线宽或打印样式恢复为视口替代 |
| | 视口替代应用于当前布局视口 |
| | 在模型空间中关闭或冻结的图层在活动布局视口的图层特性管理器中设置为"视口冻结" |
| 图层状态在图样空间中保存并在模型空间中恢复 | 图层特性替代将在模型空间中恢复为全局图层特性 |
| | 在布局视口中冻结的图层在模型空间中也冻结 |

恢复图层状态的一般步骤如下。

1）在菜单栏的"格式"菜单中选择"图层状态管理器"命令，或者在功能区"默认"选项卡的"图层"面板中选择"图层状态"下拉列表框中的"管理图层状态"命令，打开"图层状态管理器"对话框。

2）在"图层状态管理器"对话框中选择命名图层状态。

3）在"图层状态管理器"对话框中单击图 6-32 所示的"更多恢复选项"按钮 ⊙ （如果"图层状态管理器"对话框未显示更多恢复选项的话），然后在"要恢复的图层特性"选项组中选择要恢复的任意特定图层特性，如图 6-33 所示。

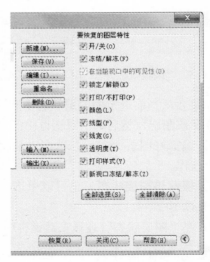

图 6-32 单击"更多恢复选项"按钮　　　　图 6-33 设置要恢复的图层特性

4）在"图层状态管理器"对话框中单击"恢复"按钮，"图层状态管理器"对话框将被关闭，恢复操作完成。

## 6.6 图层工具的操作功能

在 AutoCAD 2016 的菜单栏中,从"格式"→"图层工具"级联菜单中可以选择一些实用的图层工具命令,如"将对象的图层置为当前"命令、"上一个图层"命令、"图层漫游"命令、"图层匹配"命令、"更改为当前图层"命令、"将对象复制到新图层"命令、"图层隔离"命令、"将图层隔离到当前视口"命令、"取消图层隔离"命令、"图层关闭"命令、"打开所有图层"命令、"图层冻结"命令、"解冻所有图层"命令、"图层锁定"命令、"图层解锁"命令、"图层合并"命令和"图层删除"命令等。下面简单地介绍这些图层工具的操作功能。

● "将对象的图层置为当前":将选定对象的图层设置为当前图层。可以通过选择当前图层上的对象来更改该图层。
● "上一个图层":放弃对图层设置的上一个或上一组更改。
● "图层漫游":显示选定图层上的对象,并隐藏所有在其他图层上的对象。选择该命令将弹出图 6-34 所示的"图层漫游-图层数:11"对话框。对于包含大量图层的图形,用户可以过滤显示在对话框中的图层列表。使用该命令可以检查每个图层上的对象和清理未参照的图层。

图 6-34 "图层漫游-图层数:11"对话框

● "图层匹配":将选定对象的图层更改为与目标图层相匹配。
● "更改为当前图层":将选定对象的图层更改为当前图层。如果发现在错误图层上创建了对象,可以使用该命令将对象快速更改到当前图层上。
● "将对象复制到新图层":将一个或多个对象复制到其他图层。
● "图层隔离":隐藏或锁定除选定对象的图层之外的所有图层。根据当前设置,除选定对象所在图层之外的所有图层均将关闭、在当前布局视口中冻结或锁定。保持可见且未锁定的图层称为隔离。
● "将图层隔离到当前视口":冻结除当前视口以外的所有布局视口中的选定图层。即通过在除当前视口之外的所有视口中冻结图层,隔离当前视口中选定对象所在的图层。
● "取消图层隔离":恢复使用"LAYISO"("图层隔离")命令隐藏或锁定的所有图层。
● "图层关闭":关闭选定对象所在的图层。
● "打开所有图层":打开图形中的所有图层。

- "图层冻结"：冻结选定对象所在的图层。
- "解冻所有图层"：解冻图形中的所有图层。
- "图层锁定"：锁定选定对象所在的图层。使用此命令，可以防止意外修改图层上的对象。
- "图层解锁"：解锁选定对象所在的图层。
- "图层合并"：将选定图层合并到目标图层中，并将以前的图层从图形中删除。
- "图层删除"：删除图层上的所有对象并清理图层。

## 6.7 创建图形块

在 AutoCAD 中，对于一些常用的组合图形，可以将其创建成图形块，在以后需要时便采用插入块的方式来快速地建立图形，而不需要再从头开始创建，使设计效率得到一定程度的提高。所述的图形块可以是绘制在几个图层上的不同特性对象（如不同颜色、线型和线宽特性的对象）的组合。插入块中的对象可以保留原特性，也可以继承所插入的图层的特性，还可以继承图形中的当前特性设置，这给实际设计带来了一定的灵活性。

图形块作为 AutoCAD 中的单个对象，可以对其进行插入、缩放、旋转、移动、分解和阵列编辑处理。

在学习图形块创建的具体方法之前，读者应先了解：每个块定义都包括块名、一个或多个对象、用于插入块的基点坐标值和所有相关的属性数据。

### 6.7.1 由当前图形创建块的典型方法

在 AutoCAD 图形文件中，由已创建好的当前图形创建块的方法步骤如下。

1）在"块"面板中单击"创建块"按钮，或者从菜单栏的"绘图"菜单中选择"块"→"创建"命令，弹出图 6-35 所示的"块定义"对话框。

图 6-35 "块定义"对话框

2）在"块定义"对话框的"名称"文本框中输入块名。

3）在"对象"选项组中选择"转换为块"单选按钮、"保留"单选按钮或"删除"单选按钮。

说明：当未选择"删除"单选按钮时，会在图形中保留用于创建块定义的源对象。如果选择了"删除"单选按钮，则会从图形中删除源对象。

4）在"对象"选项组中单击"选择对象"按钮 ，使用定点设备（如鼠标）选择要包括在块定义中的对象。按〈Enter〉键完成对象选择。如果单击"快速选择"按钮，则系统弹出"快速选择"对话框，然后利用该对话框来定义选择集。

5）在"块定义"对话框的"基点"选项组中输入插入点的 X、Y、Z 坐标值，或者单击"拾取点"按钮，使用定点设备（如鼠标）在屏幕上指定一个点。

6）可以根据实际情况在"方式"选项组中更改默认的复选框。

7）在"说明"选项组的文本框中输入块定义的说明。此说明将显示在 AutoCAD 设计中心。

8）在"块定义"对话框中单击"确定"按钮。

## 6.7.2 将块写入新图形文件

使用"WBLOCK"命令可以将选定对象保存到指定的图形文件或将块转换为指定的图形文件，也就是说，"WBLOCK"命令的功能是将图形对象或块写入新图形文件。如果需要作为相互独立的图形文件来创建几种版本的符号，或者要在不保留当前图形的情况下创建图形文件，通常可以使用"WBLOCK"命令。

下面介绍图如何使用"WBLOCK"命令将块源写入新的单独图形文件。

1）在命令窗口中当前命令行的"输入命令"提示下输入"WBLOCK"并按〈Enter〉键，或者在功能区"插入"选项卡的"块定义"面板中单击"写块"按钮，打开图 6-36 所示的"写块"对话框。在"写块"对话框中提供了一种便捷方法用于将当前图形的零件保存到不同的图形文件，或将指定的块定义另存为一个单独的图形文件。

2）在"源"选项组中选择"块"单选按钮，然后从"块"下拉列表框中选择已存在的一个块名称。

3）在"目标"选项组中指定文件的新名称、新位置以及插入块时所用的测量单位，如图 6-37 所示。

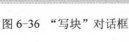

图 6-36 "写块"对话框

图 6-37 设置目标

4）单击"写块"对话框中的"确定"按钮。

**知识点拨**：使用"WBLOCK"命令由选定对象创建新图形文件

1）打开现有图形或创建新图形。

2）在命令行的"输入命令"提示下，输入"WBLOCK"，按〈Enter〉键，系统弹出"写块"对话框。

3）在"写块"对话框的"源"选项组中选择"对象"单选按钮，并在"对象"选项组中选择一个所需的单选按钮。如果选择"保留"单选按钮，则将选定对象写块另存为文件后，在当前图形中仍然保留它们；如果选择"转换为块"单选按钮，则将选定对象写块另存为文件后，在当前图形中将它们转换为块；如果选择"从图形中删除"单选按钮，则将选定对象另存为文件后，从当前图形中删除它们。如有必要，完成操作后可以使用"OOPS"命令恢复它们。

4）在"对象"选项组中单击"选择对象"按钮，接着使用鼠标在图形窗口中选择要包括在新图形中的对象，然后按〈Enter〉键完成对象选择。

5）在"写块"对话框的"基点"选项组中，通过输入 X、Y、Z 坐标值来定义新图形的基点，或者通过单击"拾取点"按钮并使用鼠标来指定一个点为新图形的基点。

6）在"写块"对话框的"目标"选项组中，输入新图形的文件名称和路径，或者单击"浏览"按钮打开"浏览图形文件"对话框来指定文件名和路径。

7）单击"写块"对话框中的"确定"按钮。

### 6.7.3 创建块库概念

在 AutoCAD 中，块库是这么定义的：块库是存储在单个图形文件中的块定义的集合。用户可以通过在同一个图形文件中创建块，并组织一组相关的块定义而形成块定义的集合。通常将使用这种方法的图形文件称为块、符号或库。块库图形与其他图形文件基本上没有什么区别，块库图形的块定义可以单独插入正在其中工作的任何图形。

为了可以在设计中心查看块库图形中的块定义说明，用户可以在单击"创建块"按钮（或执行"BLOCK"命令）定义块库图形中的每个块定义时，输入简短的块说明。另外，也可以通过将其插入到库图形的绘图区域，为每个块定义阐述说明。除块几何图形之外，还可以提供块名的文字、创建日期、最后修改的日期以及任何特殊的说明或约定。这些操作主要是为了在块库图形中创建块的形象化索引。

在实际设计工作中，用户可以使用欧特克或其他厂商提供的块库或自定义块库来进行工作，块库的应用有效提高了相同或相似零件的绘制效率。

## 6.8 属性定义与编辑

属性是将数据附着到块上的标签或标记。属性中可能包含的数据包括零件编号、价格、注释和物主的名称等，而标记相当于数据库表中的列名。要创建属性，首先要创建包含属性特征的属性定义。

定义与编辑属性是本章的一个重点内容。可为块创建的属性定义包含的主要属性特征有标记（标识属性的名称）、插入块时显示的提示、值的信息、文字格式、块中的位置和所有可选模式（不可见、固定常数、验证、预设、锁定位置和多行）。使用属性定义的一个好处是，如果属性包含有定义的变量，在图形中插入具有变量属性的块时，AutoCAD 系统将按照之前定义的提示信息来提示用户输入数值，由用户为属性指定相应的值。

## 6.8.1 创建属性定义

在菜单栏的"绘图"菜单中选择"块"→"定义属性"命令，或者在功能区"默认"选项卡的"块"面板中单击"定义属性"按钮 （也可以在功能区"插入"选项卡的"块定义"面板中单击"定义属性"按钮 ），系统弹出图 6-38 所示的"属性定义"对话框。在该对话框中，可以定义属性模式、属性标记、属性提示、属性默认值、插入点和属性文字设置。

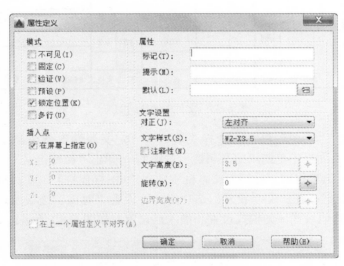

图 6-38 "属性定义"对话框

其中，在"模式"选项组中，设置在图形中插入块时与块关联的属性值选项；在"插入点"选项组中，指定属性的位置，可输入坐标值，或者勾选"在屏幕上指定"复选框并使用定点设备（如鼠标）根据与属性关联的对象指定属性的位置；在"属性"选项组中，设置属性数据，包括标记、提示和默认值；在"文字设置"选项组中，设置属性文字的对正、样式、高度和旋转参数等。另外，勾选"属性定义"对话框中的"在上一个属性定义下对齐"复选框，可将属性标记直接置于之前定义的属性的下面，如果之前没有创建属性定义，则此复选框不可用。

创建属性定义的一般步骤如下。

1）在菜单栏的"绘图"菜单中选择"块"→"定义属性"命令，或者在功能区"默认"选项卡的"块"面板中单击"定义属性"按钮 （也可以在功能区"插入"选项卡的"块定义"面板中单击"定义属性"按钮 ），弹出"属性定义"对话框。

2）在"属性定义"对话框中，设置属性模式，输入属性标记信息、提示信息，指定插入点位置和属性文字选项等。

3）单击"属性定义"对话框中的"确定"按钮。

创建好一个或多个属性定义之后，可以在创建块定义时将属性定义选择作为要包含到块定义中的对象。将属性定义合并到块中后，在插入包含属性定义的块时，将在弹出的"编辑属性"对话框中根据属性定义中设定的提示信息输入相应的属性值。

**操作范例：创建属性定义和将属性附着到块上**

下面通过一个案例详细地介绍创建属性定义以及将属性附着到块上的方法和技巧。

1）单击"打开"按钮 📂，弹出"选择文件"对话框，在随书光盘的"CH6"文件夹中选择"标题栏.dwg"文件，单击对话框中的"打开"按钮。该文件中已经存在着图 6-39 所示的原始标题栏。

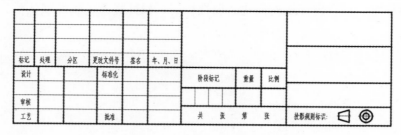

图 6-39　文件中的原始图形

2）在菜单栏的"绘图"菜单中选择"块"→"定义属性"命令，或者在功能区"默认"选项卡的"块"面板中单击"定义属性"按钮 🏷️，弹出"属性定义"对话框。

3）在"属性"选项组的"标记"文本框中输入"（图样代号）"，在"提示"文本框中输入"请输入图样代号"；在"文字设置"选项组中，设置"对正"选项为"正中"，"文字样式"为"BD-5"。其他设置（如模式设置和插入点设置）如图 6-40 所示。

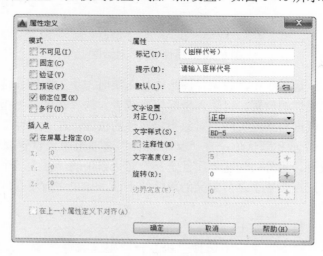

图 6-40　设置属性定义

4）在"属性定义"对话框中单击"确定"按钮。

5）在提示下使用鼠标指定该属性插入点，可以对其位置进行微调。放置该属性后的效果如图 6-41 所示。

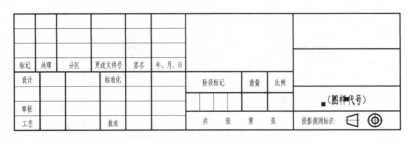

图 6-41　指定该属性位置

6）使用同样的方法，按照表 6-3 提供的属性定义参数来创建其他的属性定义。

表 6-3　实例中的属性定义的相关设置

| 序　号 | 属性标记 | 属性提示 | 对正方式 | 文字样式 |
|---|---|---|---|---|
| 1 | （图样代号） | 请输入图样代号 | 正中 | BD-5 |
| 2 | （图样名称） | 请输入图样名称 | 正中 | BD-5 |
| 3 | （单位名称） | 请输入公司或设计部门的名称 | 正中 | BD-5 |
| 4 | （材料标记） | 请输入材料标记 | 正中 | BD-5 |
| 5 | （比例） | 请输入制图比例 | 正中 | BD-3.5 |
| 6 | （P） | 请输入图纸总张数 | 正中 | BD-3.5 |
| 7 | （P1） | 请输入第几张 | 正中 | BD-3.5 |
| 8 | （签名 A） | 请输入签名 A 的字样 | 正中 | BD-3.5 |
| 9 | （年月日） | 请输入设计者 A 的签名日期 | 正中 | BD-3.5 |
| 10 | （签名 B） | 请输入签名 B 的字样 | 正中 | BD-3.5 |
| 11 | （年月日） | 请输入设计者 B 的签名日期 | 正中 | BD-3.5 |

创建这些属性定义的标题栏如图 6-42 所示。

图 6-42　在标题栏中创建好相关的可变属性定义

说明：在设计工作中，如果单位名称（即公司或设计部门组织）确定为唯一（或固定名称），可以将其相应的属性模式设置为"固定"。方法是在菜单栏的"绘图"菜单中选择"块"→"定义属性"命令，或者在功能区"默认"选项卡的"块"面板中单击"定义属性"按钮，打开"属性定义"对话框，在"模式"选项组中勾选"固定"复选框，在"属性"选项组的"标记"文本框中输入"博创设计坊"，并分别设置文字对正选项为"正中""文字样式"为"BD-5"，如图 6-43 所示，然后单击"属性定义"对话框中的"确定"按钮，并在图形窗口中使用鼠标指定放置位置，放置效果如图 6-44 所示。

图 6-43　属性定义 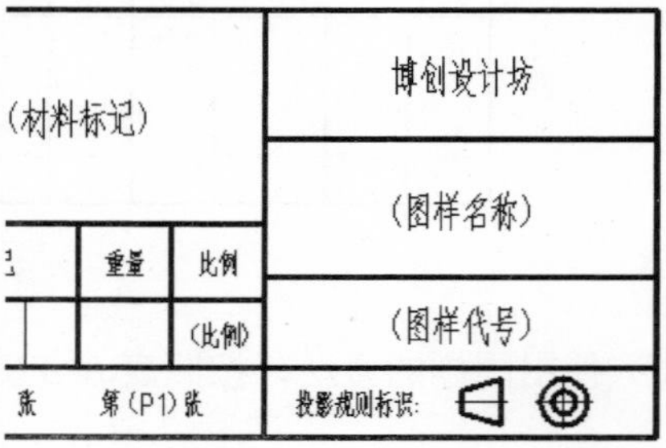　　　　　　　图 6-44　"固定"模式的属性定义

7）在功能区"默认"选项卡的"块"面板中单击"创建块"按钮，或者从菜单栏的"绘图"菜单中选择"块"→"创建"命令，弹出"块定义"对话框。

8）在"块定义"对话框中的"名称"文本框中输入块的名称为"BC-1 标题栏"。

9）在"对象"选项组中选择"转换为块"单选按钮，接着单击"选择对象"按钮，使用"窗口选择"方式指定点 1 和点 2 来选择整个对象，如图 6-45 所示。

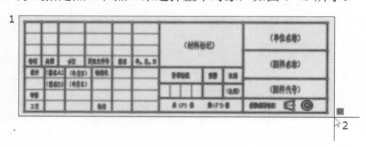

图 6-45　窗口选择

10）选择包括属性定义在内的所有对象后，按〈Enter〉键，返回到"块定义"对话框。

11）在"块定义"对话框的"基点"选项组中单击"拾取点"按钮，选择图 6-46 所示的端点作为块的插入基点。

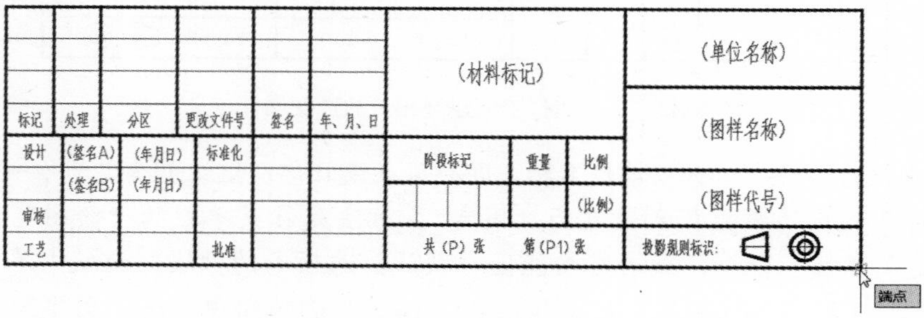

| 标记 | 处理 | 分区 | 更改文件号 | 签名 | 年、月、日 | | （材料标记） | | | （单位名称） |
| --- | --- | --- | --- | --- | --- | --- | --- | --- | --- | --- |
| 设计 | (签名A) | (年月日) | 标准化 | | | | | | | （图样名称） |
| | (签名B) | (年月日) | | | | | 阶段标记 | 重量 | 比例 | |
| 审核 | | | | | | | | | (比例) | （图样代号） |
| 工艺 | | | 批准 | | | | 共 (P) 张 | 第(P1) 张 | | 投影规则标识: |

图 6-46　指定插入基点

12）在"块定义"对话框的"说明"文本框中输入"博创设计坊专用标题栏样式之一"，如图 6-47 所示。

图 6-47　输入块的说明信息

13）在"块定义"对话框中单击"确定"按钮，系统弹出图 6-48 所示的"编辑属性"对话框。若输入相应的属性值，则该值将显示在生成的块实例中。注意有些属性需要单击"下一个"按钮才能显示在"编辑属性"对话框当前页中。

图 6-48　"编辑属性"对话框

14）在这里，直接在"编辑属性"对话框中单击"确定"按钮，完成该标题栏图形块的定义，图形中的块实例如图 6-49 所示。

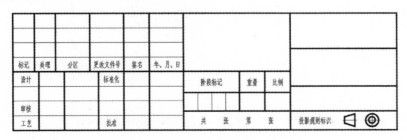

图 6-49　图形中的块实例

### 6.8.2　编辑属性定义

对于已经插入到图形中的含有属性定义的块实例，可以对其进行编辑。用户可以按照如下的步骤来编辑属性。

1）在菜单栏中选择"修改"→"对象"→"属性"→"单个"命令，或者在"块"面板中单击"编辑属性"旁的"小三角箭头"按钮▾并单击"单个"按钮。

2）此时，系统出现"选择块"的提示信息。在图形中选择要编辑的块。

3）系统弹出图 6-50 所示的"增强属性编辑器"对话框。该对话框有 3 个选项卡，即"属性"选项卡、"文字选项"选项卡和"特性"选项卡。

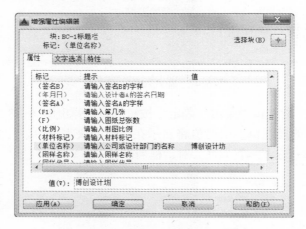

图 6-50 "增强属性编辑器"对话框

- "属性"选项卡用于显示指定给每个属性的标记、提示和值，用户可以在相应的"值"文本框中更改属性值。例如，选择"（单位名称）"标记，在"值"文本框中输入"博创设计坊"。
- "文字选项"选项卡用来设置用于定义属性文字在图形中的显示方式的特性，包括文字样式、对正方式、高度、旋转角度、宽度因子和倾斜角度等，如图 6-51 所示。

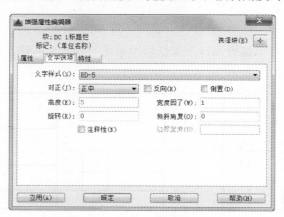

图 6-51 "文字选项"选项卡

- "特性"选项卡用来定义属性所在的图层以及属性文字的线宽、线型和颜色，如图 6-52 所示。可以使用"特性"选项卡为属性指定打印样式。

图 6-52 "特性"选项卡

4）在"增强属性编辑器"对话框中编辑好各属性内容后，单击"应用"按钮，关闭该对话框。

**操作技巧：** 使用鼠标在图形窗口中双击带有属性定义的块，同样可以打开"增强属性编辑器"对话框，从中可编辑该块属性。用户可以在上一小节的图形中转换而成的标题栏块中进行属性编辑，以填写标题栏，完成的效果如图 6-53 所示。

图 6-53 编辑块属性

另外，在菜单栏中选择"修改"→"对象"→"属性"→"块属性管理器"命令，或者在功能区"默认"选项卡的"块"面板中单击"块属性管理器"按钮，将打开图 6-54 所示的"块属性管理器"对话框。该对话框用来管理当前图形中的块的属性定义，例如，可以在块中编辑属性定义、从块中删除属性以及更改插入块时系统提示用户输入属性值的顺序。

图 6-54 "块属性管理器"对话框

在"块属性管理器"对话框中，选定块的属性显示在属性列表中，默认情况下，显示在属性列表中的有标记、提示、默认值、模式和注释性属性特性，如图 6-55 所示。注意，对于每一个选定的图形块，位于属性列表下方的说明栏都会标识在当前图形和在当前布局中相应块的实例数目。

图 6-55　属性列表中的属性显示

**知识提升**：如果要更改在"块属性管理器"对话框的属性列表中显示的属性特性，那么可以单击"块属性管理器"对话框中的"设置"按钮，打开图 6-56 所示的"块属性设置"对话框，从中可以控制"块属性管理器"中属性列表的显示外观。

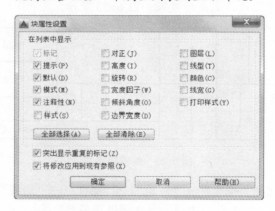

图 6-56　"块属性设置"对话框

下面介绍一下"块属性管理器"对话框中各主要组成元素的功能含义。

- "选择块"按钮 ⊕：单击此按钮，"块属性管理器"对话框将被关闭，接着从图形区域中选择块，返回到"块属性管理器"对话框。
- "块"下拉列表框：该下拉列表框列出了当前图形中具有属性的所有块定义，从中选择所要修改属性的块。
- 属性列表：用于显示所选块中每个属性的特性。
- "在图形中找到"：用于显示当前图形中选定块的实例数。
- "在模型空间中找到"：用于显示当前模型空间或布局中选定块的实例数。
- "同步"按钮：单击此按钮，将更新具有当前定义的属性特性的选定块的全部实例。注意进行此操作时，每个块中赋给属性的值不会受到影响。

- "上移"按钮：单击此按钮，则在提示序列的早期阶段移动选定的属性标签。注意选定固定属性时，此按钮不可用。
- "下移"按钮：单击此按钮，则在提示序列的后期阶段移动选定的属性标签。注意选定常量属性时，此按钮不可使用。
- "编辑"按钮：单击此按钮，弹出图 6-57 所示的"编辑属性"对话框，从中可以修改指定相应的属性特性。

图 6-57 "编辑属性"对话框

- "删除"按钮：单击此按钮，将从块定义中删除选定的属性。
- "设置"按钮：单击此按钮，系统打开"块属性设置"对话框，从中可以自定义"块属性管理器"对话框中的属性信息的列出方式（属性列表的显示外观）。
- "应用"按钮：单击此按钮，则应用所做的更改，但不关闭"块属性管理器"对话框。
- "确定"按钮：单击此按钮，则应用所做的更改，并关闭"块属性管理器"对话框。
- "取消"按钮：单击此按钮，则取消所做的更改，并关闭"块属性管理器"对话框。

# 6.9 插入块

创建好图形块后，在以后需要时可以采用"插入"的方式来调用块图形。这在实际制图中经常应用到。通常将所需的块插入到图形中，然后对插入的块对象进行编辑处理。

下面介绍插入块的一般步骤。

1）在"块"面板（"块"面板位于功能区的"默认"选项卡上）中单击"插入块"按钮，接着选择"更多选项"命令，系统弹出图 6-58 所示的"插入"对话框。

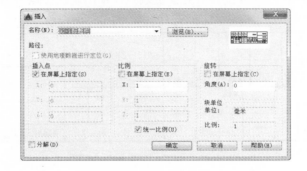

图 6-58 "插入"对话框

2）在"插入"对话框的"名称"列表框中选择一个块定义名称。也可以单击"浏览"按钮并通过出现的对话框来选择要插入的块或图形文件。

3）分别在"插入点""比例"和"旋转"选项组中进行设置。如果要在关闭对话框后使用鼠标来指定插入点、比例和旋转角度，则需要勾选相应的"在屏幕上指定"复选框。也可以采用在"插入点""比例"和"旋转"选项组中分别输入值的方式进行相应设置。

4）可以根据设计情况，决定是否勾选"分解"复选框。

5）单击"插入"对话框中的"确定"按钮。

另外，系统允许在"块"面板中单击"插入块"按钮 后直接从弹出的块列表中选择要插入的块，接着根据提示进行相应设置即可完成插入块的操作。

**操作实例：插入块**

下面是一个插入块的典型操作实例。在该实例中，重点学习插入块的应用知识。

1）单击"打开"按钮 ，弹出"选择文件"对话框，在随书光盘的"CH6"文件夹中选择"A4 图框-插入块实例.dwg"文件，单击该对话框中的"打开"按钮。该文件中已经存在着图 6-59 所示的原始图框。

2）在功能区"默认"选项卡的"块"面板中单击"插入块"按钮 ，接着从弹出的块列表中选择"BC-1 标题栏"块，如图 6-60 所示。

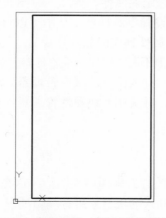

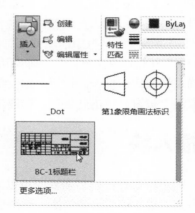

图 6-59　原始图框（未绘制标题栏）

图 6-60　插入块设置

3）命令行出现"指定插入点或 [基点(B)/比例(S)/X/Y/Z/旋转(R)]:"的提示信息，使用鼠标将十字光标移到图 6-61 所示的位置处捕捉端点，单击确认该点为块的插入基点。

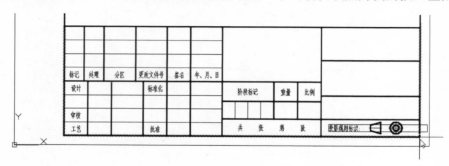

图 6-61　选定插入基点

4）系统弹出"编辑属性"对话框，根据该对话框各提示信息输入相应的属性值，如图 6-62 所示，注意在编辑属性值的过程中，可以单击"上一个"或"下一个"按钮来找到所需的属性提示行。

图 6-62  通过编辑属性的方式填写标题栏

5）完成编辑属性（例如输入图样代号、图样名称、材料标记、制图比例等信息）后，单击"确定"按钮，完成的效果如图 6-63 所示。

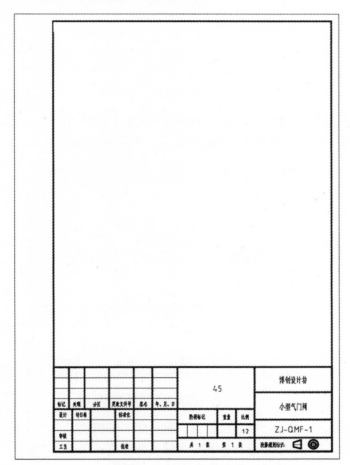

图 6-63  填写好标题栏的 A4 图框

## 6.10 编辑块定义的典型方法

在功能区"默认"选项卡的"块"面板中单击"编辑"按钮，打开图 6-64 所示的 "编辑块定义"对话框。在"编辑块定义"对话框中，可以从图形中保存的块定义列表中选择要在块编辑器中编辑的块定义。另外，用户也可以输入要在块编辑器中创建的新块定义的名称。

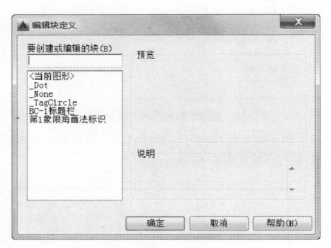

图 6-64 "编辑块定义"对话框

例如，当要编辑块时，从图形中保存的块定义列表中选择"BC-1 标题栏"，此时可以在 "编辑块定义"对话框中看到预览效果和说明信息，如图 6-65 所示。

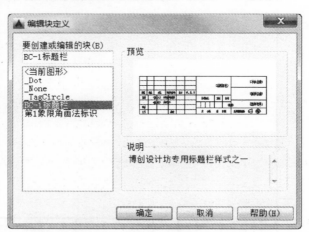

图 6-65 选择图形中要编辑的块定义

选择要编辑的块后，单击"确定"按钮，则关闭"编辑块定义"对话框，并显示块编辑器，如图 6-66 所示。所述的块编辑器是一个独立的环境，用于为当前图形中创建和更改块定义，此外用户还可以使用块编辑器向块中添加动态行为。

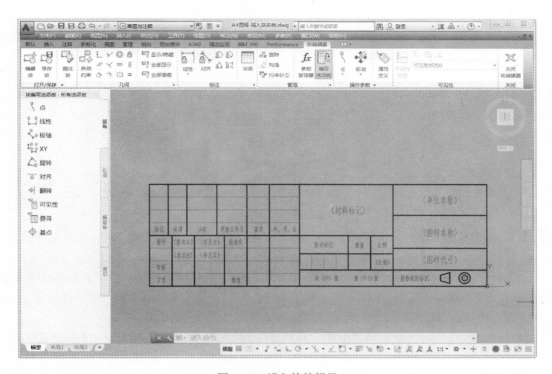

图 6-66　进入块编辑器

　　块编辑器提供了用于执行这些操作的工具：保存块定义、测试块、添加参数、添加动作、定义属性、关闭块编辑器和管理可见性状态等。另外，用户需要了解到块编辑器的绘图区域中会显示出一个 UCS 图标，该 UCS 图标的原点定义了块的基点。可以通过相对 UCS 图标原点移动几何图形或通过添加基点参数来更改块的基点。

　　下面介绍在块编辑器环境中，编辑属性定义中的文字。

　　例如在块编辑器环境中，双击块中要编辑的属性文字，系统弹出图 6-67 所示的"编辑属性定义"对话框，从中可以修改标记、提示和默认值，然后单击"确定"按钮。

图 6-67　编辑属性定义

　　在功能区"块编辑器"选项卡中单击"关闭块编辑器"按钮 X，退出块编辑器并返回图形。若对块进行了修改，则 AutoCAD 系统将弹出图 6-68 所示的询问对话框，由用户根据需要决定更改保存或放弃更改。

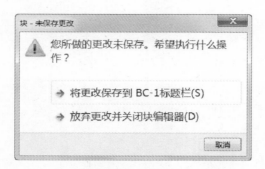

图 6-68　询问是否将修改保存

# 6.11　分解块

如果需要对插入的块图形内部进行编辑处理，通常要将该块分解，然后再对其中多余的组成部分进行编辑。分解插入在图形中的块，并不会改变保存在图形列表中的块定义。

用户可以按照如下方法及步骤来分解块。

1）在"修改"面板中单击"分解"按钮，或者在菜单栏的"修改"菜单中选择"分解"命令。

2）在"选择对象"的提示下选择要分解的块对象。

3）按〈Enter〉键。

执行分解操作后，作为一个独立对象的块变分成组成它的若干个独立对象。

# 6.12　思考练习

1）如何理解图层应用？请用自己的理解来描述一下。

2）如何新建一个图层，并编辑其相关的图层特性？

3）简述由当前图形创建块的典型方法及步骤。可以举例辅助说明。

4）如何理解块库概念？请用自己的理解来描述一下。

5）使用什么方法可以将块写入新图形文件中？

6）如何在图形中进行插入块的操作？

7）总结分解块的典型方法及步骤。

8）上机练习：根据表 6-4 所示的图层特性，定制图层样式。

表 6-4　实例要求的图层特性

| 序　号 | 图层名称 | 线　型 | 颜　色 | 线宽/mm |
|---|---|---|---|---|
| 1 | 粗实线 | Continuous | 黑/白 | 0.30 |
| 2 | 细实线 | Continuous | 黑/白 | 0.13 |
| 3 | 中心线 | CENTER | 红 | 0.13 |
| 4 | 标注与注释 | Continuous | 红 | 0.13 |
| 5 | 细虚线 | ACAD_ISO02W100 | 绿 | 0.13 |

9）上机练习：绘制图 6-69 所示的简易标题栏，注意图层的应用。然后创建相关的属性定义，并将属性定义放置在简易标题栏中的相应位置，如图 6-70 所示，然后连同属性定义一起创建成块。一些具体的操作细节及设置由读者自行确定。在随书光盘的"CH6"文件夹中提供了本练习题目的参考文件"上机练习-简易标题栏参考.dwg"。

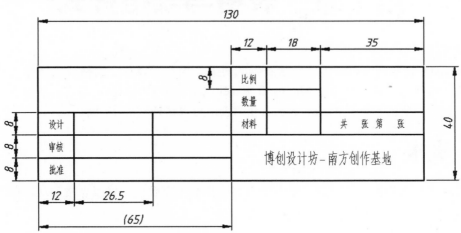

图 6-69　绘制简易标题栏

| （图样名称） | | | 比例 | （比例） | （图样代号） | |
|---|---|---|---|---|---|---|
| | | | 数量 | （数量） | | |
| 设计 | | | 材料 | （材料） | 共(P)张　第P张 | |
| 审核 | | | 博创设计坊-南方创作基地 | | | |
| 批准 | | | | | | |

图 6-70　将创建的属性定义放置在标题栏中

# 第 7 章 表格与表格样式

**本章导读：**

AutoCAD 表格是在行和列中包含数据的对象。用户可以从空表格或表格样式开始创建表格对象，还可以将表格链接至 Microsoft Excel 电子表格中的数据。通常在创建表格之前，需要准备好所需要的表格样式。本章重点介绍表格与表格样式的实用知识。

## 7.1 表格

本节将介绍表格的相关知识，涉及的内容包括插入空表格、修改表格和从链接的电子表格创建 AutoCAD 表格。

### 7.1.1 插入空表格

在菜单栏的"绘图"菜单中选择"表格"命令，或者在功能区"默认"选项卡的"注释"面板中单击"表格"按钮 ，打开图 7-1 所示的"插入表格"对话框。为了让读者更好地掌握插入空表格的方法及步骤，首先介绍"插入表格"对话框中各选项的功能及参数设置的含义。

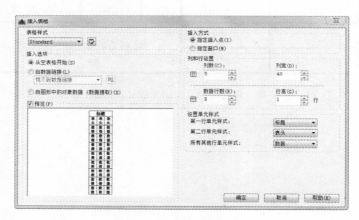

图 7-1 "插入表格"对话框

- "表格样式"选项组：在该选项组的"表格样式"下拉列表框中选择当前图形中的一种表格样式，初始默认的"表格样式"为"Standard"。通过单击下拉列表框旁边的"启动'表格样式'对话框"按钮 ，用户可以利用弹出的"表格样式"对话框创建新的表格样式。

- "插入选项"选项组：该选项组用于指定插入表格的方式。当选择"从空表格开始"单选按钮时，将创建可以手动填充数据的空表格；当选择"自数据链接"单选按钮时，将从外部电子表格中的数据创建表格；当选择"自图形中的对象数据（数据提取）"单选按钮时，将启动"数据提取"向导。

● "预览"框：用于显示当前表格样式的样例。
● "插入方式"选项组：该选项组用于指定表格位置。该选项组有两个单选按钮，即"指定插入点"单选按钮和"指定窗口"单选按钮。当选择"指定插入点"单选按钮时，指定表格左上角的位置，可以使用定点设备，也可以在命令提示下输入坐标值，注意如果表格样式将表格的方向设置为由下而上读取，则插入点位于表格的左下角；当选择"指定窗口"单选按钮时，指定表格的大小和位置，可以使用定点设备，也可以在命令提示下输入坐标值，选定此选项时，行数、列数、列宽和行高取决于窗口的大小以及列和行设置。
● "列和行设置"选项组：用于设置列和行的数目和大小（列宽和行高）。
● "设置单元样式"选项组：对于那些不包含起始表格的表格样式，需要指定新表格中行的单元格式。其中，"第一行单元样式"列表框用于指定表格中第一行的单元样式，默认情况下，使用标题单元样式；"第二行单元样式"列表框用于指定表格中第二行的单元样式，默认情况下，使用表头单元样式；"所有其他行单元样式"列表框用于指定表格中所有其他行的单元样式，默认情况下，使用数据单元样式。

插入空表格的典型步骤如下。

1）在"绘图"菜单中选择"表格"命令，或者在功能区"默认"选项卡的"注释"面板中单击"表格"按钮，打开"插入表格"对话框。

2）在"插入表格"对话框的"表格样式"选项组中，选择"表格样式"下拉列表框中的一个表格样式，或单击此列表框右侧的"启动'表格样式'对话框"按钮来创建一个新的表格样式。

3）在"插入选项"选项组中选择"从空表格开始"单选按钮。

4）在"插入方式"选项组中选择"指定插入点"单选按钮或"指定窗口"单选按钮，以指定以何种方式在图形中插入表格。

5）设置列数和列宽。如果使用窗口插入方法，则用户可以选择列数或列宽，但是不能同时选择两者。

6）设置数据行数和行高。如果使用窗口插入方法，则数据行数可以由用户指定的窗口尺寸和行高决定。

7）单击"插入表格"对话框中的"确定"按钮，可根据命令提示完成表格创建。

**操作范例：创建表格**

例如，要创建图 7-2 所示的表格，可以按照如下简述的方法步骤进行。

| 板材零件尺寸参考表 | | | | |
|---|---|---|---|---|
| 序号 | A1 | A2 | B1 | B2 | C |
| 1 | | | | |
| 2 | | | | |
| 3 | | | | |

图 7-2　表格示例

1）在"绘图"菜单中选择"表格"命令，或者在功能区"默认"选项卡的"注释"面板中单击"表格"按钮，打开"插入表格"对话框。

2）在"插入表格"对话框的"表格样式"选项组中选择"Standard"表格样式，在"插入选项"选项组中选择"从空表格开始"单选按钮，在"插入方式"选项组中选择"指定插入点"单选按钮，列、行设置以及单元样式设置如图 7-3 所示。

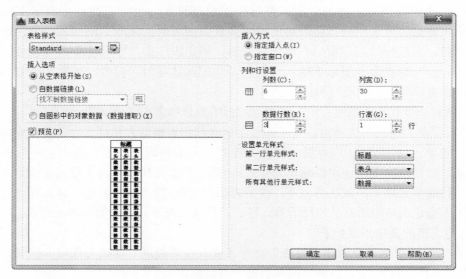

图 7-3　设置新表格

3）单击"插入表格"对话框中的"确定"按钮。

4）系统出现"指定插入点"的命令提示信息。在该提示下输入"0,0"，按〈Enter〉键。

5）创建一个空表格，在图 7-4 所示的第一行中输入标题为"板材零件尺寸参考表"，按〈Enter〉键。注意在输入文字之前，可以在"文字编辑器"上设置所需的文字样式、对正方式等。

图 7-4　输入标题名称

6）输入表头各单元格的名称以及填写序号，从而完成该表格的创建，效果如图 7-5 所示。

图 7-5 输入表头名称等

## 7.1.2 修改表格

表格创建完成后，用户可以单击该表格上的任意网格线以选中该表格，然后通过使用"特性"选项板或夹点来修改该表格。

使用"特性"选项板修改表格的方法很简单，即先单击表格网格线以选择要修改的表格，接着从菜单栏的"修改"菜单中选择"特性"命令，或者单击"特性"按钮▣，打开"特性"选项板，从中单击要修改的特性值并输入或选择一个新设置值，如图 7-6 所示，确认后即可。注意有时也可以通过在状态栏中单击"快捷特性"按钮▣来启用快捷特性方式以修改表格的一些特性，如表格图层、表格样式、方向、表格宽度和表格高度。

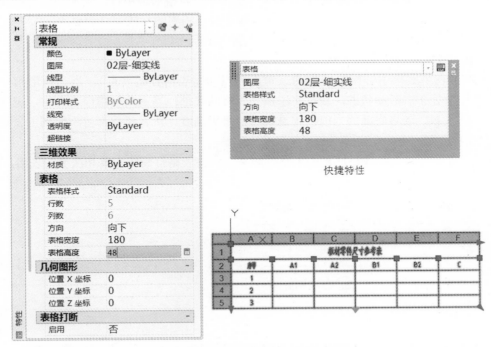

图 7-6 使用"特性"选项板修改表格

如果要通过使用夹点修改表格，则先单击表格上的任意网格线，使表格显示夹点，对相关夹点进行操作可以修改表格，示意例如图 7-7 所示，使用表格中各种夹点进行修改的操作如下。

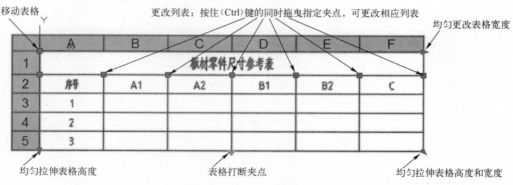

图 7-7  使用夹点修改表格

- 左上夹点：移动表格。
- 右上夹点：修改表宽并按比例修改所有列。
- 左下夹点：修改表高并按比例修改所有行。
- 右下夹点：修改表高和表宽并按比例修改行和列。
- 列夹点（在列标题行的顶部）：加宽或缩小相邻列而不改变表宽。
- 按〈Ctrl〉键操作列夹点：将列的宽度修改到夹点的左侧，并加宽或缩小表格以适应此修改。

值得注意的是，最小列宽是单个字符的宽度。空白表格的最小行高是文字的高度加上单元边距。在更改表格的高度或宽度时，只有与所选夹点相邻的行或列将会更改。

可以使用夹点将表格打断成多个部分，其方法如下。

1）单击网格线以选中该表格。

2）单击表格底部中心网格线处的三角形夹点（即表格打断夹点）。当三角形指向下方时，表格打断处于非活动状态，新行将添加到表格的底部；当三角形指向上方时，表格打断则处于活动状态。表格底部的当前位置是表格的最大高度，所有新行都将添加到主表格部分右侧的次表格部分。

如图 7-8 所示，使用表格底部的表格打断夹点，将表格打断成主要和次要的表格片断。

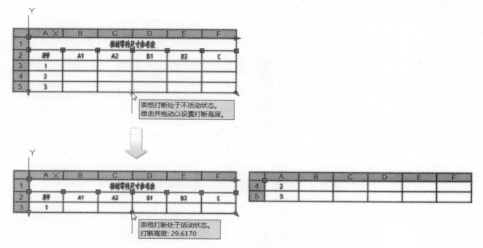

图 7-8  使用夹点将表格打断成两部分

下面介绍一下修改 AutoCAD 表格单元格（也称"单元"）的实用知识。

在表格单元内单击以选中它，此时单元边框的中央将显示夹点，如图 7-9 所示。拖曳单元上的夹点可以使单元及其列或行更宽或更小。

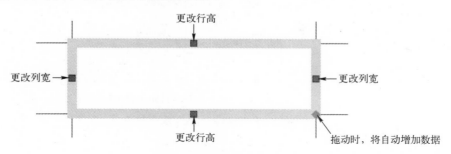

图 7-9　修改表格单元

在表格单元内单击，在功能区中会显示出图 7-10 所示的"表格单元"选项卡。利用该选项卡中的工具等，可以执行与表格单元相关的操作，例如，在选定单元上方插入行，在选定单元下方插入行，删除选定行，在选定单元左侧插入列，在选定单元右侧插入列，删除列，合并单元，取消合并单元，匹配单元，创建和编辑单元样式，插入块、字段和公式等。

图 7-10　功能区的"表格单元"选项卡

如果功能区未处于活动状态，在表格单元内单击，则打开图 7-11 所示的"表格"工具栏。使用该工具栏，可以进行这些操作：编辑行和列，合并和取消合并单元，改变单元边框的外观，编辑数据格式和对齐，锁定和解锁编辑单元，插入块、字段和公式，创建和编辑单元样式以及将表格链接至外部数据。

图 7-11　出现"表格"工具栏

在进行合并单元操作时，需要选择要合并的多个单元。如果要选择多个单元，可以在单击以选中第一个单元后，按住〈Shift〉键并在另一个单元内单击，则同时选中这两个单元格以及它们之间的所有单元格，如图 7-12 所示，然后单击"合并"按钮■即可。还可以按行合并或按列合并。

图 7-12 选择多个单元格

### 7.1.3 从链接的电子表格创建 AutoCAD 表格

AutoCAD 允许从链接的电子表格来创建 AutoCAD 表格。下面通过一个操作实例来说明这方面的内容。

首先，在 Microsoft Excel 软件中建立图 7-13 所示的电子表格数据，然后将其保存在磁盘中的指定位置处。在该操作实例中，从链接的电子表格创建 AutoCAD 表格的具体操作步骤如下。

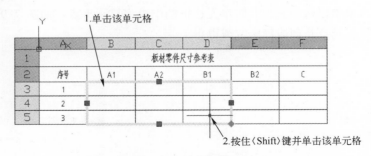

图 7-13 Microsoft Excel 电子表格

1）在菜单栏的"绘图"菜单中选择"表格"命令，或者在功能区"默认"选项卡的"注释"面板中单击"表格"按钮，打开"插入表格"对话框。

2）在"插入表格"对话框的"插入选项"选项组中选择"自数据链接"单选按钮，如图 7-14 所示。

3）在"插入表格"对话框的"插入选项"选项组中单击"启动'数据链接管理器'对话框"按钮，弹出图 7-15 所示的"选择数据链接"对话框。

4）在"选择数据链接"对话框的"链接"列表框中选择"创建新的 Excel 数据链接"，

打开图 7-16 所示的"输入数据链接名称"对话框。在"名称"文本框中输入"BC-ZP",单击"确定"按钮。

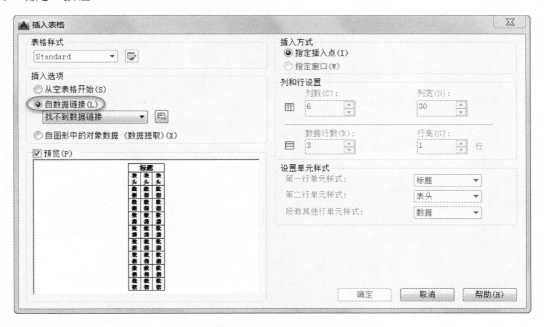

图 7-14 选择"自数据链接"单选按钮

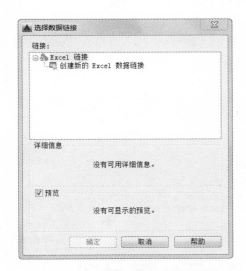

图 7-15 "选择数据链接"对话框

图 7-16 输入数据链接名称

5)系统弹出图 7-17 所示的"新建 Excel 数据链接:BC-ZP"对话框。单击"浏览文件"按钮 ,通过弹出的对话框选择到所需的 Excel 文件(如之前保存在磁盘中的"BC-ZP.XLS"文件)。"新建 Excel 数据链接"对话框将变为图 7-18 所示。此时在对话框中可以预览到表格效果。

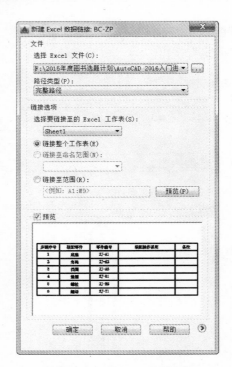

图 7-17 "新建 Excel 数据链接：BC-ZP"对话框　　　　图 7-18　新建 Excel 数据链接

6）单击"新建 Excel 数据链接：BC-ZP"对话框中的"确定"按钮，此时弹出"选择数据链接"对话框，如图 7-19 所示。

7）在"选择数据链接"对话框中单击"确定"按钮。此时，"插入表格"对话框中的预览效果如图 7-20 所示。

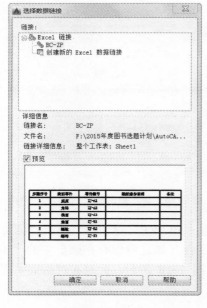

图 7-19　"选择数据链接"对话框　　　　　图 7-20　"插入表格"对话框

8）在"插入表格"对话框中单击"确定"按钮，然后在图形区域中指定插入点，例如指定插入点坐标为（100,100），创建的 AutoCAD 表格如图 7-21 所示。

| 步骤序号 | 装配零件 | 零件编号 | 装配操作说明 | 备注 |
|---|---|---|---|---|
| 1 | 底座 | ZJ-A1 | | |
| 2 | 角码 | ZJ-A2 | | |
| 3 | 挡圈 | ZJ-A3 | | |
| 4 | 垫圈 | ZJ-B1 | | |
| 5 | 螺栓 | ZJ-B2 | | |
| 6 | 螺母 | ZJ-Z1 | | |

图 7-21　创建的 AutoCAD 表格

# 7.2　表格样式

表格样式控制着表格的外观等属性。在绘制表格之前，应该准备好所需要的表格样式。用户可以使用系统默认的表格样式"Standard"来创建表格，也可以使用自定义的表格样式来创建表格。

在菜单栏中选择"格式"→"表格样式"命令，或者在功能区"默认"选项卡的"注释"面板中单击"表格样式"按钮，打开图 7-22 所示的"表格样式"对话框。通过"表格样式"对话框，可以设置当前的表格样式，以及创建、修改和删除表格样式。该对话框中各主要组成元素的功能含义如下。

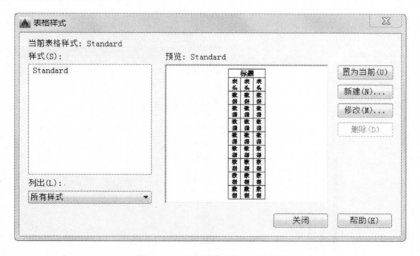

图 7-22　"表格样式"对话框

- "当前表格样式"行：显示应用于所创建表格的当前表格样式的名称。默认的当前表格样式为"Standard"。
- "样式"列表框：显示表格样式列表格，当前样式被亮显。
- "列出"下拉列表框：控制"样式"列表框的内容。当选择"所有样式"选项时，显示所有表格样式；当选择"正在使用的样式"时，仅显示被当前图形中的表格所引用的表格样式。

- "预览"框：显示"样式"列表框中选定样式的预览图像。
- "置为当前"按钮：将在"样式"列表框中选定的表格样式设置为当前样式。所有新表格都将使用此表格样式创建。
- "新建"按钮：将打开"创建新的表格样式"对话框，从中可以定义新的表格样式。
- "修改"按钮：用于修改指定的表格样式。
- "删除"按钮：用于删除在"样式"列表格中选定的表格样式，但是不能删除图形中正在使用的表格样式。

可以使用如下的典型方法来创建新的表格样式。

1）在菜单栏中选择"格式"→"表格样式"命令，或者在功能区"默认"选项卡的"注释"面板中单击"表格样式"按钮 ，打开"表格样式"对话框。

2）默认的当前表格样式为"Standard"。单击"表格样式"对话框中的"新建"按钮，打开"创建新的表格样式"对话框。

3）在"创建新的表格样式"对话框中，从"基础样式"下拉列表框中选择一种表格样式作为新表格样式的基础样式，并指定新样式名，如图7-23所示。

4）单击"创建新的表格样式"对话框中的"继续"按钮。

5）打开图7-24所示的"新建表格样式：BC-BGYS"对话框。利用该对话框，分别设置起始表格、表格方向、单元样式等。

图7-23 "创建新的表格样式"对话框

图7-24 "新建表格样式：BC-BGYS"对话框

- 设置起始表格：如果在"起始表格"选项组中单击"选择起始表格"按钮，则可以在图形中选择一个表格用作此表格样式的起始表格。也就是使用户可以在图形中指定一个表格用作样例来设置此表格样式的格式。选择表格后，可以指定要从该表格复制到表格样式的结构和内容。
- 设置常规的表格方向：在"常规"选项组中的"表格方向"下拉列表框中可以选择"向下"或"向上"选项来设置表格方向。选择"向下"选项时，将创建由上而下读取的表格；选择"向上"选项时，则将创建由下而上读取的表格。
- 设置单元样式：在"单元样式"选项组中，从单元样式下拉列表框中可以选择一种单元样式（如"数据""表头"或"标题"）。也可以单击"创建新单元样式"按钮，打开图 7-25 所示的"创建新单元样式"对话框，以开始创建一个所需的新单元样式。若单击对话框中的"管理单元样式"按钮，则打开图 7-26 所示的"管理单元样式"对话框，从中可以创建将包含在当前表格样式中的新单元样式，重命名选定的单元样式（但标题、表头和数据单元样式无法重命名），删除选定的自定义单元样式。

图 7-25 "创建新单元样式"对话框

图 7-26 "管理单元样式"对话框

在"单元样式"选项组的"常规"选项卡中，用户可以设置单元的背景填充颜色以及表格单元种文字的对正和对齐方式，为表格中的"数据""列标题"或"标题"行设置数据类型和格式，将单元样式类型指定为"标签"或"数据"，设置单元水平页边距和垂直页边距。

切换到"单元样式"选项组的"文字"选项卡，如图 7-27 所示，可以分别设置文字样式、文字高度、文字颜色和文字角度特性。

切换到"单元样式"选项组的"边框"选项卡，如图 7-28 所示，可以设置边框的线宽、线型、颜色和间距等特性。

6）在"新建表格样式"对话框中单击"确定"按钮，返回到"表格样式"对话框。在"样式"列表框中可以看到刚创建的表格样式名。如果要使某个表格样式设置为当前样式，那么可以在"样式"列表框中选择该表格样式，然后单击"置为当前"按钮。

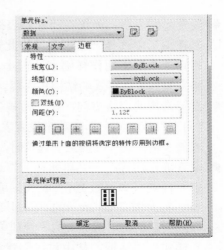

图 7-27 设置单元文字特性      图 7-28 设置单元边框特性

7）在"表格样式"对话框中单击"关闭"按钮。

# 7.3 使用表格及表格样式创建标题栏实例

在这里介绍一个典型实例：从应用角度全面地讲解使用表格及表格样式创建标题栏。该实例具体的步骤如下。

1）新建图形的命令行为由系统变量"STARTUP"决定，在这里将"STARTUP"的值设置为"1"，这样执行新建图形的命令时，系统将显示"创建新图形"对话框。

命令: STARTUP✓

输入 STARTUP 的新值 <当前值>: 1✓

在"快速访问"工具栏中单击"新建"按钮，打开"创建新图形"对话框，如图 7-29 所示，单击"使用样板"按钮，接着单击"浏览"按钮，浏览并打开位于随书光盘"CH7"文件夹中的"BC_制图样板.dwt"文件，从而新建一个图形文件。

2）在菜单栏中选择"格式"→"表格样式"命令，或者在功能区"默认"选项卡的"注释"面板中单击"表格样式"按钮，打开"表格样式"对话框。

3）在"表格样式"对话框中单击"新建"按钮，弹出"创建新的表格样式"对话框，输入新样式名为"BC-BG"，如图 7-30 所示，单击"继续"按钮。

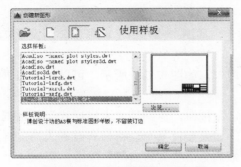

图 7-29 "创建新图形"对话框

图 7-30 "创建新的表格样式"对话框

4）在"新建表格样式:BC-BG"对话框中分别设置图 7-31 和图 7-32 所示的选项及参数。

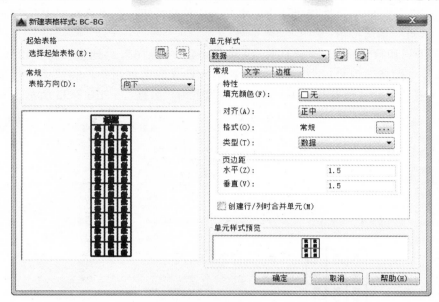

图 7-31 "新建表格样式"对话框

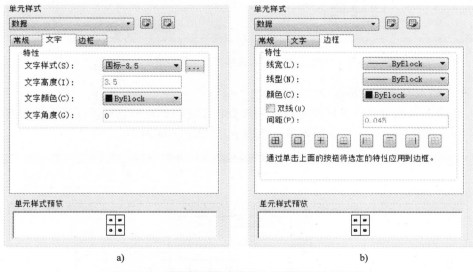

a)　　　　　　　　　　　　　　b)

图 7-32 设置单元样式中的文字特性和边框特性

a) 文字特性　b) 边框特性

5）单击"新建表格样式：BC-BG"对话框中的"确定"按钮。

6）确保将刚创建的表格样式设置为当前表格样式之后，单击"表格样式"对话框中的"关闭"按钮。

7）在菜单栏的"绘图"菜单中选择"表格"命令，或者在功能区"默认"选项卡的"注释"面板中单击"表格"按钮▦，系统弹出"插入表格"对话框。

8）在"插入表格"对话框的"表格样式"选项组中，默认的表格样式为"BC-BG"。在"插入选项"选项组中，选择"从空表格开始"单选按钮；在"插入方式"选项组中，选择"指定插入点"单选按钮。

接着在"列和行设置"选项组中，设置"列数"为"6"，"列宽"为"12"，"数据行数"为"3"，"行高"为"1"行；在"设置单元样式"选项组中，将"第一行单元样式""第二行单元样式"和"所有其他单元样式"均设置为"数据"，如图7-33所示。

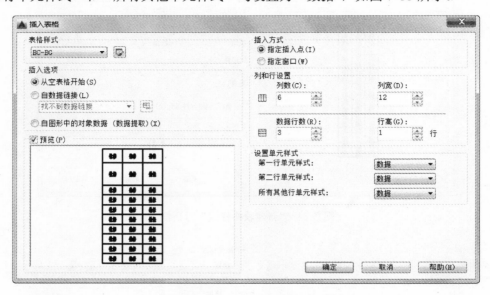

图7-33　"插入表格"对话框设置

9）在"插入表格"对话框中单击"确定"按钮。

10）在绘图区域中使用鼠标光标指定插入点。指定插入点位置后，在插入点位置处出现空表格，并在功能区出现"文字编辑器"选项卡，如图7-34所示。

图7-34　指定插入点后出现的空表格和面板（启用功能区时）

11）可以暂时不在表格中输入相关的文本，而是直接在功能区"文字编辑器"选项卡中单击"关闭文字编辑器"按钮。

12）在"快速访问"工具栏中单击"特性"按钮，或者从菜单栏的"修改"菜单中选择"特性"命令，打开"特性"选项板。在表格第一行中的第二列单元格中单击，然后在

"特性"选项板中将"单元宽度"设置为"28","单元高度"设置为"8",如图7-35所示。

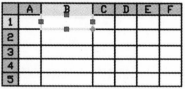

图7-35　设置指定单元的宽度和高度

13）使用同样的方法,通过"特性"选项板将其他行的"单元高度"均设置为"8",并将第3列的"单元宽度"设置为"25",第5列的"单元宽度"设置为"18",第6列的"单元宽度"设置为"35"。设置好表格的相关单元特性后,关闭"特性"选项板。绘制的表格如图7-36所示。

14）结合〈Shift〉键选择图7-37所示的6个单元格。

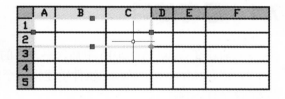

图7-36　绘制的表格　　　　　　　　　　　图7-37　选择6个单元格

15）在功能区出现的"表格单元"选项卡中单击"合并单元"按钮▦旁的箭头按钮,如图7-38所示,并接着选择"合并全部"命令。

图7-38　合并全部操作

16）使用同样的方法合并其他选定的单元格，完成单元格合并后的表格效果如图 7-39 所示。

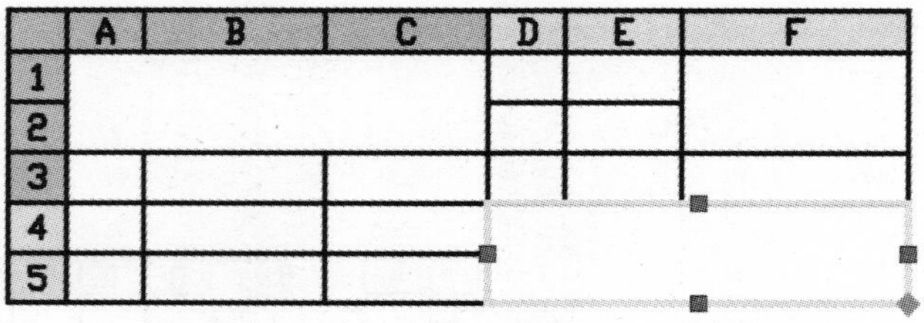

图 7-39　单元格合并的效果

17）在表格指定单元格中输入文本（填写简易标题栏）。在某个单元格中填写文字的方法是：双击需要输入文字的单元格，打开功能区“文字编辑器”选项卡，然后在单元格中输入所需的文字。可以通过“文字格式”工具栏或“文字编辑器”选项卡为输入文字设置文字格式、特性等，如修改文字高度。初步填写好的简易标题栏如图 7-40 所示，图中已经隐藏了线宽。

<table>
<tr><td colspan="3" rowspan="2"></td><td>比例</td><td></td><td rowspan="2"></td></tr>
<tr><td>数量</td><td></td></tr>
<tr><td>设计</td><td></td><td></td><td>材料</td><td></td><td>共　张　第　张</td></tr>
<tr><td>审核</td><td></td><td></td><td colspan="3" rowspan="2">博创设计坊（深圳）</td></tr>
<tr><td>批准</td><td></td><td></td></tr>
</table>

图 7-40　完成简易标题栏

## 7.4　思考练习

1）简述在 AutoCAD 2016 中插入空表格的典型步骤。

2）请在 Microsoft Excel 软件中建立一个简单的电子表格，然后从该链接的电子表格创建 AutoCAD 表格。

3）如何设置表格样式？

4）如何修改表格样式？

5）创建图 7-41 所示的表格。

<table>
<tr><td colspan="3" rowspan="2">图样名称：智能手机外壳A</td><td>比例</td><td>1:1</td><td rowspan="2">图号：BC-ZN-A01</td></tr>
<tr><td>数量</td><td>1</td></tr>
<tr><td>设计</td><td>钟日铭</td><td>2013/5/3</td><td>材料</td><td>ABS+PC</td><td>共 2 张　第 1 张</td></tr>
<tr><td>审核</td><td></td><td></td><td colspan="3" rowspan="2">博创设计坊（深圳）</td></tr>
<tr><td>批准</td><td></td><td></td></tr>
</table>

图 7-41　创建表格练习

# 第8章  绘制二维工程图与轴测图

**本章导读:**

本章重点介绍几个二维工程图与轴测图的绘制实例,目的是让读者通过实例操作来复习前面所学的知识,掌握二维绘图综合应用的方法及技巧。

## 8.1  平面图绘制实例

本节将详细介绍一个平面图的绘制实例。在绘制该实例时,涉及的内容主要包括创建新图形文件、设置所需要的图层、使用各种绘制和修改工具命令进行二维图形绘制、定制文字样式和标注样式、给图形标注尺寸等。该实例最后完成的平面图如图8-1所示。

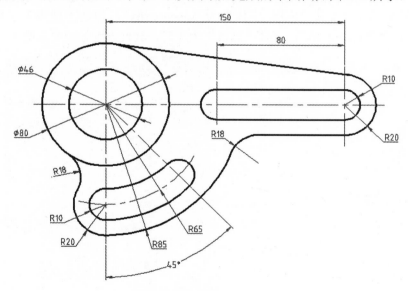

图 8-1  绘制的平面图

下面介绍本平面图的具体绘制过程。

1)新建一个图形文件。单击"快速访问"工具栏中的"新建"按钮📄,或者选择"文件"菜单中的"新建"命令,创建一个新图形文件,该图形文件以 AutoCAD 2016 自带的"Acadiso.dwt"为样板。本例使用"草图与注释"工作空间。

2)定制所需要的图层。图形中存在的图层还不能满足本例设计的需要,因此需要由用户定制所需要的图层。

在功能区"默认"选项卡的"图层"面板中单击"图层特性"按钮🗐,或者在"格式"菜单中选择"图层"命令,打开"图层特性管理器"对话框(或者称"图层特性管理器"选项板)。利用"图层特性管理器"分别创建"标注与注释"层、"粗实线"层和"中心线"层，各层的颜色、线型和线宽特性如图 8-2 所示。然后关闭"图层特性管理器"。

图 8-2　定制图层

3）设置文字样式。在"格式"菜单中选择"文字样式"命令，或者在功能区"默认"选项卡的"注释"溢出面板中单击"文字样式"按钮，打开"文字样式"对话框。利用"文字样式"对话框创建符合国家标准的文字样式，例如单击"新建"按钮来新建一个名为"BC-5"文字样式，设置其"SHX 字体"为"gbenor.shx"，勾选"使用大字体"复选框，"大字体"设置为"gbcbig.shx"，字体"高度"为"5"，其他设置如图 8-3 所示。

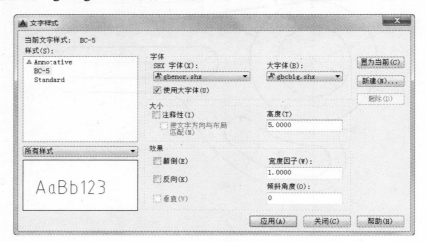

图 8-3　创建新文字样式

在"文字样式"对话框中单击"应用"按钮，然后单击"关闭"按钮。

4）定制符合机械制图国家标准的标注样式。在"格式"菜单中选择"标注样式"命令，或者在功能区"默认"选项卡的"注释"溢出面板中单击"标注样式"按钮，打开"标注样式管理器"对话框。利用该对话框创建一个符合机械制图国家标准的标注样式，该标注样式在本例中被命名为"BC-5"，该标注样式需要应用"BC-5"的文字样式，注意在"BC-5"标注样式下还创建了"半径"子样式、"角度"子样式和"直径"子样式，如图 8-4所示。

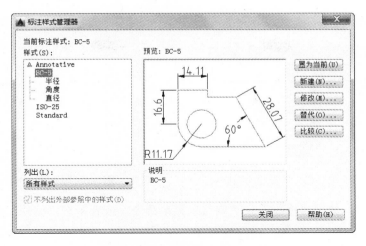

图 8-4 "标注样式管理器"对话框

具体定制过程不再赘述，读者可以参考在前面章节中介绍的方法。设置好标注样式后，单击"标注样式管理器"对话框中的"关闭"按钮。

5) 设置对象捕捉模式。在绘制该平面图时，需要采用某些对象捕捉模式。在状态栏中单击"对象捕捉"按钮旁的"三角箭头"按钮，如图 8-5 所示，接着从弹出的菜单中选择"对象捕捉设置"选项，打开"草图设置"对话框，从"对象捕捉"选项卡中设置对象捕捉模式选项，如图 8-6 所示。设置完成后，单击"确定"按钮。对于一些习惯使用 AutoCAD 旧版本的用户，可以通过在菜单栏中选择"工具"→"工具栏"→"AutoCAD"→"对象捕捉"命令来调出"对象捕捉"工具栏，以方便在绘图过程中及时使用相关的临时对象捕捉功能。在绘制图形时，可以根据实际情况启用对象捕捉模式和对象捕捉追踪模式。

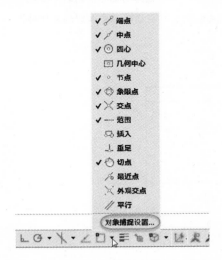

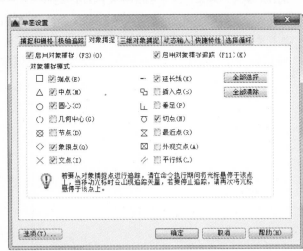

图 8-5 拟选择"对象捕捉设置"命令　　　　　图 8-6 设置对象捕捉模式

6) 绘制部分中心线。在"图层"面板的"图层控制"下拉列表框（也称"图层"下拉列表框，为了表述的简洁性，本书将其简称为图层列表）中选择"中心线"层，如图 8-7 所示。接着单击"直线"按钮，在绘图区域中绘制图 8-8 所示的两条正交的中心线，其中水平的中心线大约长 220。

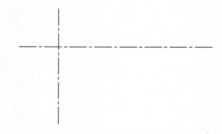

图 8-7 将"中心线"层设置为当前层　　　　图 8-8 绘制两条中心线

7）偏移操作。使用"修改"→"偏移"菜单命令，或者单击"偏移"按钮 📖，执行如下操作。

命令: _offset
当前设置: 删除源=否　图层=源　OFFSETGAPTYPE=0
指定偏移距离或 [通过(T)/删除(E)/图层(L)] <通过>: 150↙　　　　　　//指定偏移距离为 150
选择要偏移的对象，或 [退出(E)/放弃(U)] <退出>:　　　　　　　　//选择竖直的中心线
指定要偏移的那一侧上的点，或 [退出(E)/多个(M)/放弃(U)] <退出>:　//在竖直中心线右侧区域单击
选择要偏移的对象，或 [退出(E)/放弃(U)] <退出>:↙

命令: _offset　　　　　　　　　　　　　　　　　　　　　　　　//单击"偏移"按钮 📖
当前设置: 删除源=否　图层=源　OFFSETGAPTYPE=0
指定偏移距离或 [通过(T)/删除(E)/图层(L)] <150.0000>: 80↙　　　　//指定偏移距离为 80
选择要偏移的对象，或 [退出(E)/放弃(U)] <退出>:　　　　　　　　//选择刚偏移得到的中心线
指定要偏移的那一侧上的点，或 [退出(E)/多个(M)/放弃(U)] <退出>:　//在该偏移中心线的左侧单击
选择要偏移的对象，或 [退出(E)/放弃(U)] <退出>:↙
偏移操作的结果如图 8-9 所示（图中给出了偏移尺寸）。

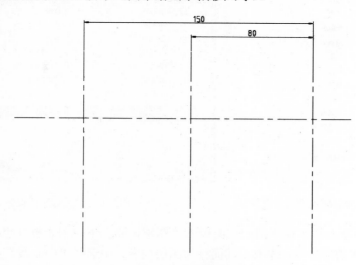

图 8-9 偏移结果

8）绘制与水平中心线成一定角度的中心线。

命令: LINE↙

指定第一点:　　　　　　　　　　　　　　//选择最左侧的垂直中心线与水平中心线的交点

指定下一点或 [放弃(U)]: @76.5<-45↙

指定下一点或 [放弃(U)]: ↙

绘制的该倾斜的中心线如图 8-10 所示。

9）绘制圆形的辅助中心线。

命令: CIRCLE↙

指定圆的圆心或 [三点(3P)/两点(2P)/切点、切点、半径(T)]: //选择倾斜中心线与水平中心线的交点

指定圆的半径或 [直径(D)]: 65↙

绘制的圆形辅助中心线如图 8-11 所示。

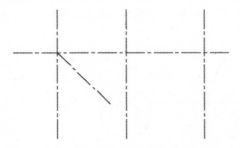

图 8-10　绘制倾斜的中心线

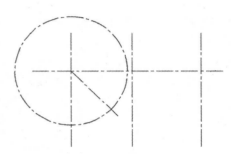

图 8-11　绘制圆形的辅助中心线

10）将"粗实线"层设置为当前图层。在"图层"面板的图层列表中选择"粗实线"层，从而将其设置为当前图层。

11）绘制部分圆。单击"圆：圆心，半径"按钮⊘来绘制图 8-12 所示的圆。具体的尺寸可以参考图 8-1。

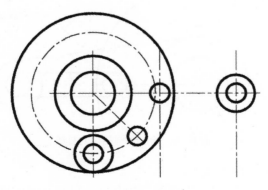

图 8-12　绘制圆

12）绘制圆弧。在"绘图"面板的圆弧下拉菜单中单击"圆心，起点，端点"按钮，在图形中依次指定圆心位置、圆弧起点和圆弧端点，从而绘制图 8-13 所示的一段圆弧。

使用同样的方法，通过依次指定圆心、圆弧起点和圆弧端点来绘制另外一段圆弧，如

图 8-14 所示。

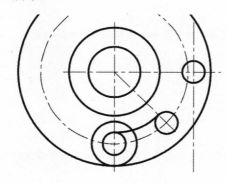
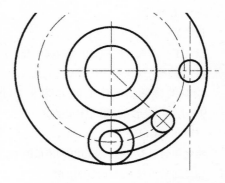

图 8-13　绘制一段圆弧　　　　　　图 8-14　绘制另一段圆弧

13）绘制两段直的线段。单击"直线"按钮 ，分别绘制图 8-15 所示的直线 1 和直线 2。

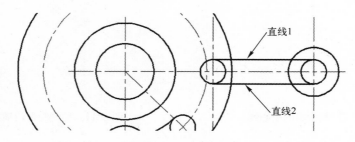

图 8-15　绘制直线

14）绘制相切直线。单击"直线"按钮 ，并结合对象捕捉功能绘制图 8-16 所示的与两个圆均相切的直线。

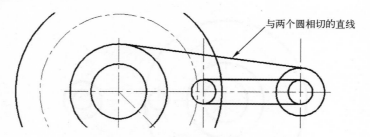

图 8-16　绘制与圆相切的直线

该相切直线的绘制方法简述如下。

单击"直线"按钮 ，接着在图形窗口中按住〈Shift〉键的同时单击鼠标右键，并从弹出的快捷菜单中选择"切点"命令（如果调出"对象捕捉"工具栏，那么也可以在该工具栏中单击"捕捉到切点"按钮 ），在图 8-17 所示的区域捕捉递延切点并单击，此时 AutoCAD 提示指定下一点。再次在图形窗口中按住〈Shift〉键的同时单击鼠标右键，并从弹出的快捷菜单中选择"切点"命令，将鼠标光标移至图 8-18 所示的位置处捕捉递延切点并单击，从而绘制该相切直线，按〈Enter〉键结束直线绘制命令。

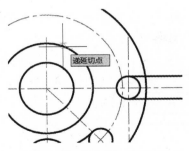

图 8-17　指定第一个切点

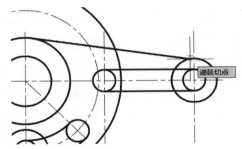

图 8-18　指定第二个切点

15）继续绘制一条直线。单击"直线"按钮 ✏，并确保启用正交模式、对象捕捉模式和对象捕捉追踪模式，绘制图 8-19 所示的直线。

16）修剪图形。执行"修改"→"修剪"菜单命令，或者单击"修剪"按钮 ✂，将图形修剪成图 8-20 所示效果。

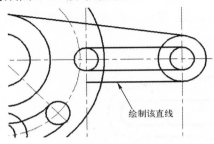

图 8-19　绘制直线

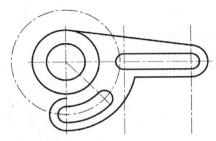

图 8-20　修剪结果

17）圆角。单击"圆角"按钮 ◤，进行如下操作。

命令: _fillet

当前设置: 模式 = 修剪，半径 = 0.0000

选择第一个对象或 [放弃(U)/多段线(P)/半径(R)/修剪(T)/多个(M)]: R↙

指定圆角半径 <0.0000>: 18↙

选择第一个对象或 [放弃(U)/多段线(P)/半径(R)/修剪(T)/多个(M)]: T↙

输入修剪模式选项 [修剪(T)/不修剪(N)] <修剪>: T↙

选择第一个对象或 [放弃(U)/多段线(P)/半径(R)/修剪(T)/多个(M)]: 　　//选择图 8-21a 所示的对象

选择第二个对象，或按住〈Shift〉键选择对象以应用角点或 [半径(R)]: //选择图 8-21b 所示的对象

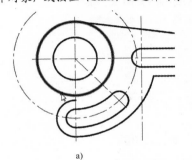

a)　　　　　　　　　　　　　　b)

图 8-21　选择要倒圆角的对象

a) 选择第一个对象　b) 选择第二个对象

使用同样的方式，在另外两个图元对象间创建半径为 18 的圆角 2。完成该两处圆角后的图形如图 8-22 所示。

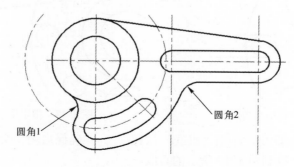

图 8-22　创建圆角

18）将中心线多余的部分打断掉。单击"在两点之间打断选定的对象"按钮🔲，将中心线多余的部分打断掉，最后得到的图形效果如图 8-23 所示。在执行打断操作之前，可以临时关闭对象捕捉功能。

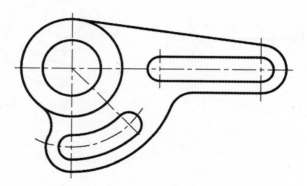

图 8-23　打断中心线的结果

19）标注尺寸。先在"图层"面板的图层列表中选择"标注与注释"层，如图 8-24 所示，接着在"注释"面板中指定所需的文字样式和标注样式。

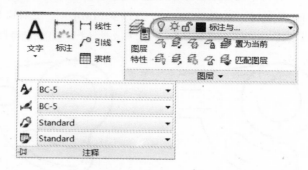

图 8-24　指定用于标注的图层

在功能区"默认"选项卡的"注释"面板中选择相关工具命令来对图形进行标注。尺寸标注的结果如图 8-25 所示。

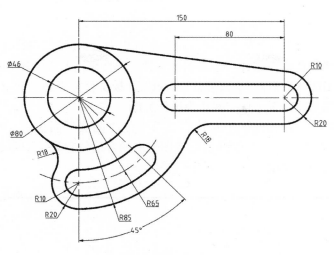

图 8-25　标注结果

20）保存文件。单击"保存"按钮，弹出"图形另存为"对话框，将图形保存为"BD-平面图2016.dwg"。

# 8.2　典型零件图绘制实例 1

本操作实例要完成的典型零件图如图 8-26 所示。该实例使用的样板已经定义好了图层、标注样式、文字样式、多重引线样式等，用户在设计中使用该样板时只需调用而不必重新定制。

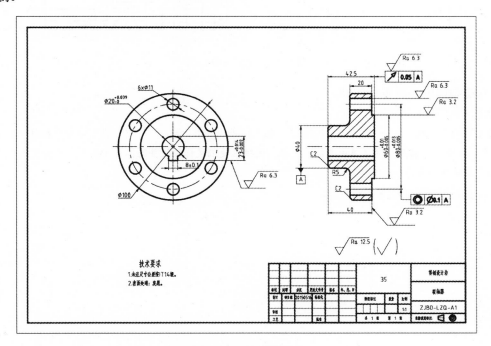

图 8-26　典型零件图

该典型零件图的绘制步骤如下。

1) 新建一个图形文件。单击"快速访问"工具栏中的"新建"按钮 🗋 ，或者使用"文件"菜单中的"新建"命令，创建一个新图形文件，该图形文件以"BD-A3 横向-不留装订边.dwt"为样板，"BD-A3 横向-不留装订边.dwt"样板文件位于随书光盘的"CH8"文件夹中。本例采用"草图与注释"工作空间作为操作界面。

2) 绘制主中心线。在功能区"默认"选项卡的"图层"面板中，从图层列表中选择"中心线"层，接着单击"直线"按钮 ✏️ ，在图框内的合适位置处绘制图 8-27 所示的主中心线。在绘制过程中启用正交模式。

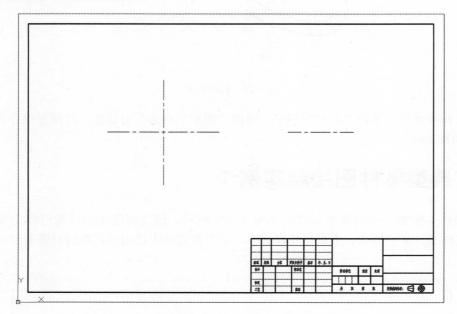

图 8-27　绘制主中心线

3) 绘制以中心线表示的圆。

命令: CIRCLE↙

指定圆的圆心或 [三点(3P)/两点(2P)/切点、切点、半径(T)]: _int 于　　　//在图形窗口中按住〈Shift〉键并单击鼠标右键，接着从快捷菜单中选择"交点"选项，使用鼠标捕捉并选择左侧两中心线的交点

指定圆的半径或 [直径(D)]: 40↙

绘制的辅助圆如图 8-28 所示。

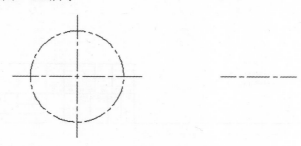

图 8-28　绘制辅助圆

4）将"粗实线"层设置为当前图层。在"图层"面板的图层列表中选择"粗实线"层，从而将其设置为当前图层。

5）在主视图（左边的视图）中绘制若干个圆。单击"圆：圆心，半径"按钮⊙来绘制图 8-29 所示的 4 个圆，这 4 个圆的半径从大到小分别为 50、30、10 和 5.5。

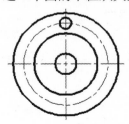

图 8-29　绘制 4 个圆

6）阵列出均布的圆。在"修改"面板中单击"环形阵列"按钮，根据命令行提示进行如下操作。

命令: _arraypolar

选择对象: 找到 1 个　　　　　　　　　　　　//选择图 8-30a 所示的小圆

选择对象: ↙　　　　　　　　　　　　　　//按〈Enter〉键确认

类型 = 极轴　关联 = 否

指定阵列的中心点或 [基点(B)/旋转轴(A)]: _int 于　//选择图 8-30b 所示的两正交中心线的交点

选择夹点以编辑阵列或 [关联(AS)/基点(B)/项目(I)/项目间角度(A)/填充角度(F)/行(ROW)/层(L)/旋转项目(ROT)/退出(X)] <退出>: I↙　　　　//选择"项目（I）"选项

输入阵列中的项目数或 [表达式(E)] <6>: 6↙　　//输入项目数为 6

选择夹点以编辑阵列或 [关联(AS)/基点(B)/项目(I)/项目间角度(A)/填充角度(F)/行(ROW)/层(L)/旋转项目(ROT)/退出(X)] <退出>: F↙　　　　//选择"填充角度（F）"选项

指定填充角度(+=逆时针、-=顺时针)或 [表达式(EX)] <360>: 360↙　　//输入填充角度为 360°

选择夹点以编辑阵列或 [关联(AS)/基点(B)/项目(I)/项目间角度(A)/填充角度(F)/行(ROW)/层(L)/旋转项目(ROT)/退出(X)] <退出>: AS↙　　　//选择"关联（AS）"选项

创建关联阵列 [是(Y)/否(N)] <否>: Y↙　　//选择"是（Y）"选项

选择夹点以编辑阵列或 [关联(AS)/基点(B)/项目(I)/项目间角度(A)/填充角度(F)/行(ROW)/层(L)/旋转项目(ROT)/退出(X)] <退出>: ↙　　　//按〈Enter〉键接受并退出环形阵列操作

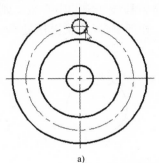
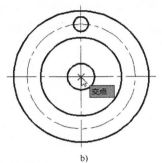

a)　　　　　　　　　　　　　　　b)

图 8-30　环形阵列操作的部分图解

a) 选择要环形阵列的小圆　b) 指定阵列的中心点

完成上述环形阵列操作得到的图形结果如图 8-31 所示。

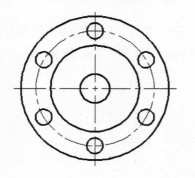

图 8-31　阵列结果

7）创建 3 条偏移线。单击"修改"面板中的"偏移"按钮，创建图 8-32 所示的辅助中心线。

8）绘制以粗实线显示的轮廓线。单击"直线"按钮，借助上步骤创建的辅助中心线，以连接交点的方式绘制粗实线，如图 8-33 所示。

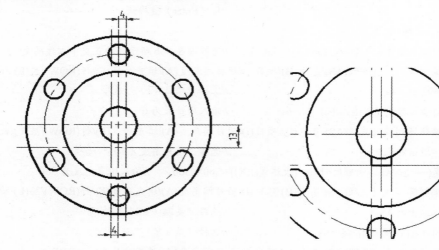

图 8-32　创建 3 条偏移线　　　　　图 8-33　绘制粗实线

绘制好这 3 段粗实线后，将步骤 7）创建的 3 条偏移线（辅助中心线）删除。

9）修剪图形。在"修改"面板中单击"修剪"按钮，将轴键槽处不需要的线段修剪掉，如图 8-34 所示。

图 8-34　修剪操作

10）绘制构造线以辅助设计。在"图层"面板的图层列表中选择"构造线"层，该图层将用来专门放置构造线。

使用"绘图"面板中的"构造线"按钮 ✐，绘制图 8-35 所示的 7 条水平构造线。具体操作方法如下。

单击"绘图"面板中的"构造线"按钮 ✐ 后，根据命令行提示进行如下操作。

命令:_xline

指定点或 [水平(H)/垂直(V)/角度(A)/二等分(B)/偏移(O)]: H↙

指定通过点: 　　　　　//选择图 8-35 所示的点 1

指定通过点: 　　　　　//选择图 8-35 所示的点 2

指定通过点: 　　　　　//选择图 8-35 所示的点 3

指定通过点: 　　　　　//选择图 8-35 所示的点 4

指定通过点: 　　　　　//选择图 8-35 所示的点 5

指定通过点: 　　　　　//选择图 8-35 所示的点 6

指定通过点: 　　　　　//选择图 8-35 所示的点 7

指定通过点: ↙ 　　　　//按〈Enter〉键

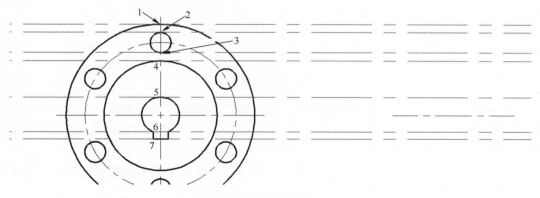

图 8-35　绘制水平构造线

11）绘制垂直构造线。单击"绘图"面板中的"构造线"按钮 ✐，绘制图 8-36 所示的竖直（垂直）构造线。

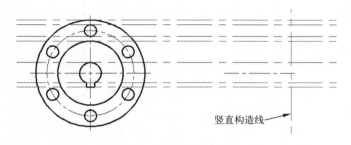

图 8-36　绘制垂直构造线

12）偏移操作。在"修改"面板中单击"偏移"按钮 ✐，由垂直构造线创建图 8-37 所示的偏移线，这些偏移线都位于原垂直构造线的左侧，它们将作为绘图的辅助线。

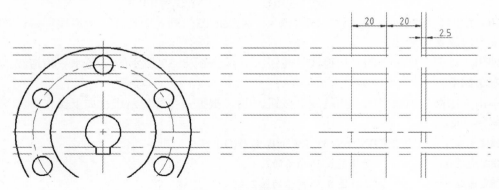

图 8-37　创建偏移线

13）继续执行偏移操作。单击"偏移"按钮 👝，创建图 8-38 所示的偏移中心线。

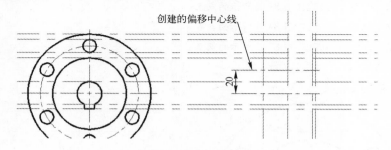

创建的偏移中心线

图 8-38　创建偏移中心线

14）在另一个视图中绘制部分轮廓线。从"图层"面板的图层列表中选择"粗实线"层，将"粗实线"层设置为当前层。单击"直线"按钮 ✏️，并结合对象捕捉和对象捕捉追踪等功能绘制图 8-39 所示的粗实线。

15）镜像操作。在"修改"面板中单击"镜像"按钮 ⚖️，在右侧的视图中进行镜像操作，得到图 8-40 所示的轮廓线。

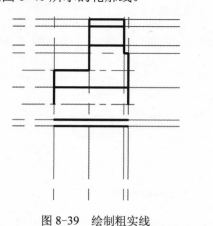

图 8-39　绘制粗实线

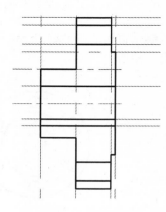

图 8-40　镜像结果

16）删除不再需要的中心线和关闭"构造线"层，也就是将右侧视图中不再需要的一条偏移中心线删除掉，并在"图层"面板的图层列表中单击"构造线"层的"开/关图层"按钮，以关闭该层，此时如图 8-41 所示。

图 8-41 关闭"构造线"层

关闭"构造线"层后，视图如图 8-42 所示。

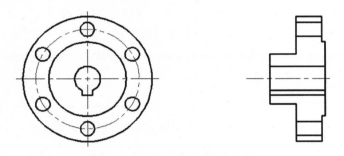

图 8-42 关闭"构造线"层后的视图

17）圆角。单击"圆角"按钮，在图形中创建图 8-43 所示的两处圆角，圆角半径为 5。

18）倒角。单击"倒角"按钮，在图形中创建图 8-44 所示的 4 处倒角，这些倒角的尺寸均为 C2（2×45°）。

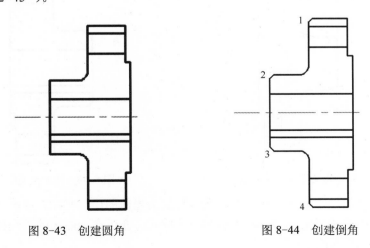

图 8-43 创建圆角 　　　　图 8-44 创建倒角

19）绘制两条中心线表示轴线。从"图层"面板的图层列表中选择"中心线"层。接着单击"直线"按钮 ╱，使用对象捕捉追踪功能在右侧的视图中辅助绘制两条中心线，如图 8-45 所示。这两条中心线通过相应的孔轴。

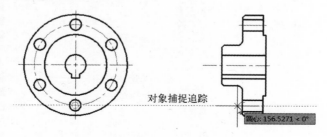

对象捕捉追踪

圆心: 156.5271 < 0°

图 8-45　在右侧的视图中绘制中心线

20）绘制剖面线。在"图层"面板的图层列表中选择"标注及剖面线"层。接着单击"填充图案"按钮，在功能区中出现"图案填充创建"上下文选项卡。在"图案"面板上选择"ANSI31"图案，在"特性"面板中将"角度"设置为"0"，将"比例"设置为"1.5"，在"选项"面板中单击"关联"按钮以选中它，如图 8-46 所示。

图 8-46　功能区的"图案填充创建"上下文选项卡

在"边界"面板中单击"拾取点"按钮。在图 8-47 所示的区域 1、区域 2、区域 3 和区域 4 内分别单击。在"图案填充创建"上下文选项卡中单击"关闭图案填充创建"按钮，完成的剖面线如图 8-48 所示。

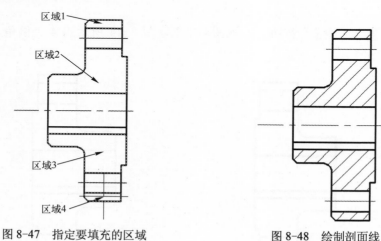

区域1

区域2

区域3

区域4

图 8-47　指定要填充的区域　　　　图 8-48　绘制剖面线

21）标注基本尺寸。确保"标注及剖面线"层为当前图层；并在功能区"默认"选项卡的"注释"溢出面板中指定图 8-49 所示的相关样式。亦可在功能区的"注释"选项卡中设置文字样式和其他相关的标注样式。

图 8-49　指定相关样式

在功能区切换至"注释"选项卡，分别执行"标注"面板中的相关工具命令来对图形进行基本尺寸的标注。初次标注的尺寸如图 8-50 所示。

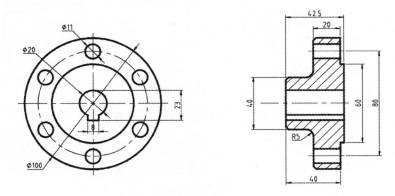

图 8-50　标注基本尺寸

22）编辑相关尺寸的标注文本。在命令窗口的"输入命令"提示下输入"TEXTEDIT"命令或"ED"命令，按〈Enter〉键，接着选择要编辑的标注注释，然后利用出现的"文字编辑器"对尺寸文本进行编辑。例如执行"ED"命令后，选择尺寸值为 80 的尺寸，接着在文本框中确保将输入光标移至标注文本的前面，输入"%%C"，如图 8-51 所示（输入的"%%C"字符自动转换为直径符号），然后单击"关闭文字编辑器"按钮✕，则在该尺寸值前添加了直径符号。

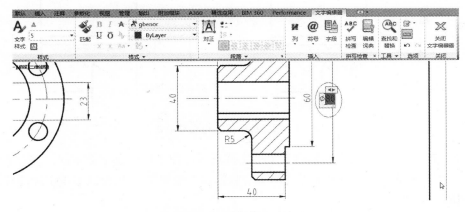

图 8-51　编辑标注本文

使用上述方法，在相关的尺寸值前添加前缀，如图 8-52 所示。另外，在标注重复要素的尺寸时应注意要添加"n（数量）×"作为前缀，如 6 个 $\phi$11 的孔，应将标注编辑为"6× $\phi$11"。

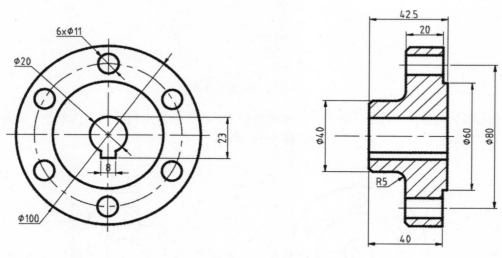

图 8-52　为相关的尺寸添加前缀

23）创建倒角尺寸。创建倒角尺寸的方法比较灵活，既可以使用直线和文字工具来配合完成，也可以使用多重引线的方法来创建，还可以有其他的方法。以使用多重引线的方法创建其中一个倒角尺寸为例，可以按照如下的步骤进行。

确保将预定义好的"倒角标注"多重引线样式设置为当前多重引线样式（用户也可以自行设置适合倒角标注的多重引线样式），并按〈F8〉键来关闭正交模式，接着从功能区"注释"选项卡的"引线"面板中单击"多重引线"按钮 ，接着分别指定引线的起点（即指定引线箭头的位置）和第 2 点（即指定引线基线的位置），如图 8-53 所示，注意指定第 2 点时使用对象捕捉追踪功能。

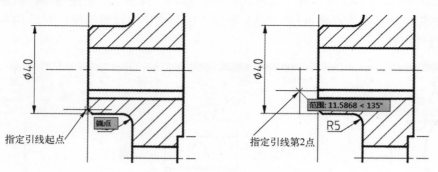

图 8-53　指定指引线的起点和第 2 点

此时，功能区出现"文字编辑器"上下文选项卡，图形窗口显示文本框，在文本框中输入"C2"，如图 8-54 所示。单击"关闭文字编辑器"按钮 ，从而以多重引线注释的方式完成一处倒角尺寸的标注。

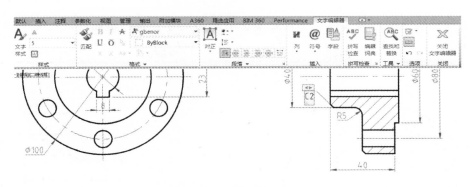

图 8-54 输入倒角尺寸

使用同样的方法再标注一处倒角尺寸。注写好的倒角尺寸如图 8-55 所示。

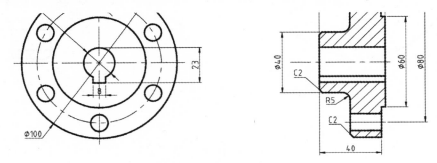

图 8-55 注写倒角尺寸

24）添加尺寸公差。使用"特性"选项板可以给选定的尺寸添加公差。在这里，以其中一个尺寸为例进行介绍。

在"快速访问"工具栏中单击"特性"按钮圖，或者按〈Ctrl+1〉快捷键打开"特性"选项板。选择图 8-56 所示的尺寸，接着在"特性"选项板的"公差"区域分别设置相关的公差选项及参数。

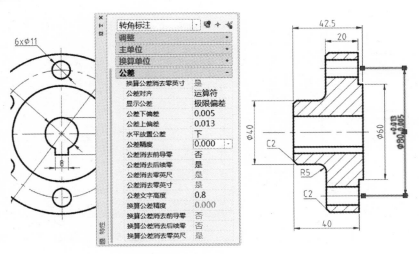

图 8-56 为选定的尺寸设置尺寸公差

使用同样的方法再为其他几个尺寸添加所需的尺寸公差，添加好尺寸公差的视图如图 8-57 所示。

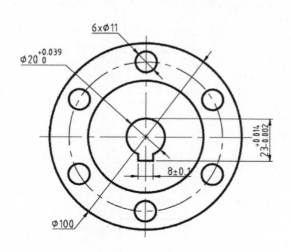 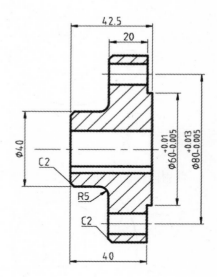

图 8-57 添加尺寸公差

25）在视图中注写基准标识。

在功能区"注释"选项卡的"引线"面板中，从"多重引线样式"下拉列表框中选择"基准标注"样式。"基准标注"样式为样板文件中已经定义好的一种多重引线样式。在注写基准标识之前，可根据需要按〈F8〉键启用正交模式以便于基准引线的方向确定。

在功能区"注释"选项卡的"引线"面板中单击"多重引线"按钮 🖉，命令窗口出现"指定引线箭头的位置或 [引线基线优先(L)/内容优先(C)/选项(O)] <选项>:"的提示信息。在图 8-58 所示的标注中指定一点作为引线箭头的位置，接着在该标注正下方的适当位置单击以指定引线基线的位置，系统弹出"编辑属性"对话框，如图 8-59 所示，输入标记编号为"A"。

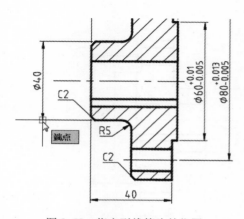 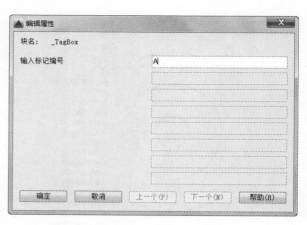

图 8-58 指定引线箭头的位置　　　　　图 8-59 "编辑属性"对话框

在"编辑属性"对话框中单击"确定"按钮，注写的基准标识如图 8-60 所示。此时可以使用直线工具为放置该基准三角形的尺寸线稍微添加一小段水平延长线以示美观。另外，如果想让带字母的基准不具有折弯的引线，那么可以单击"分解"按钮 ，选择该基准对象，按〈Enter〉键。分解基准对象后，删除不需要的线段，并进行相关的细节编辑，以获得图 8-61 所示的基准标注效果。

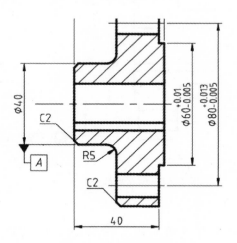
图 8-60　注写的基准标识

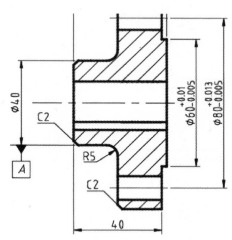
图 8-61　编辑好的基准标注

26）注写形位公差。

在命令窗口的命令行中输入"LEADER"命令按〈Enter〉键，接着指定引线起点和引线的下一点，再连续按〈Enter〉键直到显示"输入注释选项 [公差(T)/副本(C)/块(B)/无(N)/多行文字(M)] <多行文字>:"，然后输入"T"按〈Enter〉键（即选择"公差"选项）。系统弹出"形位公差"对话框，从中指定形位公差符号、公差 1 内容及基准 1 内容等，如图 8-62 所示。

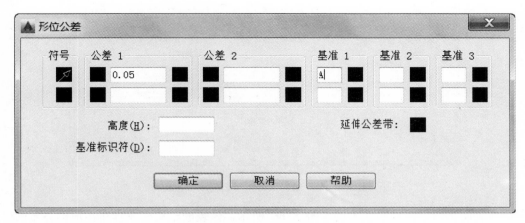
图 8-62　定义形位公差

在"形位公差"对话框中单击"确定"按钮。创建的形位公差如图 8-63 所示。

使用同样的方法，再创建一个形位公差标注，如图 8-64 所示，注意该公差框格的放置除了需要指定引线起点之外，还需要依次指定两个"引线的下一点"以获得具有弯角的引线。

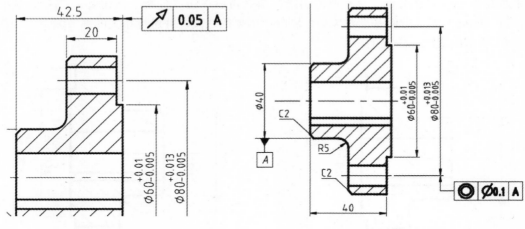

图 8-63　创建形位公差 1　　　　　图 8-64　创建形位公差 2

27）标注表面结构要求（主要是表面粗糙度）。

在功能区"默认"选项卡的"块"面板中单击"插入块"按钮，接着选择"更多选项"命令，系统弹出"插入"对话框，从"名称"下拉列表框中选择所需要的一种粗糙度符号块（所选样板文件已经预定义好的属性块），本例选择"表面结构要求-去除材料-B"，并根据需要设置相应的选项、参数，如图 8-65 所示，单击"确定"按钮。

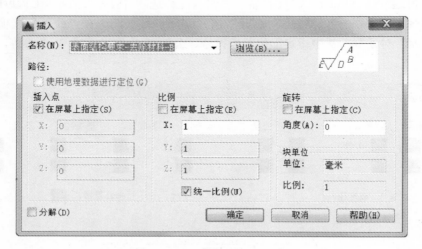

图 8-65　"插入"对话框

指定表面粗糙度符号的插入点如图 8-66 所示，该表面结构要求标注在形位公差框格的上方，接着在弹出的"编辑属性"对话框中填写单一的表面结构要求为"Ra 6.3"（注意 Ra 与 6.3 之间隔有一个空格键），如图 8-67 所示，然后单击"确定"按钮。标注的第一个表面粗糙度如图 8-68 所示。

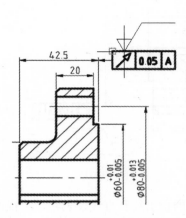

图 8-66　指定表面结构要求的插入点　　　　　　图 8-67　输入注写的表面结构要求

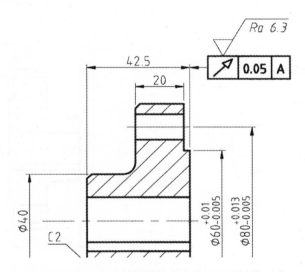

图 8-68　在形位公差框格的上方注写表面结构要求

　　表面结构要求可以直接标注在延长线上，也可以用带箭头的指引线引出标注。下面介绍如何创建带箭头的指引线。

| | |
|---|---|
| 命令: LEADER | //输入 "LEADER" 并按〈Enter〉键 |
| 指定引线起点: | //在尺寸界线上选定一点 A，如图 8-69 所示 |
| 指定下一点: ＜正交 关＞ | //关闭正交模式，并指定图 8-69 所示的 B 点 |
| 指定下一点或 [注释(A)/格式(F)/放弃(U)] ＜注释＞: ＜正交 开＞ | |
| | //启用正交模式，指定图 8-69 所示的 C 点 |
| 指定下一点或 [注释(A)/格式(F)/放弃(U)] ＜注释＞: ✓ | //按〈Enter〉键 |
| 输入注释文字的第一行或 ＜选项＞:✓ | //按〈Enter〉键 |
| 输入注释选项 [公差(T)/副本(C)/块(B)/无(N)/多行文字(M)] ＜多行文字＞: N | //选择 "无（N）" 选项 |

　　接着在该指引线上注写表面结构要求，结果如图 8-70 所示。

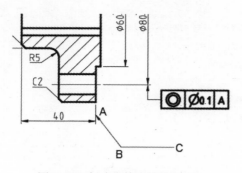

图 8-69 创建带箭头的指引线

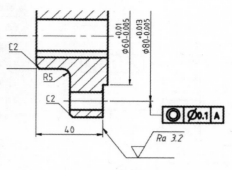

图 8-70 完成用带箭头的指引线引出此标注

使用相同的方法继续注写表面结构要求，注意添加相关的指引线和直线延长线。在视图中完成表面结构要求注写的效果如图 8-71 所示。

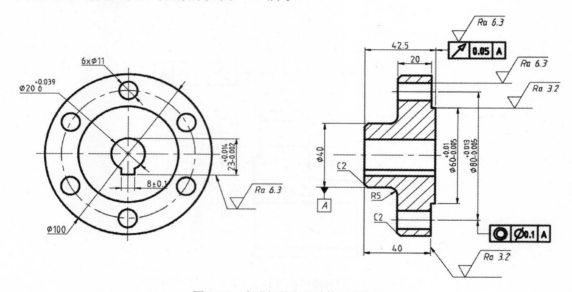

图 8-71 完成相关表面结构要求注写

如果在工件的多数表面有相同的表面结构要求，则其表面结构要求可统一标注在图样的标题栏附近，此时表面结构要求的符号应在后面的圆括号内给出无任何其他标注的基本符号，或在圆括号内给出不同的表面结构要求。在本例中，在标题栏上方注写图 8-72 所示的表面结构要求内容，可以使用本案例所用样板预定义好的"有相同表面结构要求的简化注法-B"块来插入。当然，也可以使用相关的工具命令按照要求来绘制该表面结构要求的图形并添加文字符号。

28）添加技术要求注释。在功能区"注释"选项卡的"文字"面板中单击"多行文字"按钮**A**，在图框中主视图的下方区域添加图 8-73 所示的技术要求注释。

29）填写标题栏。双击标题栏，弹出"增强属性编辑器"对话框，从中可以为相关的标记指定属性值，如图 8-74 所示，从而能够快速地填写标题栏。必要时，可以重新为选定属性标记指定文字选项。

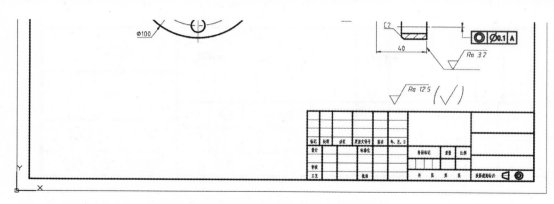

图 8-72  在标题栏附近注写其余表面结构要求

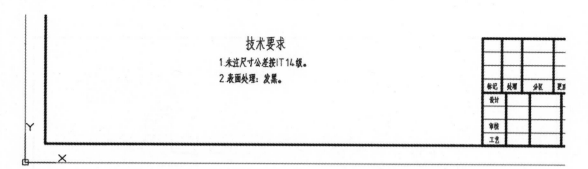

图 8-73  添加技术要求注释

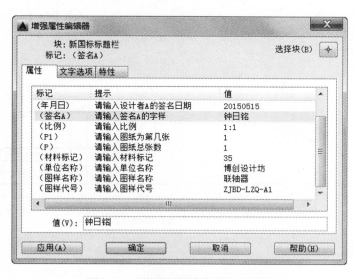

图 8-74  "增强属性编辑器"对话框

在"增强属性编辑器"对话框中单击"确定"按钮，填写好的标题栏如图 8-75 所示。

30）检查图形和尺寸。基本完成的零件图如图 8-76 所示。

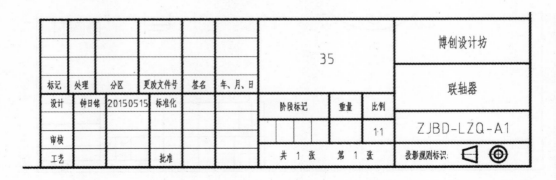

图 8-75　填写标题栏

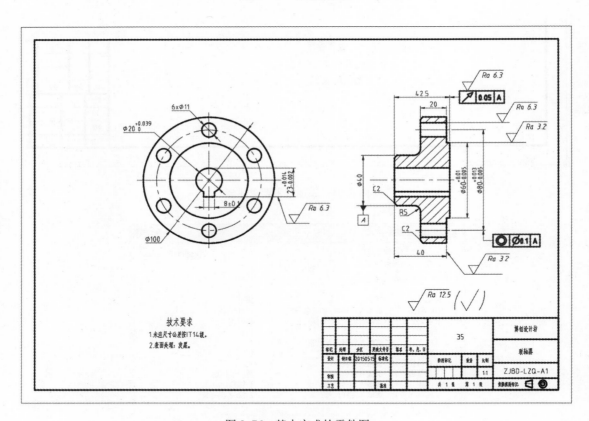

图 8-76　基本完成的零件图

31）保存文件。

## 8.3　典型零件图绘制实例 2

本实例完成的螺套零件图如图 8-77 所示。

下面介绍该螺套零件图的具体绘制方法及步骤。

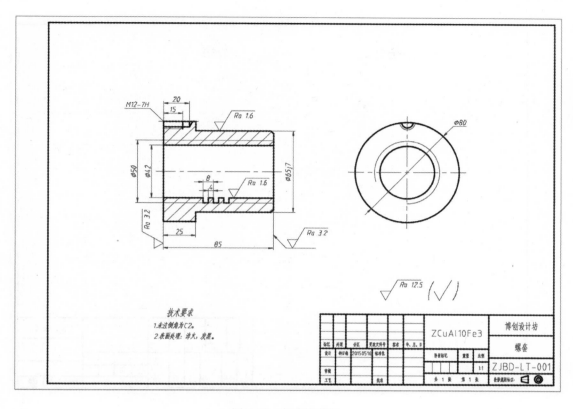

图 8-77 螺套零件图

1）使用样板建立图形文件。单击"新建"按钮，选择位于随书光盘"图形样板"文件夹中的"BD-A3 横向-留装订边"文件作为图形样板，单击"打开"按钮。

2）将其另存为"BD_螺套.dwg"。另外，本例采用"草图与注释"工作空间的操作界面进行设计工作。

3）设置当前图层。从功能区"默认"选项卡的"图层"面板中选择"图层"下拉列表框中的"中心线"层，并在状态栏中设置启用"正交"模式。

4）绘制中心线。单击"直线"按钮，在图框内绘制图 8-78 所示的中心线。

5）将"粗实线"层设置为当前图层。在功能区"默认"选项卡的"图层"面板中，从"图层"下拉列表框中选择"粗实线"层。

6）绘制圆。单击"圆心，半径"按钮，绘制图 8-79 所示的 3 个同心圆，这 3 个圆的直径从外到内分别为 80、50 和 42。

7）打断对象。在功能区的"默认"选项卡中单击"修改"→"打断（在两点之间打断选定的对象）"按钮，选择图 8-80 所示的第 1 点，接着选择图 8-81 所示的第 2 点，则从第 1 点逆时针到第 2 点之间的圆弧被打断掉。

8）更改指定圆弧的所在图层。选中执行打断操作后剩下的那一部分圆弧，从"图层"面板的"图层"下拉列表框中选择"细实线"层。按〈Esc〉键，此时图形如图 8-82 所示。

9）进行偏移操作。单击"偏移"按钮，分别创建图 8-83 所示的辅助中心线，图中给出了相关的偏移距离。

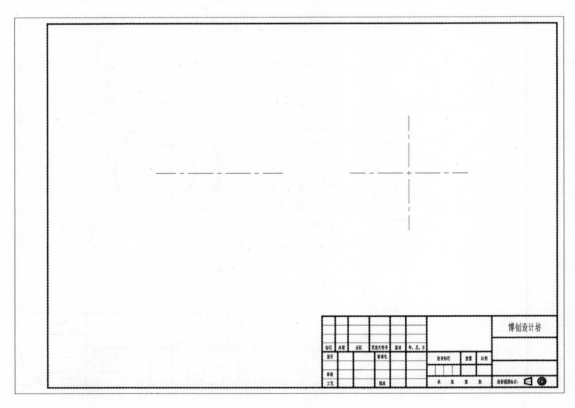

图 8-78 绘制中心线

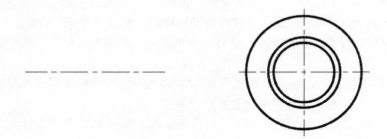

图 8-79 绘制 3 个同心圆

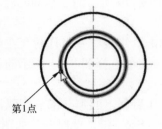

图 8-80 选择第 1 点

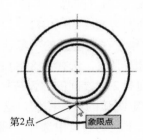

图 8-81 选择第 2 点

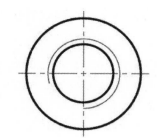

图 8-82 打断后改变层属性

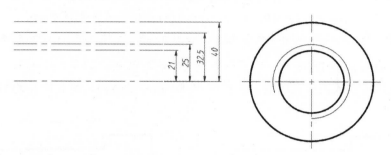

图 8-83 偏移结果

10）绘制轮廓线。单击"直线"按钮 ✏️，绘制图 8-84 所示的一条竖直粗实线。

11）创建偏移线。单击"偏移"按钮 ⬚，创建图 8-85 所示的两条偏移线，图中给出了相应的偏移距离。

图 8-84 绘制竖直粗实线　　　　　图 8-85 偏移结果

12）绘制轮廓线。单击"直线"按钮 ✏️，绘制所需要的轮廓线，如图 8-86 所示。

13）编辑图形。分别单击"修剪"按钮 ✂️ 和"删除"按钮 🖊️，修剪图形并删除多余的线段，使图形如图 8-87 所示。

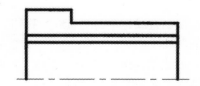

图 8-86 绘制轮廓线　　　　　　　图 8-87 初步得到的图形

14）绘制倒角。单击"倒角"按钮，接着进行如下操作。

命令: _chamfer
（"修剪"模式) 当前倒角距离 1 = 2.0000，距离 2 = 2.0000
选择第一条直线或 [放弃(U)/多段线(P)/距离(D)/角度(A)/修剪(T)/方式(E)/多个(M)]: D↙
指定 第一个 倒角距离 <2.0000>: 2↙
指定 第二个 倒角距离 <2.0000>:↙
选择第一条直线或 [放弃(U)/多段线(P)/距离(D)/角度(A)/修剪(T)/方式(E)/多个(M)]: T↙
输入修剪模式选项 [修剪(T)/不修剪(N)] <修剪>: T↙
选择第一条直线或 [放弃(U)/多段线(P)/距离(D)/角度(A)/修剪(T)/方式(E)/多个(M)]:
选择第二条直线，或按住〈Shift〉键选择直线以应用角点或 [距离(D)/角度(A)/方法(M)]:

倒角结果如图 8-88 所示。

15）更改选定线段的所在图层。选择图 8-89 所示的线段，将其所在的图层设置为"细实线"。

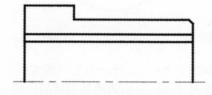

图 8-88　倒角结果

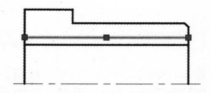

图 8-89　改变选定线段所在的图层

16）镜像操作。以框选的方式从左到右指定角点 1 和角点 2 来选择完全位于选择框内的所有对象（见图 8-90），单击"镜像"按钮，接着在中心线上分别指定两点来定义镜像线，最后得到的镜像结果如图 8-91 所示。

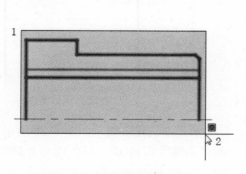

图 8-90　选择要镜像的对象

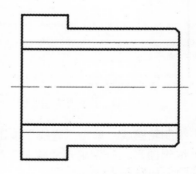

图 8-91　镜像结果

17）绘制直线。单击"直线"按钮，在适当的位置处绘制图 8-92 所示的表示螺槽轮廓的一条直线段。

18）创建偏移线。单击"偏移"按钮，设置偏移距离为"4"，多次执行偏移操作，得到的偏移结果如图 8-93 所示。

19）修补图形。单击"直线"按钮，绘制螺槽必需的轮廓线，然后单击"修剪"按

钮 ⊬ ，将多余的线段修剪掉，得到的效果如图 8-94 所示。

图 8-92　绘制的直线段

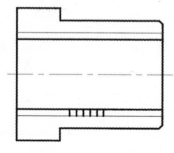

图 8-93　偏移结果

20）进行偏移操作。单击"偏移"按钮 ⬚ ，进行相关的偏移操作，如图 8-95 所示。

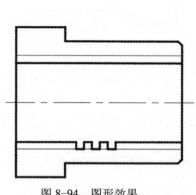

图 8-94　图形效果

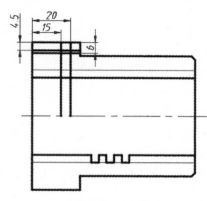

图 8-95　偏移结果

21）修剪图形。单击"修剪"按钮 ⊬ ，修剪结果如图 8-96 所示。

22）更改选定线段的所在图层。选择图 8-97 所示的线段，并将其所在的图层设置为"细实线"。

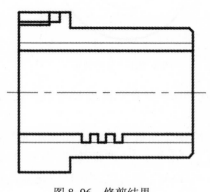

图 8-96　修剪结果

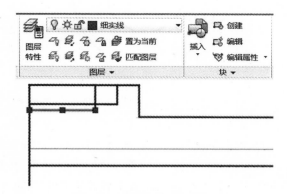

图 8-97　选择要修改的线段

23）绘制角度线。确保"粗实线"层为当前图层，单击"直线"按钮 ／ ，根据命令行提示进行下列操作。

命令: _line

| 指定第一个点： | //选择图 8-98 所示的 A 点 |
|---|---|
| 指定下一点或 [放弃(U)]: @15<60✓ | //输入第 2 点的相对坐标 |
| 指定下一点或 [放弃(U)]: ✓ | //按〈Enter〉键结束命令操作 |

24）修剪图形。单击"修剪"按钮 ⊬，将多余的部分修剪掉，修剪结果如图 8-99 所示。

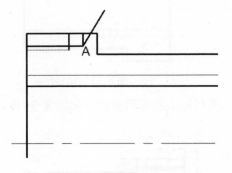

图 8-98 绘制倾斜的直线 　　　　　　　　图 8-99 修剪结果

25）绘制圆。单击"圆：圆心，半径"按钮 ⊘，绘制图 8-100 所示的两个同心小圆，其半径分别为 6 和 4.5。

26）更改指定圆的所在图层。使用鼠标选择半径为 6 的圆，接着将其所在的图层修改为"细实线"，按〈Esc〉键完成并退出。

27）修剪图形。单击"修剪"按钮 ⊬ 对图形进行修剪，修剪结果如图 8-101 所示。

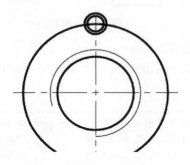 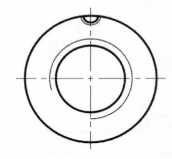

图 8-100 绘制同心圆 　　　　　　　　　图 8-101 修剪效果

28）将"标注及剖面线"层设置为当前图层。在功能区"默认"选项卡的"图层"面板中，从"图层"下拉列表框中选择"标注及剖面线"层。

29）绘制剖面线。在功能区"默认"选项卡的"绘图"面板中单击"图案填充"按钮 ▨，在功能区中打开"图案填充创建"上下文选项卡。在"图案"面板中选择"ANSI31"，在"特性"面板中设置"角度"为"0"，"比例"值为"2"，在"选项"面板中确保选中"关联"按钮 ▨，如图 8-102 所示。

在"图案填充创建"上下文选项卡的"边界"面板中单击"拾取点"按钮 ⊞，分别在要绘制剖面线的区域中单击，选择所有目标区域后按〈Enter〉键，绘制的剖面线如图 8-103 所示。

图 8-102　"图案填充创建"上下文选项卡

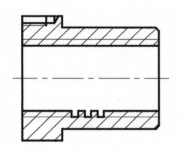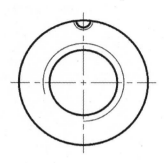

图 8-103　绘制剖面线

30）标注基本的尺寸。在功能区中切换到"注释"选项卡，选择样板中已有的"国标-斜 5"文字样式设置为当前文字样式，选择"BD-X5"标注样式设置为当前标注样式。

分别单击"线性"按钮 和"直径"按钮 ，标注所需要的尺寸。对于一些尺寸，需要对其文本进行编辑处理。例如有些表示直径的尺寸，需要在其尺寸数值之前添加符号"ϕ"，方法是在命令窗口中输入"TEXTEDIT"或者"ED"命令，选中要修改的尺寸，在其原有测量尺寸文本前输入"%%c"，以表示直径符号"ϕ"。

创建 M10 螺纹孔的标注，可以先绘制引出线，然后在引出线的适当位置处插入表示尺寸的文本。

初步标注的结果如图 8-104 所示，注意中心线的补齐处理。

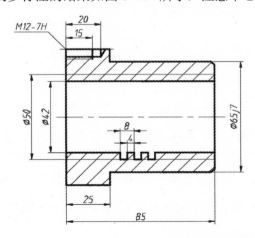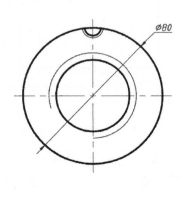

图 8-104　初步标注结果

31）注写表面结构要求。在功能区中切换至"默认"选项卡，在"块"面板中单击"插入"按钮 并选择"更多选项"命令以打开"插入"对话框。从"名称"下拉列表框中选择"表面结构要求-去除材料-B"图形块，在"比例"选项组中勾选"统一比例"复选框，在"X"文本框中设定缩放比例为"1"，在"插入点"选项组中勾选"在屏幕上指定"复选框，在"旋转"选项组中确保"角度"为"0"，如图 8-105 所示，然后单击"确定"按钮。

图 8-105 "插入"对话框

移动光标，在图 8-106 所示的轮廓线上指定一点，系统弹出"编辑属性"对话框，在"注写单一的表面结构要求"文本框中输入"Ra 1.6"（Ra 和 1.6 数值之间必须有一个空格），如图 8-107 所示。

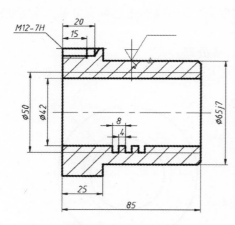

图 8-106 指定放置点

图 8-107 "编辑属性"对话框

在"编辑属性"对话框中单击"确定"按钮。完成的该处表面结构要求标注如图 8-108 所示。

使用同样的方法，标注第 2 处表面结构要求，如图 8-109 所示，注意该表面结构要求的注写方向，这需要在"插入"对话框"旋转"选项组的"角度"文本框中输入"90"以设置插入块的旋转角度为 90°。

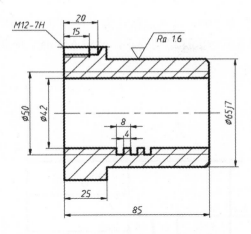

图 8-108 完成一处表面结构要求标注

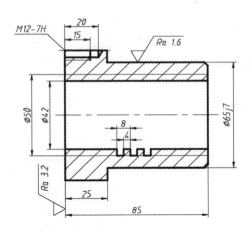

图 8-109 完成第 2 处表面结构要求标注

　　使用同样的方法，在其他关键的位置处标注所需要的表面结构要求。可以将表面结构要求注写在相关的指引线（带箭头的指引线可以通过"LEADER"命令来创建）上，并适当调整相关尺寸的放置位置，结果如图 8-110 所示。

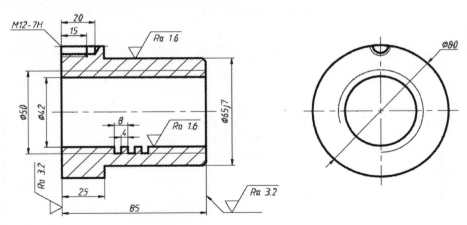

图 8-110 注写表面结构要求

　　在这里，特别列出创建指引线的操作步骤以便用户学习，如下。

命令: LEADER↙　　　　　　　　　　　　　　　　　//在命令窗口中输入该命令并按〈Enter〉键

指定引线起点:　　　　　　　　　　　　　　　　　//在视图中指定引线起点

指定下一点:　　　　　　　　　　　　　　　　　　//指定引线的第 2 点

指定下一点或 [注释(A)/格式(F)/放弃(U)] <注释>: <正交 开>　　//指定引线的第 3 点，可开启正交模式

指定下一点或 [注释(A)/格式(F)/放弃(U)] <注释>:↙　　　　//按〈Enter〉键

输入注释文字的第一行或 <选项>:↙　　　　　　　　//按〈Enter〉键

输入注释选项 [公差(T)/副本(C)/块(B)/无(N)/多行文字(M)] <多行文字>:N↙ //选择"无（N）"选项

32）注写其余表面结构要求。

　　在功能区"默认"选项卡的"块"面板中单击"插入"按钮并选择"更多选项"命令，打开"插入"对话框。从"名称"下拉列表框中选择"有相同表面结构要求的简化注法

–B"图形块,"比例"默认为"1",旋转"角度"为"0",插入点默认为"在屏幕上指定",单击"确定"按钮。在标题栏附近单击一点以放置其余表面结构要求,并输入表面结构要求参数值为"Ra 12.5"。注写结果如图 8-111 所示。

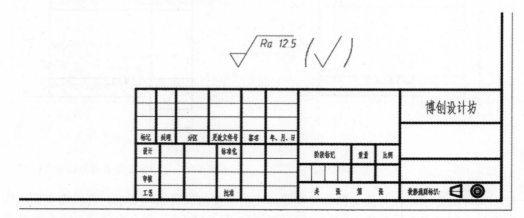

图 8-111　注写其余表面结构要求

**注意**：用户也可以使用直线工具和文本工具来按照相应标准尺寸来完成其余表面结构要求的注写。

33）插入技术要求。单击"多行文字"按钮 **A**，在图 8-112 所示之处添加技术要求文本。

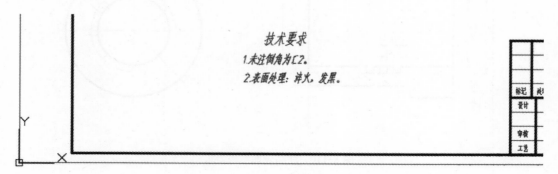

图 8-112　添加技术要求

34）填写标题栏。双击标题栏,弹出"增强属性编辑器"对话框,从中设置各标记对应的值,然后单击"增强属性编辑器"对话框的"确定"按钮,填写好的标题栏如图 8-113 所示。

35）在命令窗口的命令行中输入"Z"或"ZOOM",进行以下操作。

命令:Z↙

ZOOM

指定窗口的角点,输入比例因子 (nX 或 nXP),或者

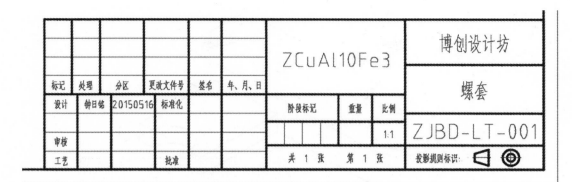

图 8-113　填写标题栏

[全部(A)/中心(C)/动态(D)/范围(E)/上一个(P)/比例(S)/窗口(W)/对象(O)] <实时>: A↙

显示零件图的全部图形，效果如图 8-114 所示。

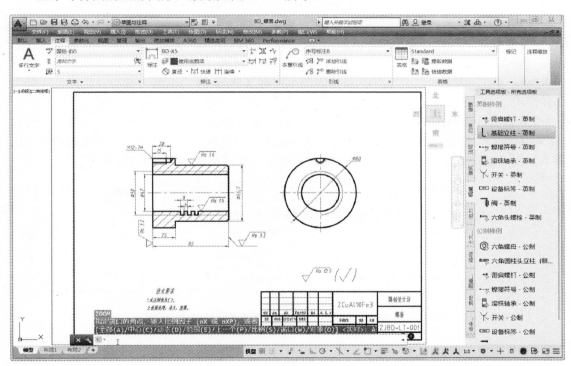

图 8-114　显示全部

36）保存文件。

# 8.4　轴测图绘制实例

本节以一个较为简单的模型为例，介绍如何在 AutoCAD 等轴测捕捉模式下绘制其等轴测图。要完成的等轴测图如图 8-115 所示。

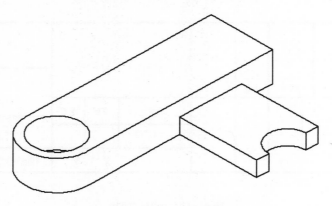

图 8-115　要完成的等轴测图

在本实例中，介绍到的主要知识包括启用等轴测捕捉模式、切换平面状态、绘制等轴测圆等。其中，按〈F5〉键可以在各等轴测平面（左面、顶面和右面）间进行切换。

下面介绍本轴测图绘制实例的具体步骤。

1）新建图形文件。单击"快速访问"工具栏中的"新建"按钮，或者使用"文件"菜单中的"新建"命令，创建一个新图形文件，该图形文件以"Acadiso.dwt"为样板（"Acadiso.dwt"为 AutoCAD 2016 自带的图形样板文件）。在该范例中使用"草图与注释"工作空间。

2）启用等轴测捕捉模式。在状态栏中单击"捕捉模式"按钮旁的"三角箭头"按钮，接着选择"捕捉设置"命令，打开"草图设置"对话框并自动切换到"捕捉和栅格"选项卡，在"捕捉类型"选项组中选中"等轴测捕捉"单选按钮，如图 8-116 所示。

图 8-116　启用等轴测捕捉模式

在"草图设置"对话框中指定捕捉类型选项后，单击"确定"按钮。此时，使光标显示如图 8-117 所示。

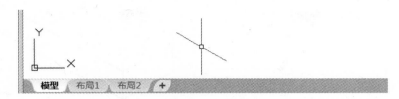

图 8-117 "等轴测捕捉"模式下的光标显示

3）在左面绘制图形。接受默认的当前图层，并按〈F8〉键启用正交模式。在功能区"默认"选项卡的"绘图"面板中单击"直线"按钮 ∕，根据命令行提示在正交模式下执行如下操作。

命令: _line

指定第一点: 50,50,0✓　　　　　//输入第一点的绝对坐标

指定下一点或 [放弃(U)]: 20✓　　　//将光标移到图 8-118a 所示的相对左侧位置，输入相对距离

指定下一点或 [放弃(U)]: 10✓　　　//将光标移到图 8-118b 所示的位置，输入相对距离

指定下一点或 [闭合(C)/放弃(U)]: 20✓　//将光标移到图 8-118c 所示的位置，输入相对距离

指定下一点或 [闭合(C)/放弃(U)]: C✓　//使形成闭合的线段，绘制的线段如图 8-118d 所示

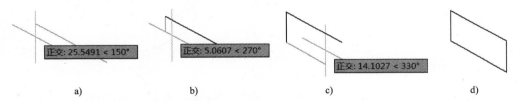

| a) | b) | c) | d) |

图 8-118 绘制左面图形

4）在右面状态下绘制图形。首先按〈F5〉键两次，将平面状态切换到右面（右视）。并且通过状态栏启用对象捕捉模式。接着单击"绘图"中的"直线"按钮 ∕，根据命令行提示进行如下操作。

命令: _line

指定第一个点:　　　　　　　　　　//捕捉并单击左面右下角点（右下端点）

指定下一点或 [放弃(U)]: @60<30✓

指定下一点或 [放弃(U)]: @10<90✓

指定下一点或 [闭合(C)/放弃(U)]: @60<210✓

指定下一点或 [闭合(C)/放弃(U)]: ✓

在右面状态下绘制的图形如图 8-119 所示。

5）在顶面（"俯视"）绘制图形。按〈F5〉键直到将平面状态切换到顶面（等轴测平面-俯视），此时光标显示如图 8-120 所示。

单击"绘图"面板中的"直线"按钮 ∕，根据命令行提示进行如下操作。

命令: _line

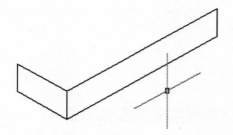

图 8-119　在右面状态下绘制图形

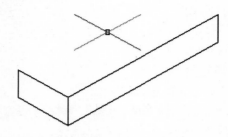

图 8-120　切换到顶面状态

指定第一个点:

指定下一点或 [放弃(U)]: @20<150↙

指定下一点或 [放弃(U)]: @60<210↙

指定下一点或 [闭合(C)/放弃(U)]: ↙

在顶面绘制的图形如图 8-122 所示。

//单击图 8-121 所示的端点

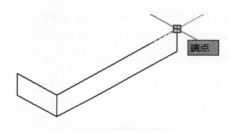

图 8-121　指定第一点

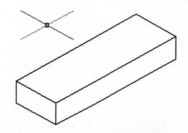

图 8-122　在顶面绘制图形

6) 在左面绘制图形。按〈F5〉键两次,将平面状态切换到左面（"左视"）。单击"绘图"面板中的"直线"按钮，根据命令行提示进行如下操作。

命令:_line

指定第一个点:　　　　　　　　　　　　　//选择图 8-123 所示的中点

指定下一点或 [放弃(U)]: @25<330↙

指定下一点或 [放弃(U)]: @5<90↙

指定下一点或 [闭合(C)/放弃(U)]: @25<150↙

指定下一点或 [闭合(C)/放弃(U)]: C↙

完成该步骤绘制的图形如图 8-124 所示。

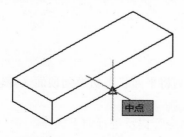

图 8-123　捕捉中点

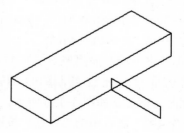

图 8-124　在左面绘制图形

7）在顶面（"俯视"）绘制图形。按〈F5〉键切换到顶面（"俯视"）。单击"绘图"面板中的"直线"按钮 ，根据命令行提示进行如下操作。

命令: _line

指定第一个点: 　　　　　　　　　　　　//选择图 8-125 所示的端点

指定下一点或 [放弃(U)]: @20<30✓

指定下一点或 [放弃(U)]: @25<150✓

指定下一点或 [闭合(C)/放弃(U)]: @20<210✓

指定下一点或 [闭合(C)/放弃(U)]: ✓

完成该步骤绘制的图形如图 8-126 所示。

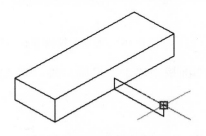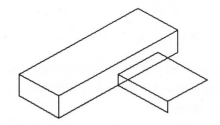

图 8-125　选择端点 1　　　　　　　　　图 8-126　绘制顶面图形

8）在右面（"右视"）中绘制图形。按〈F5〉键切换到右面（"右视"）。单击"绘图"面板中的"直线"按钮 ，根据命令行提示进行如下操作。

命令: _line

指定第一个点: 　　　　　　　　　　　　//选择图 8-127 所示的端点

指定下一点或 [放弃(U)]: @20<30✓

指定下一点或 [放弃(U)]: @5<90✓

指定下一点或 [闭合(C)/放弃(U)]: ✓

完成该步骤绘制的图形如图 8-128 所示。

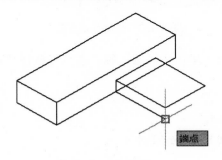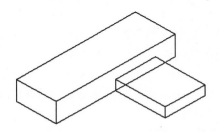

图 8-127　选择端点 2　　　　　　　　　图 8-128　在右面中绘制图形

9）在顶面绘制一个等轴测圆。连续按〈F5〉键直到切换到顶面（"等轴测平面-俯视"）。在"绘图"面板中单击"椭圆：轴，端点"按钮 ，根据命令行提示进行如下操作。

命令: _ellipse

指定椭圆轴的端点或 [圆弧(A)/中心点(C)/等轴测圆(I)]: I↙

指定等轴测圆的圆心:　　　　　　　　　//选择图 8-129 所示的中点

指定等轴测圆的半径或 [直径(D)]: 10↙

绘制的等轴测圆如图 8-130 所示。

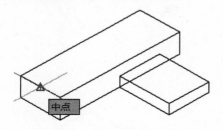

图 8-129　指定等轴测圆的圆心 1

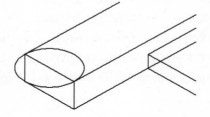

图 8-130　绘制等轴测圆 1

10）在顶面上继续绘制等轴测圆。在"绘图"面板中单击"椭圆：轴，端点"按钮，接着根据命令行提示进行如下操作。

命令: _ellipse

指定椭圆轴的端点或 [圆弧(A)/中心点(C)/等轴测圆(I)]: I↙

指定等轴测圆的圆心:　　　　　　　　　//选择图 8-131 所示的中点

指定等轴测圆的半径或 [直径(D)]: 10↙

绘制的等轴测圆如图 8-132 所示。

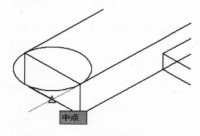

图 8-131　指定等轴测圆的圆心 2

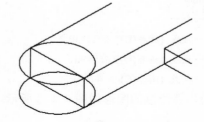

图 8-132　绘制等轴测圆 2

11）绘制等轴测圆表示圆孔。在"绘图"面板中单击"椭圆：轴，端点"按钮，接着根据命令行提示进行如下操作。

命令: _ellipse

指定椭圆轴的端点或 [圆弧(A)/中心点(C)/等轴测圆(I)]: I↙

指定等轴测圆的圆心:　　　　　　　　　//单击图 8-133 所示的中点

指定等轴测圆的半径或 [直径(D)]: D↙

指定等轴测圆的直径: 15↙

绘制的该等轴测圆如图 8-134 所示。

使用同样的方法，在相应底面边的中点处创建一个直径为 15 的等轴测圆，此时图形如图 8-135 所示。

12）修剪图形与删除操作。在"修改"面板中单击"修剪"按钮，对图形进行修剪，将被隐藏的部分修剪掉。另外使用"删除"命令将不需要的线段删除。此次修改后的图形如图 8-136 所示。

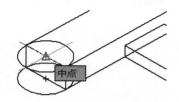

图 8-133 指定等轴测圆的圆心 3

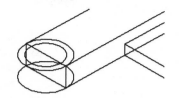

图 8-134 绘制等轴测圆 3

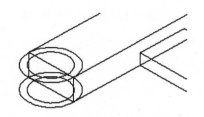

图 8-135 绘制表示圆孔的等轴测圆

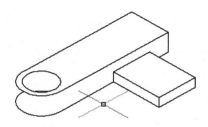

图 8-136 删除不需要的线段部分

13）设置象限点捕捉。在状态栏中单击"对象捕捉"按钮□旁的"三角按钮"按钮▼，接着选择"对象捕捉设置"命令，打开"草图设置"对话框并自动切换到"对象捕捉"选项卡，确定启用对象捕捉，并在"对象捕捉模式"选项组中确保勾选"象限点"复选框，如图 8-137 所示。在"草图设置"对话框中单击"确定"按钮。

图 8-137 确保勾选"象限点"复选框

14）连接两个象限点绘制轮廓线。首先关闭正交模式，接着单击"绘图"面板中的"直线"按钮∕，根据命令行提示执行如下操作。

命令:_line

指定第一点:　　　　　　　　　　　//捕捉并单击图 8-138 所示的象限点

指定下一点或 [放弃(U)]:　　　　　　//捕捉并单击图 8-139 所示的象限点

指定下一点或 [放弃(U)]:✓

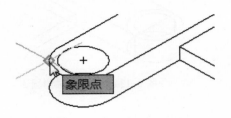
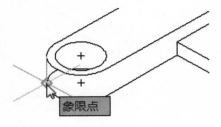

图 8-138　指定象限点　　　　　　　　图 8-139　指定另一象限点

15）修剪图形。单击"修改"面板中的"修剪"按钮，对图形进行修剪，如图 8-140 所示。

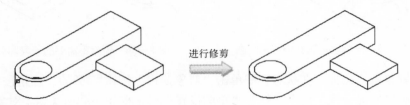

图 8-140　修剪图形

16）在顶面（"俯视"）下绘制等轴测圆。在"绘图"面板中单击"椭圆：轴，端点"按钮，接着根据命令行提示进行如下操作。

命令: _ellipse

指定椭圆轴的端点或 [圆弧(A)/中心点(C)/等轴测圆(I)]: I✓

指定等轴测圆的圆心:　　　　　　　　//选择图 8-141 所示的中点

指定等轴测圆的半径或 [直径(D)]: 6✓

绘制的等轴测圆如图 8-142 所示。

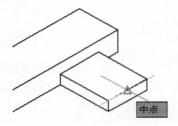
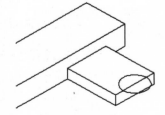

图 8-141　选择中点　　　　　　　　图 8-142　绘制等轴测圆

17）移动复制图形。单击"修改"面板中的"复制"按钮，根据命令行提示进行如下操作。

命令: _copy

选择对象: 找到 1 个　　　　　　　　//选择上步骤绘制的等轴测圆

选择对象：↙

当前设置： 复制模式 = 单个

指定基点或 [位移(D)/模式(O)/多个(M)] <位移>： 　　//选择图 8-143 所示的中点

指定第二个点或 [阵列(A)] <使用第一个点作为位移>： 　　//选择图 8-144 所示的中点

指定第二个点或 [阵列(A)/退出(E)/放弃(U)] <退出>：↙

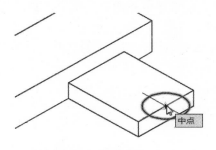

图 8-143　指定基点

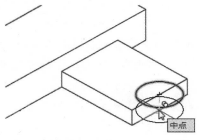

图 8-144　指定第二点

18）绘制两条直线段。单击"绘图"面板中的"直线"按钮 ✏，绘制图 8-145 所示的两小段直线段。

19）修剪图形。单击"修剪"按钮 ✂ 将轴测图右下部位中不需要的图形部分修剪掉，修剪结果如图 8-146 所示。

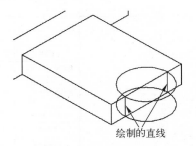

图 8-145　绘制两条直线段

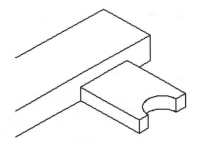

图 8-146　修剪图形的结果

最后完成的轴测图效果如图 8-147 所示。

20）保存文件。

**说明：** 允许在等轴测图中绘制相切边，此时效果如图 8-148 所示。

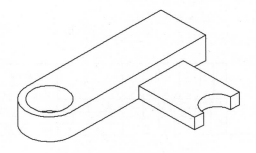

图 8-147　最后完成轴测图效果

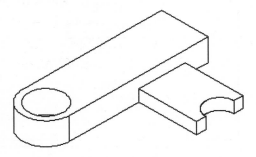

图 8-148　显示相切边的等轴测图

本章通过典型实例来介绍如何使用 AutoCAD 2016 绘制二维工程图和轴测图，通过实例操作，让读者掌握基本的绘制流程、方法及技巧等应用知识。

轴测图在某些场合下需要应用到。在 AutoCAD 中，通过建立三维实体模型可以获得模型的轴测图效果。同时在 AutoCAD 中也可以通过启用等轴测模式来进行绘制。通常绘制正等轴测图，立体感较强，绘图也方便。注意，平行于各坐标面的圆的轴测投影可以绘制为等轴测圆，等轴测圆相当于一种特殊的椭圆。在本章中介绍的实例是在启用等轴测模式下绘制的。

通过本章的认真学习，读者的二维制图水平应该可以提升到一定的高度。只要平时多学多练多思考，AutoCAD 应用水平便会在潜移默化中提升。

# 8.5 思考练习

1）在绘制工程图之前，需要准备哪些工作？

2）如何给指定的尺寸添加尺寸公差？

3）应用样板有哪些好处？请按照所学知识，并结合国家制图标准为自己定制样板文件。

4）什么是轴测图？如何启用等轴测捕捉模式？

5）上机练习：绘制图 8-149 所示的工程图（零件图）。相关的尺寸也可以由读者来决定。

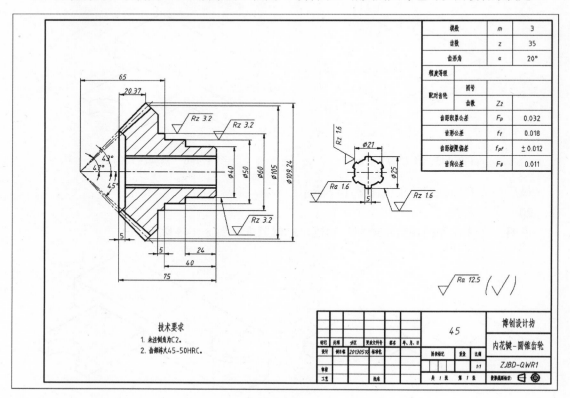

图 8-149 工程图练习

6）上机练习：绘制图 8-150 所示的等轴测图，尺寸自定。

7）上机练习：绘制图 8-151 所示的等轴测图，尺寸自定。

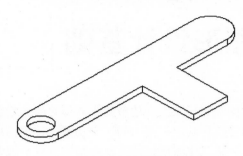
图 8-150 绘制轴测图练习 1

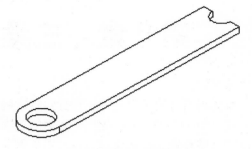
图 8-151 绘制轴测图练习 2

# 第9章 三维图形设计基础

**本章导读：**

三维图形具有较强的立体感和真实感，所以能够更形象地表达空间中立体对象的形状和相对位置。AutoCAD 2016 提供了实用的三维图形设计功能和强大的渲染功能，使用渲染功能可以使三维对象显示得更加逼真。本章将重点介绍三维图形设计的基础知识，以及视觉样式与渲染的基础知识。

## 9.1 三维中的坐标系

在三维设计中，三维笛卡儿坐标系、柱坐标系和球坐标系的应用是很重要的。用户需要掌握用户坐标系（UCS）在三维环境中的应用。通常在三维环境中创建或修改对象时，可以在三维模型空间中移动和重新定向 UCS 以简化工作。UCS 的 XY 平面称为工作平面。

在本节中将介绍常用的三维坐标系以及如何控制三维中的用户坐标系。

### 9.1.1 熟悉三维坐标系

在三维空间中创建对象时，可以使用三维笛卡儿坐标、柱坐标或球坐标来定位点。

**1．三维笛卡儿坐标**

三维笛卡儿坐标通过使用三个坐标值（X,Y,Z）来指定精确的位置。绝对三维笛卡儿坐标值（X,Y,Z）在命令行的输入格式如下：

$$X,Y,Z$$

例如，在命令行输入的坐标（9,–100,60）表示一个位于沿 X 轴正方向 9 个单位、沿 Y 轴负方向 100 个单位、沿 Z 轴正方向 60 个单位的点。

如果启用动态输入，则使用"#"前缀来指定绝对坐标。

相对三维笛卡儿坐标在命令行的输入格式如下：

$$@X,Y,Z$$

在使用三维笛卡儿坐标时，可以使用默认的 Z 值。假设先按照（X,Y,Z）格式输入一个坐标，接着使用（X,Y）格式输入随后的坐标，那么随后的坐标都将默认使用之前的 Z 值，即保持 Z 值不变。也就是当以（X,Y）格式输入坐标时，AutoCAD 系统将从上一输入点复制 Z 值。

**2．柱坐标**

三维柱坐标通过 XY 平面中与 UCS 原点之间的距离、XY 平面中与 X 轴的角度以及 Z 值来描述精确的位置。

假设动态输入处于关闭状态时，即在命令行输入坐标时，采用以下语法指定使用绝对柱坐标的点：

X<[与 X 轴所成的角度],Z

例如，在命令行输入的坐标"15<30,16"表示距当前 UCS 的原点 15 个单位、在 XY 平面中与 X 轴成 30°角、沿 Z 轴 16 个单位的点。

相对柱坐标在命令行的输入格式如下：

@X<[与 X 轴所成的角度],Z

例如，在命令行输入的坐标"@8<35,3"表示在 XY 平面中距上一输入点 8 个单位、与 X 轴正向成 35°角、在 Z 轴正向延伸 3 个单位的点。

**3．球坐标**

三维球坐标通过指定某个位置距当前 UCS 原点的距离、在 XY 平面中与 X 轴所成的角度以及与 XY 平面所成的角度来指定位置。

动态输入处于关闭状态而采用在命令行输入坐标时，使用以下语法指定使用绝对球坐标的点：

X<[与 X 轴所成的角度]<[与 XY 平面所成的角度]

例如，在命令行输入的坐标"18<60<50"表示在 XY 平面中距当前 UCS 的原点 18 个单位、在 XY 平面中与 X 轴成 60°角以及在 Z 轴正向上与 XY 平面成 50°角的点。

需要基于上一点来定义点时，可以输入前面带有"@"符号的相对球坐标值。相对球坐标在命令行的输入格式如下：

@X<[与 X 轴所成的角度]<[与 XY 平面所成的角度]

例如，坐标"@14<60<45"表示距上一个测量点 14 个单位、在 XY 平面中与 X 轴正方向成 60°角以及与 XY 平面成 45°角的位置。

## 9.1.2 了解和控制三维中的用户坐标系

在三维环境中进行设计时，巧用 UCS 对于创建或修改对象是很有用的。通过在三维模型空间中移动和重新定向 UCS，可以在一定程度上简化设计工作。

在三维坐标系中，如果已知 X 轴和 Y 轴的方向，则可以使用右手定则来确定 Z 轴的正方向，方法是将右手手背靠近屏幕放置，大拇指指向 X 轴的正方向，食指指向 Y 轴的正方向，伸出的中指所指示的方向即 Z 轴的正方向。用户还可以使用右手定则来确定三维空间中绕坐标轴旋转的默认正方向，其方法将右手拇指指向轴的正方向，卷曲其余四指，则右手四指所指示的方向即轴的正旋转方向。

在实际的三维设计中，用户可以灵活地控制 UCS，例如，可以根据需要在三维空间的适当位置定位和定向 UCS，必要时可以保存和恢复 UCS 方向。

**1．新建（定义）UCS**

要新建 UCS，可以从图 9-1 所示的"工具"菜单中执行"新建 UCS"级联菜单中的相关命令，也可以在图 9-2 所示的相应面板中单击相应的工具按钮。对于习惯在命令行输入命令的用户而言，可以在命令行的"输入命令"提示下输入"UCS"并按〈Enter〉键来进行新建 UCS 的相关操作。

在这里以通过指定某一个点作为新原点来创建 UCS 为例，其步骤如下。

在"工具"→"新建 UCS"级联菜单中选择"原点"命令，接着根据命令行提示进行相应操作。

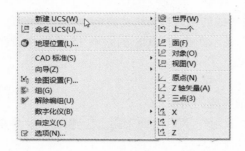

图 9-1　新建 UCS 的菜单命令

图 9-2　关于 UCS 的"坐标"面板

命令:_UCS

当前 UCS 名称:*世界*

指定 UCS 的原点或 [面(F)/命名(NA)/对象(OB)/上一个(P)/视图(V)/世界(W)/X/Y/Z/Z 轴(ZA)] <世界>:_o

指定新原点 <0,0,0>: 100,103,0✓

### 2. 使用 UCS 预置

如果用户不想定义自己的 UCS，则可以从几种预置坐标系中进行选择。

在"工具"菜单中选择"命名 UCS"命令，或者在"坐标"面板中单击"命名 UCS"按钮，打开图 9-3 所示的"UCS"对话框。在该对话框中，可列出、重命名和恢复先前定义的用户坐标系，并控制视口的 UCS 和 UCS 图标设置。其中，"UCS"对话框的"正交UCS"选项卡上显示了可用的选择项，如图 9-4 所示，从列表中选择一个正交坐标系方向，单击"置为当前"按钮，则恢复该选定的坐标系。注意列表中的"深度"项指定正交 UCS 的 XY 平面与通过由"UCSBASE"系统变量指定的坐标系原点的平行平面之间的距离，而"UCSBASE"坐标系的平行平面可以是 XY、YZ 或 XZ 平面。

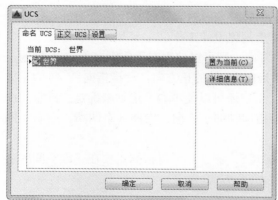

图 9-3　"UCS"对话框

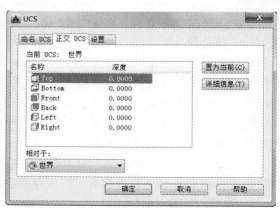

图 9-4　选择正交 UCS

切换到"UCS"对话框的"设置"选项卡，如图 9-5 所示，显示了与视口一起保存的 UCS 图标设置和 UCS 设置。用户可以根据设计需要来修改与视口一起保存的 UCS 图标设置和 UCS 设置。

### 3. 改变默认标高

标高其实相当于 Z 轴上的坐标值。当仅指定三维点的 X 值和 Y 值时，则当前标高为新对象的默认 Z 值。注意所有视口的标高设置都相同，而与其 UCS 无关。

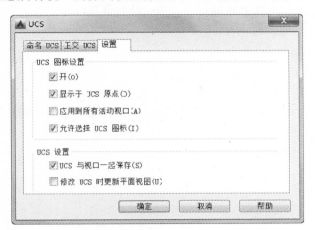

图 9-5 "UCS"对话框的"设置"选项卡

执行"ELEV"命令，可以设置对象的标高和拉伸厚度，可在当前 UCS 的 XY 平面以上或以下为新对象设置默认 Z 值，该值存储在"ELEVATION"系统变量中。

例如将标高更改为 20，其操作步骤如下。

命令: ELEV↙

指定新的默认标高 <0.0000>: 20↙

指定新的默认厚度 <0.0000>:↙

需要注意的是，"ELEV"命令只控制新对象，而不影响已有对象。当每次将坐标系更改为世界坐标系（WCS）时，标高都将自动重置为 0.0。在一般情况下，建议将标高设置保留为零，并使用 UCS 命令控制当前 UCS 的 XY 平面。

**4．在图纸空间中改变 UCS**

在模型空间改变 UCS 的相关操作是很灵活的，当然也可以在图纸空间定义新的 UCS，但是图纸空间中的 UCS 仅限于二维操作，虽然允许在图纸空间中输入三维坐标，但不能执行三维查看命令。这是用户需要注意的。

**5．按名称保存并恢复 UCS 位置**

用户可以保存命名 UCS 位置。按名称保存 UCS 有助于以后在实际设计中根据需要恢复或调用所需的 UCS 位置。

# 9.2 绘制三维线条

本书把在三维空间中绘制的直线、样条曲线、三维多段线和螺旋线统称为三维线条。下面结合简单实例来介绍这些三维线条的绘制方法及其步骤。

### 9.2.1 在三维空间中绘制直线

在三维空间中绘制直线的方法比较简单，在空间中指定不同的两点即可绘制一条直线。例如，要在空间点（50,20,10）和（100, -60, -59）之间绘制一条直线，其绘制过程说明如下。

单击"直线"按钮 ／，接着根据命令行提示执行操作：

命令：_line

指定第一点：50,20,10✓

指定下一点或 [放弃(U)]: 100，-60，-59✓

指定下一点或 [放弃(U)]:✓

执行绘制直线的命令，可以一次连续绘制一系列首尾相连的空间线段，并且可以使这些线段形成封闭的形状。

**操作实例：绘制空间曲线**

命令：LINE✓

指定第一个点：0,0,0✓

指定下一点或 [放弃(U)]: 60,0,10✓

指定下一点或 [放弃(U)]: 60,5,30✓

指定下一点或 [闭合(C)/放弃(U)]: 40，-55,35✓

指定下一点或 [闭合(C)/放弃(U)]: -2.5，-52,25✓

指定下一点或 [闭合(C)/放弃(U)]: C✓

此时，可以选择"视图"→"三维视图"→"西南等轴测"菜单命令（需要设置显示菜单栏），或者打开功能区"常用"选项卡的"视图"面板，从"三维导航"下拉列表框中选择"西南等轴测"（以"三维建模"工作空间为例）来查看在空间中绘制的形成闭合环的直线段，如图 9-6 所示。

## 9.2.2　在三维空间中绘制样条曲线

在"三维建模"工作空间"常用"选项卡的"绘图"面板中单击"样条曲线"按钮 ～，同样可以在三维空间中绘制样条曲线。在创建样条曲线的过程中可以设置样条曲线创建方式是"拟合"或"控制点"。

**操作范例：在三维空间中绘制样条曲线**

单击"样条曲线"按钮 ～，根据命令行提示执行下列操作。

命令：_spline

当前设置：方式=拟合　　节点=弦

指定第一个点或 [方式(M)/节点(K)/对象(O)]: M✓　　　　　//选择"方式（M）"选项

输入样条曲线创建方式 [拟合(F)/控制点(CV)] <拟合>: F✓　　//选择"拟合（F）"选项

当前设置：方式=拟合　　节点=弦

指定第一个点或 [方式(M)/节点(K)/对象(O)]: 0,0,0✓

输入下一个点或 [起点切向(T)/公差(L)]: 100,26，-31✓

输入下一个点或 [端点相切(T)/公差(L)/放弃(U)]: 121,31,35✓

输入下一个点或 [端点相切(T)/公差(L)/放弃(U)/闭合(C)]: 380，-56,39✓

输入下一个点或 [端点相切(T)/公差(L)/放弃(U)/闭合(C)]: ✓

在三维空间中绘制的样条曲线如图 9-7 所示。

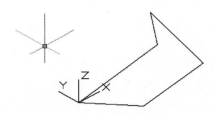
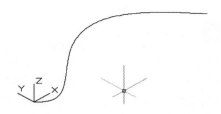

图 9-6　在三维空间中绘制形成闭合环的直线段　　　图 9-7　在三维空间中绘制样条曲线

### 9.2.3　绘制三维多段线

使用"绘图"菜单中的"三维多段线"命令（其对应的英文命令为"3DPOLY"，工具按钮为 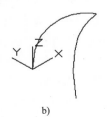 ），可以在三维空间中创建多段线。三维多段线由若干直线段组成，是单独的对象。

**操作实例：绘制三维多段线**

命令: 3DPOLY✓

指定多段线的起点: 0,0,0✓

指定直线的端点或 [放弃(U)]: 0,0,105✓

指定直线的端点或 [放弃(U)]: 300,76, -85✓

指定直线的端点或 [闭合(C)/放弃(U)]: 123,61,0✓

指定直线的端点或 [闭合(C)/放弃(U)]: -19, -107,10.4✓

指定直线的端点或 [闭合(C)/放弃(U)]: ✓

绘制的三维多段线如图 9-8a 所示。

使用"修改"菜单中的"对象"→"多段线"命令（亦可在"修改"面板中单击"修改多段线"按钮 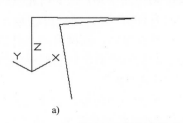 ），可以修改三维多段线。这和修改二维多段线的方法一样。例如，要将图 9-8a 所示的三维多段线修改为样条曲线，则在"修改"菜单中选择"对象"→"多段线"命令，或者在"修改"面板中单击"修改多段线"按钮 ），接着根据命令行提示进行如下操作。

命令: _pedit

选择多段线或 [多条(M)]:　　　　　　　//选择要修改的三维多段线

输入选项 [闭合(C)/合并(J)/编辑顶点(E)/样条曲线(S)/非曲线化(D)/反转(R)/放弃(U)]: S✓

输入选项 [闭合(C)/合并(J)/编辑顶点(E)/样条曲线(S)/非曲线化(D)/反转(R)/放弃(U)]: ✓

将该三维多段线修改为样条曲线的结果如图 9-8b 所示。

a)　　　　　　　　　　　　　　　　　b)

图 9-8　绘制和修改三维多段线

a) 绘制的三维多段线　　b) 将三维多段线修改为样条曲线

### 9.2.4 绘制螺旋线

螺旋线是指开口的二维或三维螺旋。在创建螺旋时，可以指定的特性有底面半径、顶面半径、高度、圈数、圈高和扭曲方向。如果将底面半径和顶面半径指定为同一个值，那么将创建圆柱形螺旋（不能指定 0 来同时作为底面半径和顶面半径）；如果将顶面半径和底面半径指定为不同的值，那么将创建圆锥形螺旋。如果将高度值设置为 0，则将创建扁平的二维螺旋。

创建螺旋线的典型步骤如下。

1）在"绘图"面板中单击"螺旋"按钮，或者在命令窗口的"输入命令"提示下输入"HELIX"按〈Enter〉键。

2）指定螺旋底面的中心点。

3）指定底面半径。

4）指定顶面半径，或按〈Enter〉键以指定与底面半径相同的值。

5）指定螺旋高度。需要时可以设置轴端点来定义螺旋的长度和方向，或者指定螺旋的圈数（螺旋的圈数不能超过 500）、圈高、扭曲（螺旋扭曲的默认值是逆时针）。

**操作实例：绘制一个圆锥形螺旋线**

命令: HELIX↙

圈数 = 3.0000　　　扭曲=CCW

指定底面的中心点: 0,0,0↙

指定底面半径或 [直径(D)] <1.0000>: 20↙

指定顶面半径或 [直径(D)] <20.0000>: 10↙

指定螺旋高度或 [轴端点(A)/圈数(T)/圈高(H)/扭曲(W)] <1.0000>: T↙

输入圈数 <3.0000>: 10↙

指定螺旋高度或 [轴端点(A)/圈数(T)/圈高(H)/扭曲(W)] <1.0000>: 69↙

绘制的螺旋线如图 9-9 所示（以"东南等轴测"视角来显示）。

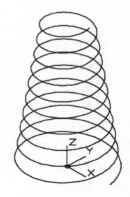

图 9-9　绘制的螺旋线

## 9.3　绘制三维网格

AutoCAD 的网格对象是由面和镶嵌面组成的，如图 9-10 所示。网格对象不具有三维实体的质量和体积特性，但网格对象比对应的实体和曲面对象更容易进行模塑和形状重塑。

网格密度控制着镶嵌面的数目，它由包含 M×N 个顶点的矩阵定义，类似于由行和列组成的栅格，M 和 N 分别指定给定顶点的列和行的位置。网格可以是开放的也可以是闭合的。如果在某个方向上网格的起始边和终止边没有接触，则网格就是开放的，如图 9-11 所示。通常，在需要使用消隐、着色和渲染功能但又不需要实体模型提供的物理特性（质量、体积、重心、惯性矩等）的情况下，可以使用网格对象。

在 AutoCAD 2016 中可以创建下列多种主要类型的网格。创建常见网格的菜单命令（如"三维面""三维网格""旋转网格""平移网格""直纹网格"和"边界网格"）位于"绘图"→"建模"→"网格"级联菜单中。在"三维建模"工作空间功能区的"网格"选项卡也集中了网格创建和编辑等工具按钮。

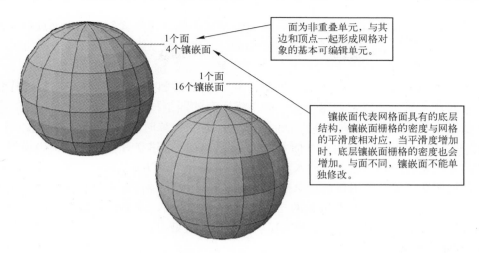

面为非重叠单元，与其边和顶点一起形成网格对象的基本可编辑单元。

1个面
4个镶嵌面

1个面
16个镶嵌面

镶嵌面代表网格面具有的底层结构，镶嵌面栅格的密度与网格的平滑度相对应，当平滑度增加时，底层镶嵌面栅格的密度也会增加。与面不同，镶嵌面不能单独修改。

图 9-10　三维网格对象

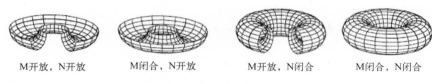

M开放，N开放　　　M闭合，N开放　　　M开放，N闭合　　　M闭合，N闭合

图 9-11　M 和 N 关系

- 三维面（**3DFACE**，　）：创建具有三边或四边的平面网格。
- 旋转网格（**REVSURF**，　）：通过将路径曲线或轮廓（直线、圆、圆弧、椭圆、椭圆弧、闭合多段线、多边形、闭合样条曲线或圆环）绕指定的轴旋转创建一个近似于旋转曲面的多边形网格。
- 平移网格（**TABSURF**，　）：创建多边形网格，该网格表示通过指定的方向和距离（称为方向矢量）拉伸直线或曲线（称为路径曲线、轮廓曲线）定义的常规平移曲面。
- 直纹网格（**RULESURF**，　）：在两条直线或曲线之间创建一个表示直纹曲面的多边形网格。
- 边界网格（**EDGESURF**，　）：创建一个多边形网格，此多边形网格近似于一个由四条邻接边定义的孔斯曲面片网格。孔斯曲面片网格是一个在四条邻接边（这些边可以是普通的空间曲线）之间插入的双三次曲面。
- 平滑网格（**MESHSMOOTH**，　）：将三维对象（例如多边形网格、曲面和实体）转换为网格对象。
- 预定义的网格图元（**MESH**）：可以创建网格长方体（　）、网格圆锥体（　）、网格圆柱体（　）、网格棱锥体（　）、网格球体（　）、网格楔体（　）和网格圆环体（　）。

## 9.3.1　创建三维面

使用"绘图"→"建模"→"网格"级联菜单中的"三维面"命令，或者在"输入命令"提示下执行"3DFACE"命令，可以在三维空间中的任意位置创建三侧面或四侧面，即在三维空间中创建由三条边或四条边构成的曲面。三维面可以组合成复杂的三维曲面。

执行创建三维面命令后，命令行出现"指定第一点或 [不可见(I)]:"的提示信息。

- 第一点：定义三维面的起点。在输入第一点后，可以按顺时针或逆时针顺序输入其余的点，从而创建普通三维面。如果将所有的四个顶点定位在同一平面上，那么将创建一个类似于面域对象的平面。当着色或渲染对象时，该平面将被填充。

- "不可见"：该选项控制三维面各边的可见性，这对建立有孔对象的正确模型很有帮助。在某边的第一点之前输入"i"或"invisible"可以使该边不可见。要注意的是不可见属性必须在使用任何对象捕捉模式、XYZ 过滤器或输入边的坐标之前定义。用户可以创建所有边都不可见的三维面，它是虚幻面，不显示在线框图中，但在线框图形中会遮挡形体。三维面确实显示在着色的渲染中。

**操作实例：创建三维面**

命令: 3DFACE✓

指定第一点或 [不可见(I)]: 0,0,0✓

指定第二点或 [不可见(I)]: 0, -55,0✓

指定第三点或 [不可见(I)] <退出>: 80, -51,32✓

指定第四点或 [不可见(I)] <创建三侧面>: 81,0,13✓

指定第三点或 [不可见(I)] <退出>:✓

绘制的三维面如图 9-12 所示（以"西南等轴测"视角显示）。

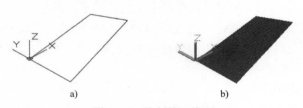

a)                          b)

图 9-12  绘制的三维面

a) 绘制三维面  b) 着色显示的三维面

### 9.3.2 创建旋转网格

使用"绘图"→"建模"→"网格"级联菜单中的"旋转网格"命令，或者在"输入命令"提示下执行"REVSURF"命令，可以通过将路径曲线或轮廓（直线、圆、圆弧、椭圆、椭圆弧、闭合多段线、多边形、闭合样条曲线或圆环）绕指定的轴旋转创建一个近似于旋转曲面的多边形网格。

创建旋转网格的一般步骤简述如下。

1）选择"绘图"→"建模"→"网格"级联菜单中的"旋转网格"命令，或者在命令窗口的"输入命令"提示下输入"REVSURF"命令并按〈Enter〉键。

2）指定路径曲线或轮廓。指定的对象定义了网格的 N 方向，它可以是直线、圆弧、圆、椭圆、椭圆弧、二维多段线、三维多段线或样条曲线。如果选择了圆、闭合椭圆或闭合多段线，则将在 N 方向上闭合网格。

3）指定旋转轴。方向矢量可以是直线，也可以是开放的二维或三维多段线。如果选择多段线，矢量设置从第一个顶点指向最后一个顶点的方向为旋转轴，而中间的任意顶点都将被忽略。旋转轴确定网格的 M 方向。

4）指定起点角度，然后指定包含角。其中，包含角指定网格沿旋转轴的延伸程度。

5）如果必要，删除源对象。

**操作实例：创建旋转网格**

1）在 XY 平面中绘制一条中心线和一条二维多段线，如图 9-13 所示。用户可以打开附赠光盘的"创建旋转网格.dwg"文件。在 XY 平面中绘制好图形后，切换至"三维建模"工作空间，此时可以选择某一轴测方向来显示，例如在功能区"常用"选项卡的"视图"面板中，从"三维导航"下拉列表框中选择"西南等轴测"选项。

2）在功能区"网格"选项卡的"图元"面板中单击"旋转网格"按钮，根据命令行提示执行如下操作。

命令:_revsurf

当前线框密度: SURFTAB1=6　SURFTAB2=6

选择要旋转的对象:　　　　　　　//选择二维多段线

选择定义旋转轴的对象:　　　　　//选择中心线

指定起点角度 <0>:↙

指定包含角 (+=逆时针，-=顺时针) <360>:↙

图 9-13　绘制中心线和二维多段线

创建的旋转网格如图 9-14 所示。生成网格的密度由"SURFTAB1"和"SURFTAB2"系统变量控制。如果在创建旋转网格之前，将"SURFTAB1"和"SURFTAB2"系统变量设置得大一些，那么创建的旋转网格就越逼近于平滑曲面，例如，将"SURFTAB1"和"SURFTAB2"系统变量均设置为"24"，然后再进行本实例操作而得到的旋转网格便如图 9-15 所示。

命令: SURFTAB1↙

输入 SURFTAB1 的新值 <6>: 24↙

命令: SURFTAB2↙

输入 SURFTAB2 的新值 <6>: 24↙

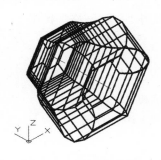

图 9-14　创建旋转网格

图 9-15　网格密度大些的效果

### 9.3.3　创建平移网格

在命令窗口的"输入命令"提示下输入"TABSURF"命令（对应的工具按钮为"平移

网格"按钮（🔲），可以通过指定轮廓曲线和方向矢量来创建平移网格，即这类曲面是由直线或曲线的延长线（称为路径曲线）按照指定的方向和距离（称为方向矢量或路径）定义的。其中，轮廓曲线可以是直线、圆弧、圆、椭圆、椭圆弧、二维多段线、三维多段线或样条曲线；方向矢量可以是直线，也可以是开放的二维或三维多段线。创建平移网格的示例如图 9-16 所示，1 为轮廓曲线，2 定义方向矢量。

指定的对象 　　　　　　 指定的方向矢量 　　　　　　 平移网格结果

图 9-16　创建平移网格示例

如果选择的方向矢量对象是开放的多段线，那么系统仅考虑多段线的第一点和最后一点来定义方向矢量，而忽略中间的顶点。

创建的平移网格是一个"2×N"的多边形网格，其中 N 由"SURFTAB1"系统变量确定。网格的 M 方向始终为 2 并且沿着方向矢量的方向；N 方向沿着轮廓曲线的方向。

创建平移网格的典型步骤如下。

1）选择"绘图"→"建模"→"网格"级联菜单中的"平移网格"命令，或者在命令窗口的"输入命令"提示下输入"TABSURF"命令并按〈Enter〉键。

2）指定轮廓曲线。

3）指定方向矢量。

4）如果必要，删除源对象。

**操作实例：创建平移网格**

1）假设已经绘制好一条将作为轮廓曲线的样条曲线和一条将用作方向矢量的直线，如图 9-17 所示，见本书提供的配套练习文件"创建平移网格.dwg"。

2）设置"SURFTAB1"系统变量。

命令：SURFTAB1✓

输入 SURFTAB1 的新值 <6>：18✓

3）在功能区"网格"选项卡的"图元"面板中单击"平移网格"按钮🔲，接着根据命令行提示执行下列操作。

命令：_tabsurf

当前线框密度：SURFTAB1=18

选择用作轮廓曲线的对象： 　　　　　　 //选择样条曲线作为轮廓曲线

选择用作方向矢量的对象： 　　　　　　 //选择直线用作方向矢量

创建的平移网格如图 9-18 所示。

### 9.3.4　创建直纹网格

使用"绘图"→"建模"→"网格"级联菜单中的"直纹网格"命令，或者在命令窗口的"输入命令"提示下输入"RULESURF"命令，可以在两条曲线之间创建直纹网格。

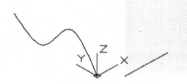

图9-17  绘制的样条曲线和直线

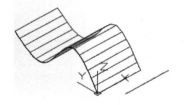

图9-18  创建平移网格

创建直纹网格的一般步骤简述如下。

1）选择"绘图"→"建模"→"网格"→"直纹网格"菜单命令，或者在命令窗口的"输入命令"提示下输入"RULESURF"按〈Enter〉键。

2）选择第一条定义曲线。

3）选择第二条定义曲线。

4）如果必要，删除源曲线。

选定的对象用于定义直纹网格的边，选定的对象可以是点、直线、样条曲线、圆、圆弧或多段线。如果有一个边界是闭合的，那么另一个边界必须也是闭合的。可以将一个点作为开放或闭合曲线的另一个边界，但是只能有一个边界曲线可以是一个点。对于开放曲线，要注意选择该曲线时所单击的位置，AutoCAD 基于曲线选择的位置来构造直纹网格，即起始顶点（0,0）是最靠近用来选择曲线的单击点的每条曲线的端点，如图 9-19 所示。对于闭合曲线，则可以不考虑选择的对象位置。

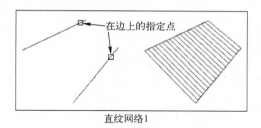

图9-19  基于开放曲线上指定点的位置构造直纹网格

**说明：** 在圆和闭合多段线之间创建直纹网格可能会造成乱纹。用一个闭合半圆多段线替换圆效果可能会更好。

直纹网格样例如图 9-20 所示。

图9-20  直纹网格样例

**操作实例：创建直纹网格**

1）在三维建模的设计环境下（以"西南等轴测"视角显示为例），分别绘制两个平行的圆。这两个圆的圆心位置分别为（0,0,0）和（10，–10，–100）。在空间中绘制这两个圆的步骤如下。

> 命令: CIRCLE✓
>
> 指定圆的圆心或 [三点(3P)/两点(2P)/切点、切点、半径(T)]: 0,0,0✓
>
> 指定圆的半径或 [直径(D)]: 25✓
>
> 命令: CIRCLE✓
>
> 指定圆的圆心或 [三点(3P)/两点(2P)/切点、切点、半径(T)]: 10, –10, –100✓
>
> 指定圆的半径或 [直径(D)] <25.0000>: 50✓

绘制的两个圆如图 9-21 所示。

2）在功能区"网格"选项卡的"图元"面板中单击"直纹网格"按钮，接着根据命令行提示进行操作。

> 命令: _rulesurf
>
> 当前线框密度: SURFTAB1=6
>
> 选择第一条定义曲线:                    //选择小圆
>
> 选择第二条定义曲线:                    //选择大圆

创建的直纹网格如图 9-22 所示。

3）在功能区中切换至"常用"选项卡，从"视图"面板的"视觉样式"下拉列表框中选择"隐藏"命令，则得到的直纹网格消隐效果如图 9-23 所示。

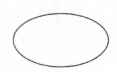

图 9-21　绘制两个圆　　　　图 9-22　创建直纹网格　　　　图 9-23　消隐效果

## 9.3.5 创建边界网格

使用"绘图"→"建模"→"网格"级联菜单中的"边界网格"命令，或者在命令窗口的"输入命令"提示下输入"EDGESURF"命令，可以通过选择 4 个对象作为曲面边界来创建孔斯曲面片网格，所述的"孔斯曲面片网格"是一个在 4 条邻接边（这些边可以是普通的空间曲线）之间插入的双三次曲面，如图 9-24 所示。

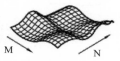

选定的4个边界　　　　　　生成的边界网格

图 9-24　边界网格

此类网格的边界可以是圆弧、直线、多段线、样条曲线和椭圆弧，并且必须形成闭合环和共享端点。在选择曲线作为网格边界时，可以用任何次序选择这 4 条边。第一条边（"SURFTAB1"）决定了生成网格的 M 方向，该方向从距选择点最近的端点延伸到另一端；与第一条边相接的两条边形成了网格的 N（"SURFTAB2"）方向的边。

创建边界网格的一般步骤说明如下。

1）选择"绘图"→"建模"→"网格"级联菜单中的"边界网格"命令，或者在命令窗口的"输入命令"提示下输入"EDGESURF"按〈Enter〉键。

2）按任意顺序选择 4 个边界。选择的第一个边界确定网格的 M 方向。

**操作实例：创建边界网格**

假设在三维空间中绘制有图 9-25 所示的 4 条邻接边（随书光盘中有配套的练习文件"创建边界网格.dwg"）。在功能区"网格"选项卡的"图元"面板中单击"边界网格"按钮，或者选择"绘图"→"建模"→"网格"级联菜单中的"边界网格"命令，然后根据命令行提示进行如下操作。

命令: _edgesurf

当前线框密度: SURFTAB1=6   SURFTAB2=6

选择用作曲面边界的对象 1:

选择用作曲面边界的对象 2:

选择用作曲面边界的对象 3:

选择用作曲面边界的对象 4:

创建的边界网格如图 9-26 所示。

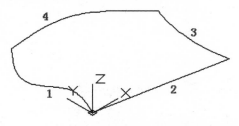
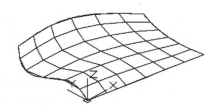

图 9-25　形成闭合环和共享端点的 4 条线　　　　图 9-26　创建的边界网格

## 9.3.6　绘制预定义的网格图元

可以创建常见的预定义三维多边形网格对象（网格图元），包括长方体、圆锥体、球面、网格、棱锥面、球体、圆环和楔体等网格图元。这些主要的预定义三维网格图元如图 9-27 所示。

用户可以直接从"绘图"→"建模"→"网格"→"图元"级联菜单中选择所需的网格图元创建命令来进行操作，如"长方体""楔体""圆锥体""球体""圆柱体""圆环体"和"棱锥体"命令。另外，用户使用"三维基础"工作空间时，可以从功能区"默认"选项卡的"创建"面板中单击用于绘制预定义网格图元的工具按钮，如图 9-28a 所示；当使用"三维建模"工作空间时，可以从"网格"选项卡的"图元"面板中单击用于绘制预定义网格图元的工具按钮，如图 9-28b 所示。

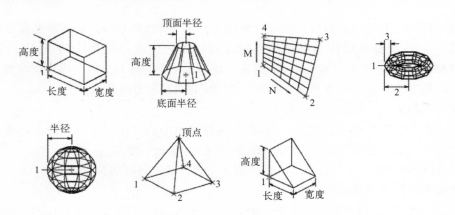

图 9-27　预定义的三维网格

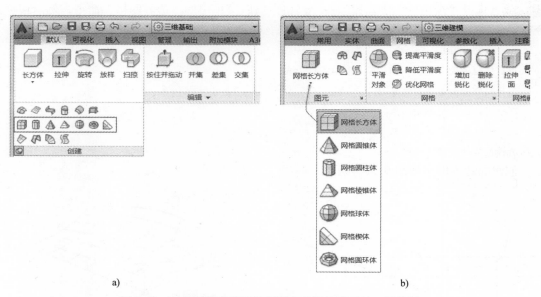

a)　　　　　　　　　　　　　　　　　　　　b)

图 9-28　功能区提供用于绘制预定义网格图元的工具按钮

a) "三维基础"工作空间中的"默认"→"创建"面板　　b) "三维建模"工作空间的"网格"→"图元"面板

### 操作实例：创建的圆环网格图元

1）使用"三维建模"工作空间，在功能区"网格"选项卡的"图元"面板中单击"网格圆环体"按钮，接着根据命令行提示进行如下操作。

命令:_MESH

当前平滑度设置为: 0

输入选项 [长方体(B)/圆锥体(C)/圆柱体(CY)/棱锥体(P)/球体(S)/楔体(W)/圆环体(T)/设置(SE)] <圆锥体>: _TORUS

指定中心点或 [三点(3P)/两点(2P)/切点、切点、半径(T)]: 0,0,0✓

指定半径或 [直径(D)] <24.0000>: 50✓

指定圆管半径或 [两点(2P)/直径(D)]: 10✓

创建的圆环网格面如图 9-29a 所示。

2）在功能区切换至"常用"选项卡，从"视图"面板的"视觉样式"下拉列表框中选择"隐藏"命令，"隐藏"结果如图 9-29b 所示。

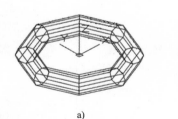
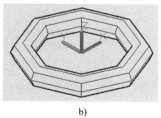

a)                    b)

图 9-29　创建圆环网格图元

a) 未消隐　b)"隐藏"样式的结果

## 9.3.7 处理网格对象

本节简要地介绍处理网格对象的常用工具按钮，如图 9-30 所示，它们的功能介绍见表 9-1。

图 9-30　处理网格对象的常用工具按钮

表 9-1　处理网格对象的常用按钮功能

| 序号 | 按钮 | 名　称 | 功　能　用　途 | 图　　解 |
|---|---|---|---|---|
| 1 | | 平滑对象 | 将三维对象（例如多边形网格、曲面和实体）转换为网格对象 | |
| 2 | | 提高平滑度 | 将网格对象的平滑度提高一级，平滑处理会增加网格中镶嵌面的数目，从而使对象更加圆滑 | |
| 3 | | 降低平滑度 | 将网格对象的平滑度减低一个级别，仅可以减低平滑度为 1 或大于 1 的对象的平滑度，不能减低已优化的对象的平滑度 | |

（续）

| 序号 | 按钮 | 名 称 | 功 能 用 途 | 图 解 |
|------|------|-------|-------------|-------|
| 4 | | 优化网格 | 成倍增加选定网格对象或面中的面数，从而提供对精细建模细节的附加控制 | |
| 5 | | 增加锐化 | 锐化选定网格子对象的边，锐化可使与选定子对象相邻的网格面和边变形 | |
| 6 | | 删除锐化 | 删除选定网格面、边或定点的锐化，即恢复已锐化的边的平滑度 | |
| 7 | | 拉伸面 | 拉伸或延伸网格面，操作中可以指定几个选项以确定拉伸的形状，还可以确定拉伸多个网格面将导致合并的拉伸还是独立的拉伸 | |
| 8 | | 分割面 | 将一个网格面拆分成两个面；分割面可以将更多定义添加到区域中，而无须优化该区域；可更加精确地控制分割位置 | |
| 9 | | 合并面 | 将相邻面合并为单个面（可以合并两个或多个相邻面以形成单个面） | |
| 10 | | 闭合孔 | 创建用于连接开放边的网格面 | |
| 11 | | 收拢面或边 | 合并选定网格面或边的顶点，以使周围网格面的顶点在选定边或面的中心收敛，而周围的面的形状会更改来适应一个或多个顶点的丢失 | |

（续）

| 序号 | 按钮 | 名 称 | 功 能 用 途 | 图 解 |
|------|------|-------|-------------|-------|
| 12 | | 旋转三角面 | 旋转合并两个三角形网格面的相邻边，以修改面的形状 | |

# 9.4 曲面建模进阶命令

在菜单栏的"绘图"→"建模"→"曲面"级联菜单中提供了"平面""网格""过渡""修补""偏移"和"圆角"命令，这些命令的功能含义如表 9-2 所示。这些命令的工具按钮可以在"三维建模"工作空间功能区"曲面"选项卡的"创建"面板中可以找到。

表 9-2 "绘图"→"建模"→"曲面"级联菜单中的命令功能及简易图解

| 序号 | 按钮 | 命 令 | 功 能 含 义 | 操作简易图解 |
|------|------|-------|-------------|-------------|
| 1 | | 平面 | 创建平面曲面：可通过选择关闭的对象或指定矩形表面的对角点创建平面曲面 | |
| 2 | | 网格 | 在 U 方向和 V 方向（包括曲面和实体边子对象）的几条曲线之间的空间中创建曲面 | |
| 3 | | 过渡 | 在两个现有曲面之间创建连续的过渡曲面 | |
| 4 | | 修补 | 通过在形成闭环的曲面边上拟合一个封口来创建新曲面 | |
| 5 | | 偏移 | 创建与原始曲面相距指定距离的平行曲面 | |

（续）

| 序号 | 按钮 | 命 令 | 功 能 含 义 | 操作简易图解 |
|------|------|-------|-------------|--------------|
| 6 |  | 圆角 | 在两个其他曲面之间创建圆角曲面 | |

**注意：** 在"三维建模"工作空间的功能区"曲面"选项卡中集中了曲面建模的很多实用命令按钮，如图 9-31 所示，这需要用户在平时的学习和工作中去熟悉和掌握。

图 9-31 "三维建模"工作空间的功能区"曲面"选项卡

# 9.5 创建基本三维实体

实体对象用来表示整个对象的体积。在线框、网格、曲面、实体三维建模中，实体的信息最完整，复杂实体比线框、网格和曲面更容易构造和编辑。实体可以显示为线框形式，也可以应用其他视觉样式，如三维隐藏、真实、概念。三维实体具有质量特性，如体积、惯性矩、重心等。

用户需要了解 AutoCAD 中的两个系统变量"FACETRES"和"ISOLINES"。

其中，"FACETRES"系统变量调整着色和消隐对象的平滑度，有效值范围为 0.01～10.0（包括 0.01 和 10），其默认值为 0.5。当"FACETRES"较低时，曲线式几何图形上将显示镶嵌面；"FACETRES"的值设置得越高，显示的几何图形就越平滑。

"ISOLINES"系统变量控制用于显示线框弯曲部分的素线数目。其有效值为 0～2047 的整数，其默认值为 4。图 9-32 给出了当"ISOLINES"取不同值时，球实体模型重生成的显示效果。

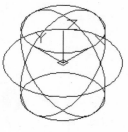

ISOLINES=4

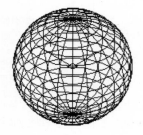

ISOLINES=24

图 9-32 "ISOLINES"取不同值时的效果

可以创建的基本三维造型实体包括长方体、多段体、楔体、圆锥体、圆柱体、球体、棱锥体和圆环体。下面以典型实例的方式介绍创建这些基本三维实体的方法。

### 9.5.1 创建长方体实例

单击"长方体"按钮 📦，或者在菜单栏中选择"绘图"→"建模"→"长方体"命令，接着根据命令行提示进行如下操作。

命令: _box
指定第一个角点或 [中心(C)]: 0,0,0✓
指定其他角点或 [立方体(C)/长度(L)]: 50, -35,0✓
指定高度或 [两点(2P)] <39.0000>: 30✓

绘制的长方体如图 9-33 所示（以"西南等轴测"视角显示）。如果此时在菜单栏中选择"视图"→"视觉样式"→"概念"命令，则长方体的显示效果如图 9-34 所示。

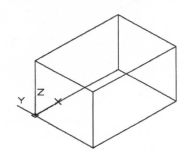

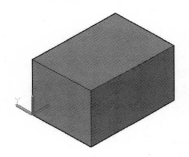

图 9-33　绘制的长方体　　　　　图 9-34　执行"概念"命令的显示效果

### 9.5.2 创建多段体实例

单击"多段体"按钮 📦，或者在菜单栏中选择"绘图"→"建模"→"多段体"命令，接着根据命令行提示进行如下操作。

命令: _Polysolid 高度 = 80.0000, 宽度 = 5.0000, 对正 = 居中
指定起点或 [对象(O)/高度(H)/宽度(W)/对正(J)] <对象>: H✓
指定高度 <80.0000>: 36✓
高度 = 36.0000, 宽度 = 5.0000, 对正 = 居中
指定起点或 [对象(O)/高度(H)/宽度(W)/对正(J)] <对象>: W✓
指定宽度 <5.0000>: 2.5✓
高度 = 36.0000, 宽度 = 2.5000, 对正 = 居中
指定起点或 [对象(O)/高度(H)/宽度(W)/对正(J)] <对象>: J✓
输入对正方式 [左对正(L)/居中(C)/右对正(R)] <居中>: C✓
高度 = 36.0000, 宽度 = 2.5000, 对正 = 居中
指定起点或 [对象(O)/高度(H)/宽度(W)/对正(J)] <对象>: 0,0✓
指定下一个点或 [圆弧(A)/放弃(U)]: 30,0✓
指定下一个点或 [圆弧(A)/放弃(U)]: A✓

指定圆弧的端点或 [闭合(C)/方向(D)/直线(L)/第二个点(S)/放弃(U)]: 50, -25↙

指定下一个点或 [圆弧(A)/闭合(C)/放弃(U)]: 指定圆弧的端点或 [闭合(C)/方向(D)/直线(L)/第二个点(S)/放弃(U)]: ↙

绘制的多段体实体如图9-35所示。

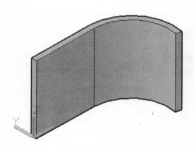

图9-35 绘制多段体实体

### 9.5.3 创建楔体实例

单击"楔体"按钮，或者在菜单栏中选择"绘图"→"建模"→"楔体"命令，接着根据命令行提示进行如下操作。

命令: _wedge
指定第一个角点或 [中心(C)]: C↙
指定中心: 0,0,0↙
指定角点或 [立方体(C)/长度(L)]: L↙
指定长度: 60↙
指定宽度: 50↙
指定高度或 [两点(2P)] <30.0000>: 25↙
绘制的楔体如图9-36所示。

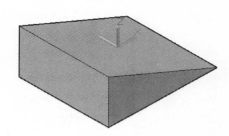

图9-36 绘制的楔体

### 9.5.4 创建球体实例

单击"球体"按钮，或者在菜单栏中选择"绘图"→"建模"→"球体"命令，接着根据命令行提示进行如下操作。

命令: _sphere
指定中心点或 [三点(3P)/两点(2P)/切点、切点、半径(T)]: 0,0,0↙
指定半径或 [直径(D)]: D↙
指定直径: 35↙
绘制的球体如图9-37所示。

图9-37 绘制球体

### 9.5.5 创建圆锥体实例

单击"圆锥体"按钮，或者在菜单栏中选择"绘图"→"建模"→"圆锥体"命令，接着根据命令行提示进行如下操作。

命令: _cone
指定底面的中心点或 [三点(3P)/两点(2P)/切点、切点、半径(T)/椭圆(E)]: 0,0,0↙
指定底面半径或 [直径(D)]: 35↙
指定高度或 [两点(2P)/轴端点(A)/顶面半径(T)]: 50↙
绘制的圆锥体如图9-38所示。

再绘制一个具有顶面的圆台。

单击"圆锥体"按钮，或者在菜单栏中选择"绘图"→"建模"→"圆锥体"命令，接着根据命令行提示进行如下操作。

命令：_cone

指定底面的中心点或 [三点(3P)/两点(2P)/切点、切点、半径(T)/椭圆(E)]: 100, -80↙

指定底面半径或 [直径(D)] <35.0000>: 39↙

指定高度或 [两点(2P)/轴端点(A)/顶面半径(T)] <50.0000>: T↙

指定顶面半径 <0.0000>: 15↙

指定高度或 [两点(2P)/轴端点(A)] <50.0000>: 52.7↙

绘制的圆台如图 9-39 所示。

图 9-38 绘制圆锥体

图 9-39 绘制圆台

## 9.5.6 创建圆柱体实例

单击"圆柱体"按钮 🛢，或者在菜单栏中选择"绘图"→"建模"→"圆柱体"命令，接着根据命令行提示进行如下操作。

命令：_cylinder

指定底面的中心点或 [三点(3P)/两点(2P)/切点、切点、半径(T)/椭圆(E)]: 0,0,0↙

指定底面半径或 [直径(D)] <39.0000>: 26↙

指定高度或 [两点(2P)/轴端点(A)] <52.7000>: 48.9↙

完成绘制的圆柱体如图 9-40 所示。

图 9-40 绘制圆柱体

## 9.5.7 创建圆环体实例

单击"圆环体"按钮 ◎，或者在菜单栏中选择"绘图"→"建模"→"圆环体"命令，接着根据命令行提示进行如下操作。

命令：_torus

指定中心点或 [三点(3P)/两点(2P)/切点、切点、半径(T)]: 0,0,0↙

指定半径或 [直径(D)] <26.0000>: 30.1↙

指定圆管半径或 [两点(2P)/直径(D)]: 5.4↙

绘制的圆环体如图 9-41 所示。

图 9-41 绘制圆环体

## 9.5.8 创建棱锥体实例

单击"棱锥体"按钮 △，或者在菜单栏中选择"绘图"→"建模"→"棱锥体"命令，接着根据命令行提示进行如下操作。

命令: _pyramid

4 个侧面 外切

指定底面的中心点或 [边(E)/侧面(S)]: S✓

输入侧面数 <4>: 6✓

指定底面的中心点或 [边(E)/侧面(S)]: 0,0,0✓

指定底面半径或 [内接(I)] <30.1000>: I✓

指定底面半径或 [外切(C)] <30.1000>: 61.8✓

指定高度或 [两点(2P)/轴端点(A)/顶面半径(T)] <48.9000>: 80✓

绘制的棱锥体如图 9-42 所示。

图 9-42 绘制棱锥体

# 9.6 通过现有直线和曲线创建实体和曲面

在 AutoCAD 2016 中，还可以通过现有的直线和曲线来创建实体和曲面，这些现有的直线和曲线对象定义了实体或曲面的轮廓和路径。

通过现有直线和曲线创建实体和曲面的方法主要有如下 5 种。

- 拉伸：使用"EXTRUDE"命令（对应的按钮为█），通过拉伸选定的对象创建实体和曲面。
- 旋转：使用"REVOLVE"命令（对应的按钮为█），通过绕轴旋转开放或闭合对象来创建实体或曲面。
- 扫掠：使用"SWEEP"命令（对应的按钮为█），通过沿开放或闭合的二维或三维路径扫掠开放或闭合的平面曲线（轮廓）来创建新实体或曲面。
- 放样：使用"LOFT"命令（对应的按钮为█），通过对包含两条或两条以上横截面曲线的一组曲线进行放样来创建三维实体或曲面。
- 按住并拖动：使用"PRESSPULL"命令（对应的按钮为█），通过按住并拖曳有边界区域来创建拉伸和偏移。

## 9.6.1 拉伸

要进行拉伸操作，可以执行如下方式之一。

▦ 命令："EXTRUDE"命令。

▧ 工具按钮："拉伸"按钮█。

▧ 菜单命令："绘图"→"建模"→"拉伸"。

使用"EXTRUDE"命令可以通过拉伸选定的对象来创建实体和曲面。这些要选定的拉伸对象和子对象可以是直线、圆弧、椭圆弧、二维多段线、二维样条曲线、圆、椭圆、三维面、二维实体、宽线、面域、平面曲面、实体上的平面，注意无法拉伸具有相交或自交线段的多段线，以及包含在块内的对象。

如果拉伸闭合对象，则生成的对象为实体或曲面；如果拉伸开放对象，则生成的对象为曲面。

如果要使用直线或圆弧从轮廓创建实体，可以使用"PEDIT"命令的"合并"选项将它们转换为一个多段线对象；也可以在使用"EXTRUDE"命令前将对象转换为单个面域。

执行"EXTRUDE"命令,选择要拉伸的对象并确认后,AutoCAD提示:

指定拉伸的高度或 [方向(D)/路径(P)/倾斜角(T)/表达式(E)]:

此时,如果输入正值来指定拉伸的高度,则将沿对象所在坐标系的 Z 轴正方向拉伸对象;如果输入负值,则将沿 Z 轴负方向拉伸对象。用户也可以根据需要指定路径、倾斜角或方向。

- "方向(D)":使用"方向"选项,可以通过指定两个点来指定拉伸的长度和方向。
- "路径(P)":使用"路径"选项,可以将对象指定为拉伸的路径,则沿选定路径拉伸选定对象的轮廓以创建实体或曲面。拉伸实体始于轮廓所在的平面,止于在路径端点处与路径垂直的平面。
- "倾斜角(T)":选择"倾斜角"选项,为拉伸实体添加倾斜角。倾斜拉伸常用在侧面形成一定角度的零件中,例如铸造车间用来制造金属产品的铸模。设计人员要避免使用过大的倾斜角度,因为如果角度过大,轮廓可能在达到所指定高度以前就倾斜为一个点。
- "表达式(E)":输入公式或方程式以指定拉伸高度。

**操作实例:创建拉伸实体1**

1)新建一个图形文件,在图形区域中绘制图9-43所示的二维图形(粗实线部分)。

2)选择"绘图"→"面域"命令,或者单击"面域"按钮 ⊙,然后使用拾取框依次选择图9-44所示的粗实线图元来生成面域。其命令行操作记录如下。

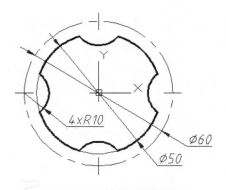

图9-43 绘制二维图形

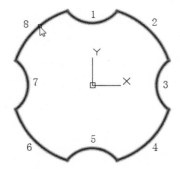

图9-44 选择要形成面域的对象

命令:_region

选择对象: 找到 1 个

选择对象: 找到 1 个,总计 2 个

选择对象: 找到 1 个,总计 3 个

选择对象: 找到 1 个,总计 4 个

选择对象: 找到 1 个,总计 5 个

选择对象: 找到 1 个,总计 6 个

选择对象: 指定对角点: 找到 0 个

选择对象: 找到 1 个,总计 7 个

选择对象: 找到 1 个,总计 8 个

选择对象: ↙

已提取 1 个环。

已创建 1 个面域。

3）在"视图"菜单中选择"三维视图"→"西南等轴测"命令，或者从功能区"视图"面板的"三维导航"下拉列表框中选择"西南等轴测"选项，则绘制的图形显示如图 9-45 所示。

4）此时可切换到"三维建模"工作空间，接着在功能区"实体"选项卡的"实体"面板中单击"拉伸"按钮，根据命令行提示进行如下操作。

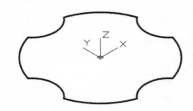

图 9-45　三维视图

命令: _extrude

当前线框密度: ISOLINES=4，闭合轮廓创建模式 = 实体

选择要拉伸的对象或 [模式(MO)]:_MO 闭合轮廓创建模式 [实体(SO)/曲面(SU)] <实体>:_SO

选择要拉伸的对象或 [模式(MO)]: 找到 1 个　　　　　　　　//选择面域

选择要拉伸的对象或 [模式(MO)]: ↙

指定拉伸的高度或 [方向(D)/路径(P)/倾斜角(T)/表达式(E)] <80.0000>: T↙　//选择"倾斜角"选项

指定拉伸的倾斜角度或 [表达式(E)] <0>: 5↙

指定拉伸的高度或 [方向(D)/路径(P)/倾斜角(T)/表达式(E)] <80.0000>: 20↙

创建的实体如图 9-46 所示。

**说明:** 在沿着 Z 轴拉伸二维对象时，可以添加拉伸实体的倾斜角度。该倾斜角度必须大于-90°且小于 90°，其初始默认值为 0。如果设置正角度则从基准对象逐渐变细拉伸，而负角度则从基准对象逐渐变粗地拉伸。

5）设置显示菜单栏，并在"视图"菜单中选择"消隐"命令，得到的消隐结果如图 9-47 所示。

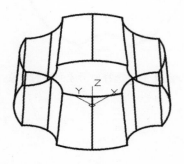

图 9-46　创建的拉伸实体

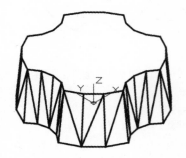

图 9-47　消隐结果

在介绍第 2 个拉伸实例之前，先简单地介绍几处要注意的地方。

如果需要沿路径拉伸对象，那么指定拉伸路径后，路径将移动到轮廓的质心，然后沿选定路径拉伸选定对象的轮廓来形成实体或曲面。在进行沿路径拉伸对象时，要注意如下几点。

● 路径不能与对象处于同一平面。

- 路径应避免具有高曲率的部分。
- 拉伸实体始于对象所在平面并保持其方向相对于路径。
- 可拉伸具有多个环的对象,所有环都显示在拉伸实体终止截面这一相同平面上。
- 如果路径包含不相切的线段,那么程序将沿每个线段拉伸对象,然后沿线段形成的角平分面斜接接头。如果路径是封闭的,对象应位于斜接面上。这允许实体的起始截面和终止截面相互匹配。如果对象不在斜接面上,将旋转对象直到其位于斜接面上。

**操作实例:沿路径拉伸对象**

1)打开光盘"CH9"中的"BD_拉伸 2.dwg"图形文件,该文件中存在着图 9-48 所示的图形(以西南等轴测显示),即存在着一个圆心为(0,0,0)的圆和一条样条曲线。

2)使用"三维建模"工作空间,在功能区"实体"选项卡的"实体"面板中单击"拉伸"按钮,根据命令行提示进行如下操作。

命令:_extrude

当前线框密度: ISOLINES=4,闭合轮廓创建模式 = 实体

选择要拉伸的对象或 [模式(MO)]:_MO 闭合轮廓创建模式 [实体(SO)/曲面(SU)] <实体>:_SO

选择要拉伸的对象或 [模式(MO)]: 找到 1 个                //选择小圆

选择要拉伸的对象或 [模式(MO)]: ↙

指定拉伸的高度或 [方向(D)/路径(P)/倾斜角(T)/表达式(E)] <20.0000>: P↙    //选择"路径(P)"

选择拉伸路径或 [倾斜角(T)]:                    //选择样条曲线作为拉伸路径

创建的拉伸实体结果如图 9-49 所示。

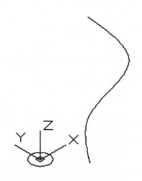

图 9-48 原始图形

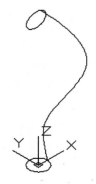

图 9-49 拉伸结果

3)在"视图"菜单中选择"消隐"命令,消隐结果如图 9-50 所示。

4)在"视图"菜单中选择"视觉样式"→"灰度"命令,则显示效果如图 9-51 所示。

## 9.6.2 旋转

要进行旋转操作,可以执行如下方式之一。

⌨ 命令:"REVOLVE"命令。

🖰 工具按钮:"旋转"按钮。

🖰 菜单命令:"绘图"→"建模"→"旋转"。

图 9-50　消隐结果　　　　　　　　　图 9-51　应用灰度视觉样式

使用"REVOLVE"命令，可以通过绕轴旋转开放或闭合对象来创建实体或曲面，旋转对象定义实体或曲面的轮廓。如果旋转闭合对象，则可生成实体或曲面；如果旋转开放对象，则生成曲面。旋转对象时，可以指定两点定义旋转轴，既可以由选定对象定义旋转轴，也可以采用 X 轴、Y 轴或 Z 轴来作为对象绕其旋转的轴。

同拉伸操作类似，如果要使用与多段线相交的直线或圆弧组成的轮廓创建实体，那么在使用"REVOLVE"命令之前，先使用"PEDIT"命令的"合并"选项将它们转换为一个多段线对象。如果未将这些对象转换为一个多段线，则旋转它们时创建的将会是曲面。

对于包含有相交线段的块或多段线内的对象，无法使用"REVOLVE"命令来对它们进行旋转操作。在处理多段线时，"REVOLVE"将忽略多段线的宽度，并从多段线路径的中心处开始旋转。

可以根据右手定则判定旋转的正方向。

绕轴旋转对象的典型步骤如下。

1）选择"绘图"→"建模"→"旋转"菜单命令，或者单击"旋转"按钮，或者在命令窗口的"输入命令"提示下输入"REVOLVE"并按〈Enter〉键。

2）选择要旋转的对象。

3）指定旋转轴的起点和端点，正轴方向是从起点到端点的方向。用户也可以根据实际情况通过选择"对象（O）""X""Y"或"Z"选项之一来定义轴。

4）指定旋转角度。

**操作实例：创建旋转实体**

1）新建一个图形文件，使用直线命令在图形区域绘制图 9-52 所示的二维图形。

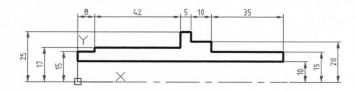

图 9-52　绘制二维图形

2）将这些直线对象转换为一个多段线对象。

命令: PEDIT✓　　　　　　　　　//在命令窗口的命令行中输入"PEDIT"命令并按〈Enter〉键

选择多段线或 [多条(M)]: M✓

选择对象: 指定对角点: 找到 12 个　　//框选图 9-53 所示的图形对象, 以选择这些直线

选择对象: ✓

是否将直线、圆弧和样条曲线转换为多段线? [是(Y)/否(N)]? <Y>✓

输入选项 [闭合(C)/打开(O)/合并(J)/宽度(W)/拟合(F)/样条曲线(S)/非曲线化(D)/线型生成(L)/反转(R)/放弃(U)]: J✓

合并类型 = 延伸

输入模糊距离或 [合并类型(J)] <0.0000>: ✓

多段线已增加 11 条线段

输入选项 [闭合(C)/打开(O)/合并(J)/宽度(W)/拟合(F)/样条曲线(S)/非曲线化(D)/线型生成(L)/反转(R)/放弃(U)]: ✓

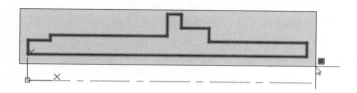

图 9-53　框选对象

**说明:** 用户也可以单击"面域"按钮 ⊙, 选择这些直线段以生成一个单独的面域对象。

3) 确保切换到"三维建模"工作空间, 在功能区"实体"选项卡的"实体"面板中单击"旋转"按钮 🛢, 根据命令行提示执行如下操作。

命令: _revolve

当前线框密度: ISOLINES=4, 闭合轮廓创建模式 = 实体

选择要旋转的对象或 [模式(MO)]: _MO 闭合轮廓创建模式 [实体(SO)/曲面(SU)] <实体>: _SO

选择要旋转的对象或 [模式(MO)]: 找到 1 个　　　　//选择合并而成的多段线对象

选择要旋转的对象或 [模式(MO)]: ✓

指定轴起点或根据以下选项之一定义轴 [对象(O)/X/Y/Z] <对象>: X✓

指定旋转角度或 [起点角度(ST)/反转(R)/表达式(EX)] <360>: 360✓

生成的旋转体如图 9-54 所示。

4) 在功能区中切换至"常用"选项卡, 从"视图"面板的"三维导航"下拉列表框中选择"西南等轴测"命令。

5) 在"视图"面板的"视觉样式"下拉列表框中选择"隐藏(消隐)"命令, 则实体消隐效果如图 9-55 所示。

### 9.6.3　扫掠

扫掠(也称扫描)是指通过沿开放或闭合的二维或三维路径扫掠开放或闭合的平面曲线(轮廓)来创建新实体或曲面。要进行扫掠操作, 可以执行如下方式之一。

⌨ 命令: "SWEEP"命令。

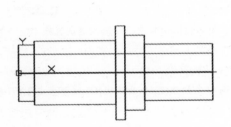

图 9-54 旋转结果

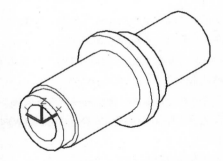

图 9-55 完成的旋转实体消隐效果

🌑 工具按钮:"扫掠"按钮🔲。

🌑 菜单命令:"绘图"→"建模"→"扫掠"。

"SWEEP"用于沿指定的路径以指定轮廓的形状绘制实体或曲面,如图 9-56 所示。执行一次"SWEEP"命令,可以扫掠多个对象,但是这些对象必须位于同一平面中。开放的曲线将默认创建曲面,闭合的曲线将创建实体或曲面(具体取决于指定的模式)。

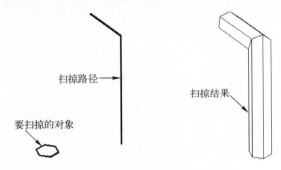

图 9-56 扫掠样例图

扫掠与拉伸不同,应注意到沿路径扫掠轮廓时,轮廓将被移动并与路径垂直对齐,然后沿路径扫掠该轮廓。在扫掠过程中,可能会扭曲或缩放对象。用户还可以在扫掠轮廓后,使用"特性"选项板来指定轮廓的这些特性:轮廓旋转、沿路径缩放、沿路径扭曲、倾斜(自然旋转)等。

**操作实例:创建扫描实体**

1)打开随书光盘"CH9"文件夹中的"BD_扫掠.dwg"文件,在该文件中存在着图 9-57 所示的圆和螺旋线。在创建扫掠实体之前,可以先将"ISOLINES"的值设置为"8",其方法是在命令行中输入"ISOLINES"并按〈Enter〉键,接着输入"ISOLINES"的值为"8",确认即可。

2)选择"绘图"→"建模"→"扫掠"菜单命令,或者单击"扫掠"按钮🔲,接着根据命令行提示进行如下操作。

命令:_sweep

当前线框密度: ISOLINES=8,闭合轮廓创建模式 = 实体

选择要扫掠的对象或 [模式(MO)]:_MO 闭合轮廓创建模式 [实体(SO)/曲面(SU)] <实体>:_SO

选择要扫掠的对象或 [模式(MO)]: MO↙

闭合轮廓创建模式 [实体(SO)/曲面(SU)] <实体>: SO✓

选择要扫掠的对象或 [模式(MO)]: 找到 1 个　　　　　　　　//选择圆心在（0,0,0）处的小圆

选择要扫掠的对象或 [模式(MO)]: ✓

选择扫掠路径或 [对齐(A)/基点(B)/比例(S)/扭曲(T)]:　　　　//选择扫掠路径

创建的扫掠模型如图 9-58 所示。

3）在"视图"菜单中选择"消隐"命令，得到的消隐模型效果如图 9-59 所示。

图 9-57　已存在的图形　　　　　图 9-58　创建扫掠模型　　　　　图 9-59　消隐效果

## 9.6.4　放样

AutoCAD 2016 提供了放样功能，可以创建一些较为复杂的实体和曲面。要进行放样操作，可以执行如下方式之一。

📖 命令："LOFT"命令。

📎 工具按钮："放样"按钮🛡。

📎 菜单命令："绘图"→"建模"→"放样"。

使用"LOFT"命令，可以通过指定一系列横截面来创建新的实体或曲面，其中，横截面用于定义结果实体或曲面的截面轮廓（形状）。所述的横截面（通常为曲线或直线）可以是开放的，也可以是闭合的。使用"LOFT"命令时必须指定至少两个横截面。既可以在启动命令后选择横截面，也可以在启动命令之前选择横截面。

在使用"LOFT"命令的过程中，按放样次序选择横截面后，AutoCAD 会出现"输入选项 [导向(G)/路径(P)/仅横截面(C)/设置(S)] <仅横截面>:"的提示信息。下面介绍该提示中的各选项的功能含义。

● "导向（G）"：该选项主要用于指定控制放样实体或曲面形状的导向曲线。所述的导向曲线是直线或曲线，可以通过将其他线框信息添加至对象来进一步定义实体或曲面的形状。可以使用导向曲线来控制点如何匹配相应的横截面以防止出现不希望看到的效果（例如结果实体或曲面中的皱褶）。可以为放样曲面或实体选择任意数量的导向曲线。以导向曲线连接横截面的放样实例如图 9-60 所示。

　　要注意的是：每条导向曲线要满足这些条件：①与每个横截面相交；②始于第一个横截面；③止于最后一个横截面。

● "路径（P）"：该选项用于指定放样实体或曲面的单一路径。路径曲线必须与横截面的所有平面相交。以路径曲线连接的横截面的放样实例如图 9-61 所示。

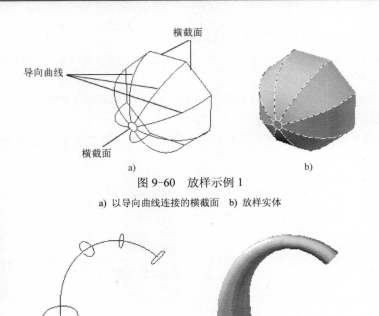

图 9-60 放样示例 1

a) 以导向曲线连接的横截面 b) 放样实体

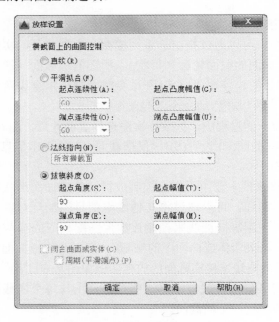

图 9-61 放样示例 2

a) 带有路径曲线的横截面 b) 放样实体

- "仅横截面（C）"：在不使用导向或路径的情况下创建放样对象。
- "设置（S）"：选择该选项时，系统弹出图 9-62 所示的"放样设置"对话框，从中可以设置横截面上的曲面控制选项。

图 9-62 "放样设置"对话框

**操作实例：创建放样实体**

1）打开随书光盘"CH9"文件夹中的"BD_放样.dwg"文件。在该文件中存在着 3 个横截面，如图 9-63 所示。

2）选择"绘图"→"建模"→"放样"菜单命令，或者单击"放样"按钮，接着根据命令行提示进行如下操作。

命令: _loft

当前线框密度: ISOLINES=4，闭合轮廓创建模式 = 实体

按放样次序选择横截面或 [点(PO)/合并多条边(J)/模式(MO)]: _MO 闭合轮廓创建模式 [实体(SO)/曲面(SU)] <实体>: _SO

按放样次序选择横截面或 [点(PO)/合并多条边(J)/模式(MO)]: 找到 1 个
//选择1，如图 9-64 所示

按放样次序选择横截面或 [点(PO)/合并多条边(J)/模式(MO)]: 找到 1 个，总计 2 个
//选择2，如图 9-64 所示

按放样次序选择横截面或 [点(PO)/合并多条边(J)/模式(MO)]: 找到 1 个，总计 3 个
//选择3，如图 9-64 所示

按放样次序选择横截面或 [点(PO)/合并多条边(J)/模式(MO)]: ↙

选中了 3 个横截面

输入选项 [导向(G)/路径(P)/仅横截面(C)/设置(S)] <仅横截面>: S↙ //弹出"放样设置"对话框

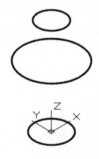

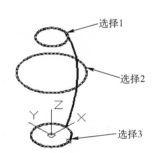

图 9-63 存在的横截面　　　　　　图 9-64 选择横截面

在"放样设置"对话框中设置图 9-65 所示的选项，单击"确定"按钮。

3）在"视图"菜单中选择"消隐"命令，消隐后的放样实体如图 9-66 所示。

## 9.6.5 按住并拖动

单击"按住并拖动"按钮，可以通过拉伸和偏移动态修改实体对象，示例如图 9-67 所示，在此示例中，可以拉伸两个多段线间的区域以创建三维实体墙。在选择二维对象以及由闭合边界或三维实体面形成的区域后，在移动光标时可获取视觉反馈。按住或拖动行为响应所选择的对象类型以创建拉伸和偏移。该命令会自动重复，直到按〈Esc〉键、〈Enter〉键或空格键。

这里结合本书配套的"BD_按住并拖动.dwg"练习文件来辅助介绍"按住并拖动"工具命令的使用方法。切换到"三维建模"工作空间，在功能区"实体"选项卡的"实体"面板

中单击"按住并拖动"按钮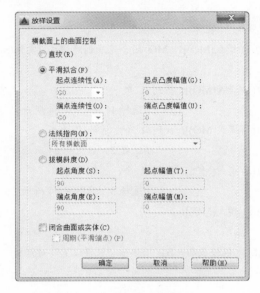，此时命令提示选择对象或边界区域。此时选择面可拉伸面，而不影响相邻面，如图 9-68a 所示，可以通过移动光标或输入距离指定拉伸高度。若果在"选择对象或边界区域"提示下按住〈Ctrl〉键的同时单击选择面，那么该面将发生偏移，而且更改也会影响相邻面，可通过移动光标或输入距离指定偏移，如图 9-68b 所示。另外要注意可以在操作过程中设置指定要进行多个选择。

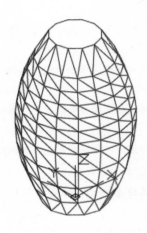

图 9-65 "放样设置"对话框              图 9-66 消隐结果

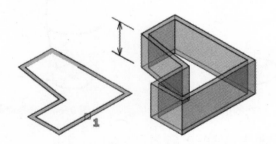

图 9-67 按住并拖动的操作示例

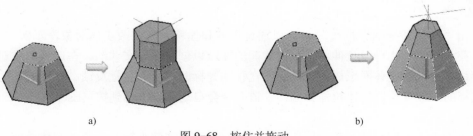

a)                                        b)

图 9-68 按住并拖动

a) 拉伸面  b) 偏移面

## 9.7 三维实体的布尔运算

复杂的三维实体通常不能一次生成，可以对若干相对简单的实体进行布尔运算等编辑操作，使其组合成复杂的实体模型。AutoCAD 的布尔运算主要包括并集、交集和差集运算。

### 9.7.1 并集运算

通过并集运算，可以将两个或两个以上实体（或面域）合并成为一个复合对象。得到的复合实体包括所有选定实体所封闭的空间；得到的复合面域包括子集中所有面域所封闭的面积。

要进行并集运算，可以有以下 3 种方式：

⌨ 命令："UNION"命令。

◐ 工具按钮："并集"按钮◎。

◐ 菜单命令："修改"→"实体编辑"→"并集"。

通过并集运算组合实体的典型步骤简述如下。

1）选择"修改"→"实体编辑"→"并集"菜单命令，或者单击"并集"按钮◎，或者在命令窗口的"输入命令"提示下输入"UNION"按〈Enter〉键。

2）选择要组合的对象。

3）按〈Enter〉键。

**操作实例：并集运算**

1）打开随书光盘"CH9"文件夹中的"BD_并集运算.dwg"文件。在该文件中存在着两个实体模型，即圆柱体和长方体，如图 9-69 所示。

2）选择"修改"→"实体编辑"→"并集"菜单命令，或者单击"并集"按钮◎，接着根据命令行提示执行下列操作。

命令:_union

选择对象: 找到 1 个　　　　　　　　//选择圆柱体

选择对象: 找到 1 个,总计 2 个　　　//选择长方体

选择对象: ↙

通过并集运算后，组合体如图 9-70 所示。

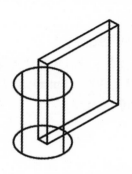

图 9-69　圆柱体和长方体

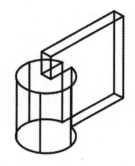

图 9-70　并集运算后的组合体

3）在"视图"菜单中选择"视觉样式"→"消隐"命令，或者打开功能区"常用"选项卡的"视图"面板，从"视觉样式"下拉列表框中选择"隐藏"选项，实体消隐的模型效果如图 9-71 所示。此时单击实体模型，会发现之前两个单独的实体变成一个单独的实体，如图 9-72 所示。

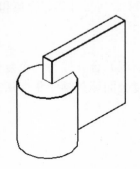

图 9-71　消隐效果

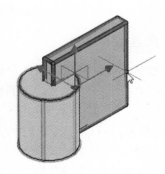

图 9-72　单击实体

### 9.7.2　差集运算

通过差集运算，可以从一组实体中删除与另一组实体的公共区域。例如，可以通过差集运算从对象中减去圆柱体，从而构建出机械零件中的孔结构，如图 9-73 所示。

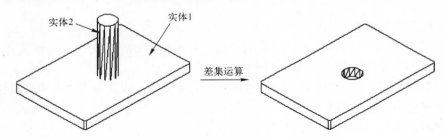

图 9-73　差集运算

要进行差集运算，可以有以下 3 种方式：

命令："SUBTRACT"命令。

工具按钮："差集"按钮。

菜单命令："修改"→"实体编辑"→"差集"。

通过差集运算从一个实体中减去另一个实体的典型步骤如下。

1）选择"修改"→"实体编辑"→"差集"菜单命令，或者单击"差集"按钮，或者在命令窗口的"输入命令"提示下输入"SUBTRACT"并按〈Enter〉键。

2）选择要从中减去对象的实体对象。按〈Enter〉键。

3）选择要减去的对象。按〈Enter〉键。

**操作实例：差集运算**

1）打开随书光盘"CH9"文件夹中的"BD_差集运算.dwg"文件。在该文件中存在着的实体模型如图 9-74 所示。

2）选择"修改"→"实体编辑"→"差集"菜单命令，或者单击"差集"按钮，然后根据命令行提示执行如下操作。

命令: _subtract 选择要从中减去的实体、曲面和面域...

选择对象: 找到 1 个　　　　　　　//选择实体 1

选择对象: ∠

选择要减去的实体、曲面和面域...

选择对象: 找到 1 个　　　　　　　//选择实体 2

选择对象: 找到 1 个，总计 2 个　　//选择实体 3

选择对象: 找到 1 个，总计 3 个　　//选择实体 4

选择对象: ∠

3）为了清楚起见，可以选择"视图"菜单中的"消隐"命令来观察模型，效果如图 9-75 所示。

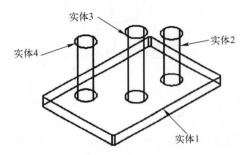
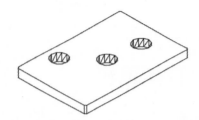

图 9-74　已有的实体模型　　　　　　　　图 9-75　差集运算的模型结果（消隐后）

## 9.7.3　交集运算

通过交集运算可以从两个或两个以上重叠实体的公共部分创建复合实体，而将非重叠部分删除。另外，使用交集运算也可以从两个或多个面域的交集中创建复合面域，而删除交集外的区域。

要进行交集运算，可以有以下 3 种方式：

命令："INTERSECT"命令。

工具按钮："交集"按钮。

菜单命令："修改"→"实体编辑"→"交集"。

利用两个或两个以上实体的交集创建实体的典型步骤简述如下。

1）选择"修改"→"实体编辑"→"交集"菜单命令，或者单击"交集"按钮，或者在命令窗口的"输入命令"提示下输入"INTERSECT"并按〈Enter〉键。

2）选择要相交的对象。

3）按〈Enter〉键。

**操作实例：交集运算**

1）打开随书光盘"CH9"文件夹中的"BD_交集运算.dwg"文件。在该文件中存在着两个独立的实体模型，如图 9-76 所示（西南等轴测视图显示）。

2）选择"修改"→"实体编辑"→"交集"菜单命令，或者单击"交集"按钮，然后根据命令行提示进行如下操作。

命令: _intersect

选择对象: 找到 1 个　　　　　　　//选择实体 1

选择对象: 找到 1 个, 总计 2 个　　//选择实体 2

选择对象: ↙

3）为了清楚起见，可以选择"视图"菜单中的"消隐"命令来观察模型，效果如图 9-77 所示。

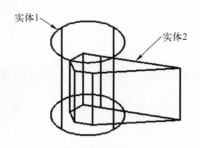

实体1

实体2

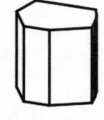

图 9-76　文件中已有的两个实体模型　　　图 9-77　交集运算得到的实体（消隐效果）

## 9.8　实体编辑

在菜单栏的"修改"→"实体编辑"级联菜单（对应着"三维建模"功能区"实体"选项卡的"实体编辑"面板）中提供表 9-3 所示的一些实体编辑命令。

表 9-3　实体编辑的一些命令工具

| 序号 | 按钮 | 命令 | 功 能 含 义 |
|---|---|---|---|
| 1 | | 压印边 | 压印三维实体或曲面上的二维几何图形，从而在平面上创建其他边 |
| 2 | | 圆角边 | 为实体对象边建立圆角 |
| 3 | | 倒角边 | 为实体边和曲面边建立倒角 |
| 4 | | 着色边 | 更改三维实体上选定边的颜色 |
| 5 | | 复制边 | 将三维实体上的选定边复制为三维圆弧、圆、椭圆、直线或样条曲线 |
| 6 | | 拉伸面 | 按指定的距离或沿某条路径拉伸三维实体的选定平面 |
| 7 | | 移动面 | 将三维实体上的面在指定方向上移动指定的距离 |
| 8 | | 偏移面 | 按指定的距离偏移三维实体的选定面，从而更改其形状 |
| 9 | | 删除面 | 删除三维实体上的面，包括圆角和倒角 |
| 10 | | 旋转面 | 绕指定的轴旋转三维实体上的选定面 |
| 11 | | 倾斜面 | 按指定的角度倾斜三维实体上的面 |
| 12 | | 着色面 | 更改三维实体上选定面的颜色 |
| 13 | | 复制面 | 复制三维实体上的面，从而生成面域或实体 |

（续）

| 序号 | 按钮 | 命令 | 功 能 含 义 |
|------|------|------|------------|
| 14 | | 清除 | 删除三维实体上所有冗余的边和顶点 |
| 15 | | 分割 | 将具有多个不连续部分的三维实体对象分割为独立的三维实体 |
| 16 | | 抽壳 | 将三维实体转换为中空壳体，其壁具有指定的厚度 |
| 17 | | 检查 | 检查三维实体中的几何数据 |

在本节中，将介绍其中一些常用的实体编辑命令的应用。

### 9.8.1 倒角边

在三维机械零件中，经常需要设计倒角结构。

要为三维实体边或曲面边制作倒角，可以通过下列 3 种方式来执行"倒角边"功能。

📖 命令："CHAMFEREDGE"命令。

🖰 工具按钮："倒角边"按钮。

🖰 菜单命令："修改"→"实体编辑"→"倒角边"。

创建倒角边的操作较为简单，请看下面的操作范例。

**操作实例：创建倒角边**

1）打开随书光盘"CH9"文件夹中的"BD_倒角边.dwg"文件。文件中已有的实体如图 9-78 所示。

2）确保切换到"三维建模"工作空间，在功能区"实体"选项卡的"实体编辑"面板中单击"倒角边"按钮，接着根据命令行提示进行如下操作。

命令:_CHAMFEREDGE 距离 1 = 1.0000，距离 2 = 1.0000

选择一条边或 [环(L)/距离(D)]: D↙

指定距离 1 或 [表达式(E)] <1.0000>: 3↙

指定距离 2 或 [表达式(E)] <1.0000>: 3↙

选择一条边或 [环(L)/距离(D)]:             //选择图 9-79 所示的一条边

选择同一个面上的其他边或 [环(L)/距离(D)]: ↙

按〈Enter〉键接受倒角或 [距离(D)]: ↙

完成倒角边操作的实体模型如图 9-80 所示。读者可以继续在该实例模型中练习创建多个倒角边。

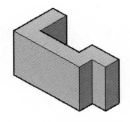

图 9-78 原始实体模型

选择要倒角的边

图 9-79 选择边

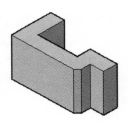

图 9-80 完成倒角边

### 9.8.2　圆角边

要为三维实体的边创建圆角边，可以通过下列 3 种方式来执行圆角功能。

命令："FILLETEDGE"命令。

工具按钮："圆角边"按钮 。

菜单命令："修改"→"实体编辑"→"圆角边"。

对三维实体的棱边进行倒圆角操作，其方法也较为简单，根据命令行的提示进行相关的操作即可。下面结合操作实例来介绍如何在三维实体中添加圆角。

单击"圆角边"按钮 ，接着根据命令行提示进行如下操作

命令:_FILLETEDGE

半径 = 1.0000

选择边或 [链(C)/环(L)/半径(R)]: R✓

输入圆角半径或 [表达式(E)] <1.0000>: 10✓

选择边或 [链(C)/环(L)/半径(R)]: 　　　　　　　//选择图 9-81 所示的要圆角的边

选择边或 [链(C)/环(L)/半径(R)]: ✓

已选定 1 个边用于圆角。

按〈Enter〉键接受圆角或 [半径(R)]: ✓

完成该圆角边的模型效果如图 9-82 所示。

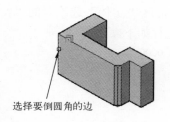

选择要倒圆角的边

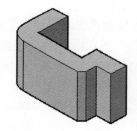

图 9-81　单击边线　　　　　　　　图 9-82　完成圆角边的模型

**知识点拨：** 在创建圆角边的过程中会出现"选择边或 [链(C)/环(L)/半径(R)]"的提示信息，它们的功能含义如下。

- "选择边"：指定同一实体上要进行圆角的一个或多个边。按〈Enter〉键后，可以拖动圆角夹点来指定半径，当然也可以使用"半径"选项。
- "链"：指定多条边的边相切。
- "环"：在实体的面上指定边的环。对于任何边，有两种可能的循环，选择循环边后，系统将提示用户接受当前选择，或选择下一个循环。
- "半径"：指定半径值。

### 9.8.3　抽壳

抽壳是指将三维实体转换为中空壳体，其壁具有设定的厚度。可以为所有面指定一个固定的薄壁厚度，并可以指定哪些面排除在壳外。在指定抽壳偏移距离时，若指定正值则从圆

周外开始抽壳，若指定负值则从圆周内开始抽壳。

要进行三维抽壳操作，可以执行"修改"→"实体编辑"→"抽壳"菜单命令，或者单击"抽壳"按钮◙。

**操作实例：进行三维抽壳操作**

该实例具体的操作步骤如下。

1）打开随书光盘"CH9"文件夹中的"BD_抽壳.dwg"文件。该文件中存在的实体模型如图 9-83 所示。

2）单击"抽壳"按钮◙，或者在"修改"菜单中选择"实体编辑"→"抽壳"命令，执行如下操作。

命令：_solidedit

实体编辑自动检查：SOLIDCHECK=1

输入实体编辑选项 [面(F)/边(E)/体(B)/放弃(U)/退出(X)] <退出>：_body

输入体编辑选项

[压印(I)/分割实体(P)/抽壳(S)/清除(L)/检查(C)/放弃(U)/退出(X)] <退出>：_shell

选择三维实体： //单击三维实体

删除面或 [放弃(U)/添加(A)/全部(ALL)]：找到一个面，已删除 1 个。//指定删除面，如图 9-84 所示

图 9-83 文件中已存在的实体　　　　　图 9-84 指定删除面

删除面或 [放弃(U)/添加(A)/全部(ALL)]：↙

输入抽壳偏移距离：2↙

已开始实体校验。

已完成实体校验。

输入体编辑选项

[压印(I)/分割实体(P)/抽壳(S)/清除(L)/检查(C)/放弃(U)/退出(X)] <退出>：↙

实体编辑自动检查：SOLIDCHECK=1

输入实体编辑选项 [面(F)/边(E)/体(B)/放弃(U)/退出(X)] <退出>：↙

抽壳结果如图 9-85 所示。

图 9-85 抽壳结果

### 9.8.4　倾斜面

使用"倾斜面"按钮◙，可以按指定的角度倾斜三维实体上的面。若指定正角度，则向里倾斜面；若指定负角度，则向外倾斜面。默认的角度为 0，可以垂直于平面拉伸面。选择集中所有选定的面将倾斜相同的角度。

操作实例：学习倾斜面操作

1）打开随书光盘"CH9"文件夹中的"BD_倾斜面.dwg"文件。该文件中存在的实体模型如图 9-86 所示。

2）单击"倾斜面"按钮，或者在"修改"菜单中选择"实体编辑"→"倾斜面"命令，根据命令行提示执行如下操作。

命令：_solidedit

实体编辑自动检查：SOLIDCHECK=1

输入实体编辑选项 [面(F)/边(E)/体(B)/放弃(U)/退出(X)] <退出>：_face

图 9-86　原始实体模型

输入面编辑选项

[拉伸(E)/移动(M)/旋转(R)/偏移(O)/倾斜(T)/删除(D)/复制(C)/颜色(L)/材质(A)/放弃(U)/退出(X)] <退出>：_taper

选择面或 [放弃(U)/删除(R)]：找到一个面。　　　　　//单击图 9-87a 所示的面

选择面或 [放弃(U)/删除(R)/全部(ALL)]：↙　　　　//按〈Enter〉键

指定基点：　　　　　　　　　　　　　　　　　//选择图 9-87b 所示的三维端点

指定沿倾斜轴的另一个点：　　　　　　　　　//选择图 9-87c 所示的端点

指定倾斜角度：-10↙　　　　　　　　　　　　//指定倾斜角度为-10°

已开始实体校验。

已完成实体校验。

输入面编辑选项 [拉伸(E)/移动(M)/旋转(R)/偏移(O)/倾斜(T)/删除(D)/复制(C)/颜色(L)/材质(A)/放弃(U)/退出(X)] <退出>：↙　　　　//按〈Enter〉键

实体编辑自动检查：SOLIDCHECK=1

输入实体编辑选项 [面(F)/边(E)/体(B)/放弃(U)/退出(X)] <退出>：↙　　　//按〈Enter〉键

完成倾斜面操作得到的模型效果如图 9-87d 所示。

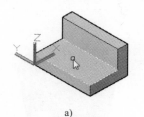
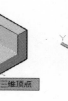
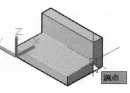
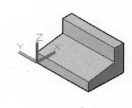

a)　　　　　　　b)　　　　　　　c)　　　　　　　d)

图 9-87　倾斜面操作

a) 选择面　b) 指定基点　c) 指定沿倾斜轴的另一个点　d) 操作结果

### 9.8.5　偏移面与拉伸面

使用"偏移面"按钮可按指定的距离偏移三维实体的选定面，从而更改三维实体模型的形状。偏移面的操作步骤较为简单，单击"偏移面"按钮后，选择要偏移的面，然后指定偏移值即可。若偏移值为正值，则会增大实体的大小或体积；若偏移值为负值，则会减少实体的大小或体积。偏移面的操作示例如图 9-88 所示。

使用"拉伸面"按钮可按指定的距离或沿某条路径拉伸三维实体的选定平面。注意

不能拉伸非平面。拉伸面的操作步骤和偏移面类似，典型的拉伸面操作示例如图 9-89 所示（其中以指定拉伸高度为例）。

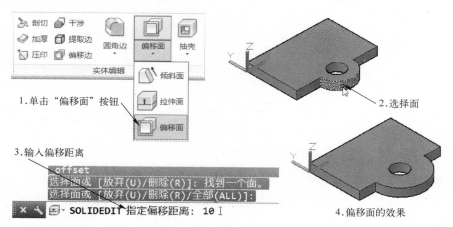

图 9-88　偏移面的操作示例

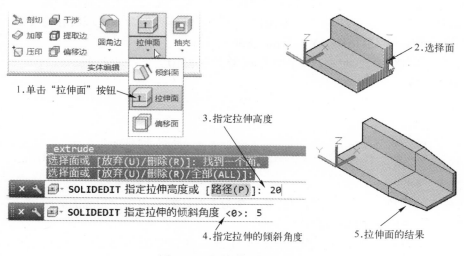

图 9-89　拉伸面的操作示例

# 9.9　三维操作

　　AutoCAD 2016 的三维操作包括三维移动、三维旋转、对齐、三维对齐、三维镜像、三维阵列、干涉检查、剖切、加厚、转换为实体、转换为曲面和提取边等。这些三维操作的命令位于"修改"→"三维操作"级联菜单中，如图 9-90 所示。

### 9.9.1　三维阵列

　　使用"修改"菜单中的"三维操作"→"三维阵列"命令（"3DARRAY"），可以在三维空间中创建对象的矩形阵列或环形阵列。

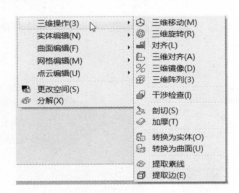

图 9-90　"三维操作"级联菜单

**1．矩形阵列**

可以在行、列和层组合的矩形阵列中复制对象，一个矩形阵列必须具有至少两个行、列或层。一个具有多行、多列和多层的矩形阵列，需要定义行数、列数、层数、行间距、列间距和层间距。

如果要创建具有多行、多列和多层的矩形阵列，可以按照如下的典型步骤来进行。

1）选择"修改"菜单中的"三维操作"→"三维阵列"命令，或者在命令窗口的"输入命令"提示下输入"3DARRAY"并按〈Enter〉键。

2）选择要创建阵列的对象，并指定阵列类型为"矩形"。

3）输入行数。

4）输入列数。

5）输入层数。

6）指定行间距。

7）指定列间距。

8）指定层间距。

如果输入的行数、列数或层数中的某一个为 1 时，则不用指定相应的间距。

**操作实例：三维矩形阵列操作**

1）打开随书光盘"CH9"文件夹中的"BD_三维矩形阵列.dwg"文件，文件中存在着一个球体实体，如图 9-91 所示。

2）设置显示菜单栏，选择"修改"菜单中的"三维操作"→"三维阵列"命令，接着根据命令行提示来执行如下操作。

命令：_3darray

正在初始化... 已加载 3DARRAY。

选择对象: 找到 1 个　　　　　　　　　　//选择球体

选择对象: ✓

输入阵列类型 [矩形(R)/环形(P)] <矩形>:R✓

输入行数 (---) <1>: 6✓

输入列数 (|||) <1>: 4✓

输入层数 (...) <1>: 2✓

指定行间距 (---): 25↙

指定列间距 (|||): 25↙

指定层间距 (...): 16↙

三维矩形阵列的结果如图 9-92 所示。

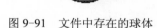

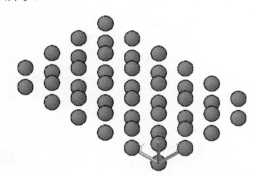

图 9-91 文件中存在的球体　　　　图 9-92 三维矩形阵列

#### 2. 环形阵列

环形阵列就是绕旋转轴来复制对象，如图 9-93 所示。在创建环形阵列的过程中，需要定义阵列的项目数目、要填充的角度、阵列的中心轴等。

如果要创建对象的三维环形阵列，可以按照如下的典型步骤来进行。

1）选择"修改"菜单中的"三维操作"→"三维阵列"命令，或者在命令窗口的"输入命令"提示下输入"3DARRAY"并按〈Enter〉键。

2）选择要创建阵列的对象。

3）选择"环形"选项。

4）输入要创建阵列的项目数。

5）指定要填充的阵列对象的角度。

6）按〈Enter〉键沿阵列方向旋转对象，或者输入"n"保留它们的方向。

7）指定对象旋转轴的起点和端点。

**操作实例：应用三维环形阵列**

1）打开随书光盘"CH9"文件夹中的"BD_三维环形阵列.dwg"文件，文件中存在着两个实体模型，如图 9-94 所示。

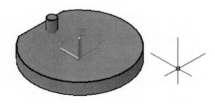

图 9-93 三维环形阵列　　　　　图 9-94 文件中的两个实体模型

2）选择"修改"菜单中的"三维操作"→"三维阵列"命令，接着根据命令行提示执行如下操作。

命令:_3darray

正在初始化... 已加载 3DARRAY。

选择对象: 找到 1 个 　　　　　　　//选择小圆柱体

选择对象:✓

输入阵列类型 [矩形(R)/环形(P)] <矩形>:P✓

输入阵列中的项目数目:6✓

指定要填充的角度 (+=逆时针, -=顺时针) <360>:✓

旋转阵列对象? [是(Y)/否(N)] <Y>:✓

指定阵列的中心点: 　　　　　　　//选择图 9-95a 所示的圆心

指定旋转轴上的第二点: 　　　　　　//在启用正交模式下指定一点，如图 9-95b 所示

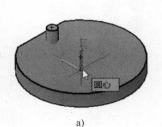
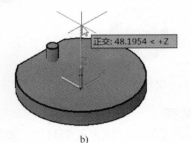

a) 　　　　　　　　　　　　　　　　b)

图 9-95 指定两点定义旋转轴

a) 指定阵列的中心点　b) 指定旋转轴上的第二点

执行该三维环形阵列操作后的模型效果如图 9-96 所示。

3）选择"修改"→"实体编辑"→"差集"菜单命令，或者单击"差集"按钮◍，根据命令行提示执行如下操作。

命令:_subtract

选择要从中减去的实体、曲面和面域...

选择对象: 找到 1 个 　　　　　　　//选择图 9-97 所示的实体

选择对象: ✓

选择要减去的实体、曲面和面域...

选择对象: 找到 1 个 　　　　　　　//选择其中一个圆柱体

选择对象: 找到 1 个，总计 2 个 　　//选择第 2 个圆柱体

选择对象: 找到 1 个，总计 3 个 　　//选择第 3 个圆柱体

选择对象: 找到 1 个，总计 4 个 　　//选择第 4 个圆柱体

选择对象: 找到 1 个，总计 5 个 　　//选择第 5 个圆柱体

选择对象: 找到 1 个，总计 6 个 　　//选择第 6 个圆柱体

选择对象: ✓

执行差集操作的结果如图 9-98 所示。

### 9.9.2 三维镜像

使用"修改"菜单中的"三维操作"→"三维镜像"命令（"MIRROR3D"），可以通过指定镜像平面来镜像对象。镜像平面可以是平面对象所在的平面，也可以是通过指定点且与

当前 UCS 的 XY、YZ 或 XZ 平面平行的平面，还可以是由三个指定点定义的平面。

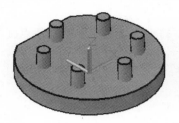 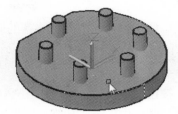  

图 9-96　三维环形阵列　　　图 9-97　选择要从中减去的实体　　　图 9-98　差集操作的结果

在三维空间中镜像对象的步骤如下。

1）选择"修改"菜单中的"三维操作"→"三维镜像"命令。

2）选择要镜像的对象。

3）定义镜像平面。

4）按〈Enter〉键保留原始对象，或者输入"Y"将其删除。

**操作实例：三维镜像操作**

1）打开随书光盘"CH9"文件夹中的"BD_三维镜像.dwg"文件，文件中的原始模型如图 9-99 所示。

2）单击"三维镜像"按钮%，或者选择"修改"菜单中的"三维操作"→"三维镜像"命令，根据命令行提示执行如下操作。

命令：_mirror3d

选择对象：找到 1 个　　　　　　　　　　//选择原始实体模型

选择对象：✓

指定镜像平面 (三点) 的第一个点或

[对象(O)/最近的(L)/Z 轴(Z)/视图(V)/XY 平面(XY)/YZ 平面(YZ)/ZX 平面(ZX)/三点(3)] <三点>：

　　　　　　　　　　　　　　　　//选择点 1，如图 9-100 所示

在镜像平面上指定第二点：　　　　　　//选择点 2，如图 9-100 所示

在镜像平面上指定第三点：　　　　　　//选择点 3，如图 9-100 所示

是否删除源对象？[是(Y)/否(N)] <否>：✓

三维镜像结果如图 9-101 所示。

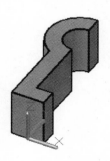 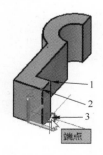 

图 9-99　原始模型　　　　图 9-100　指定 3 点定义镜像平面　　　图 9-101　三维镜像结果

### 9.9.3 三维旋转

可以在三维视图中显示三维旋转小控件（或者称特殊的旋转夹点工具）并围绕基点旋转对象。要进行三维旋转操作，可以有下列 3 种方式。

⌨ 命令："3DROTATE"命令。

🖱 工具按钮："三维旋转"按钮⊕。

🖱 菜单命令："修改"→"三维操作"→"三维旋转"。

如果在视觉样式为二维线框的视口中绘图，则在上述命令执行期间，"3DROTATE"会将视觉样式暂时更改为三维线框。

执行"3DROTATE"命令，选定要旋转的对象和子对象后，默认情况下三维旋转小控件（由中心框和轴把手组成）显示在选定对象的中心，如图 9-102 所示。用户可以重新指定三维旋转小控件的旋转基点。指定旋转基点后，在三维小控件上指定旋转轴，其典型方法是移动鼠标直至要选择的轴轨迹（对应着轴把手）变为黄色，然后单击以选择此轨迹定义旋转轴。此时，当用户指定角度起点后，拖动光标可以将选定对象和子对象围绕基点沿指定轴旋转，如图 9-103 所示。用户也可以输入值来精确指定旋转角度，而不用手动指定角度起点和角度端点。

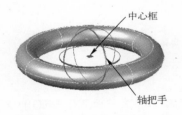

图 9-102　显示三维旋转小控件　　　　图 9-103　三维旋转操作

**操作实例：在三维空间沿指定的轴旋转对象**

1）打开随书光盘"CH9"文件夹中的"BD_三维旋转.dwg"文件。

2）选择"修改"→"三维操作"→"三维旋转"菜单命令，或者单击"三维旋转"按钮⊕，接着根据命令行提示执行下列操作。

```
命令: _3drotate
UCS 当前的正角方向:　ANGDIR=逆时针　ANGBASE=0
选择对象: 找到 1 个　　　　　　　//选择实体对象
选择对象: ↙
指定基点:　　　　　　　　　　　//选择图 9-104 所示的端点作为基点
拾取旋转轴:　　　　　　　　　　//如图 9-105 所示
指定角的起点或键入角度: 45↙
```

三维旋转结果如图 9-106 所示。

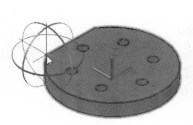
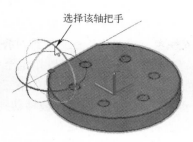
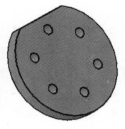

选择该轴把手

图 9-104　指定基点　　　　图 9-105　拾取旋转轴　　　　图 9-106　三维旋转结果

### 9.9.4　三维移动

可以在三维视图中显示三维移动小控件（特殊的移动夹点工具），并沿指定方向将对象移动指定距离。要进行三维移动操作，可以有下列 3 种方式。

　命令："3DMOVE"命令。

　工具按钮："三维移动"按钮　。

　菜单命令："修改" → "三维操作" → "三维移动"。

如果在视觉样式为二维线框的视口中绘图，则在命令执行期间，"3DMOVE"会将视觉样式暂时更改为三维线框。

在执行三维移动过程中，三维移动小控件（包括基准夹点和轴把手，轴把手又称轴句柄）将显示在指定的基点，如图 9-107 所示。使用三维移动小控件，可以自由移动选定的对象和子对象，或将移动约束到轴或平面。

**1．沿轴移动**

单击轴以将移动约束到该轴上。此时，当用户拖动光标时，选定的对象和子对象将仅沿指定的轴移动，如图 9-108 所示。

**2．沿平面移动**

单击轴之间的区域以将移动约束到该平面上，如图 9-109 所示，此时，当用户拖动光标时，选定对象和子对象将仅沿指定的平面移动。

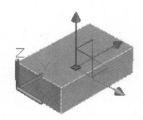
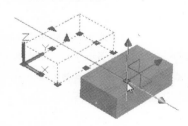

图 9-107　显示三维移动小控件　　图 9-108　将移动约束到轴上　　图 9-109　将移动约束到指定平面

### 9.9.5　三维对齐

可以在二维和三维空间中将对象与其他对象对齐。要执行三维对齐操作，可以采用下列 3 种方式。

　命令："3DALIGN"命令。

    工具按钮："三维对齐"按钮 。

    菜单命令："修改"→"三维操作"→"三维对齐"。

在三维视图中，使用"3DALIGN"命令可以指定至多三个点来定义源平面，然后指定至多三个点来定义目标平面。应该注意三维对齐的如下三个应用特点。

● 对象上的第一个源点（称为基点）将始终被移动到第一个目标点。

● 为源或目标指定第二点将导致旋转选定对象。

● 源或目标的第三个点将导致选定对象进一步旋转。

要在三维中对齐两个对象，可以按照如下简述的典型步骤进行。

1）选择"修改"→"三维操作"→"三维对齐"菜单命令，或者单击"三维对齐"按钮 ，或者在"输入命令"提示下输入"3DALIGN"并按〈Enter〉键。

2）选择要对齐的对象。

3）指定一个、两个或三个源点，然后指定相应的第一、第二或第三个目标点。其中第一个点称为基点。选定的对象将从源点移动到目标点，如果指定了第二点和第三点，则这两点将旋转并倾斜选定的对象。

**操作实例：进行三维对齐操作**

1）打开随书光盘"CH9"文件夹中的"BD_三维对齐.dwg"文件，文件中已经存在着的两个实体模型如图 9-110 所示。

2）选择"修改"→"三维操作"→"三维对齐"菜单命令，或者单击"三维对齐"按钮 ，接着根据命令行提示进行如下操作。

命令: _3dalign

选择对象: 找到 1 个                   //选择长方体

选择对象: ↙

指定源平面和方向 ...

指定基点或 [复制(C)]:            //选择长方体的端点 1

指定第二个点或 [继续(C)] <C>:     //选择长方体的端点 2

指定第三个点或 [继续(C)] <C>:     //选择长方体的端点 3

指定目标平面和方向 ...

指定第一个目标点:              //选择另一实体的端点 4

指定第二个目标点或 [退出(X)] <X>:   //选择另一实体的端点 5

指定第三个目标点或 [退出(X)] <X>:   //选择另一实体的端点 6

完成该三维对齐操作的组合结果如图 9-111 所示。

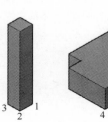
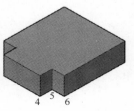
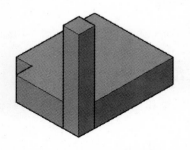

图 9-110 已存在的两个实体模型         图 9-111 三维对齐的结果

### 9.9.6　对齐

使用"ALIGN"命令（其菜单命令为"修改"→"三维操作"→"对齐"）亦可以在二维和三维空间中将对象与其他对象对齐。通常使用"ALIGN"命令在二维中对齐两个对象，例如，在二维中利用两对点来对齐管道，如图9-112所示，其操作步骤如下。

1）单击"对齐"按钮■，或者选择"修改"→"三维操作"→"对齐"菜单命令。

2）选择要对齐的对象。

3）指定一个源点（点1），然后指定相应的目标点（点2）。

4）要旋转对象，则指定第二个源点（点3），然后指定第二个目标点（点4）。

5）按〈Enter〉键结束命令。

使用"ALIGN"命令，需要指定一对、两对或三对点（每一对点都包括一个源点和一个定义点），从而对齐选定对象。当只选择一对源点和目标点时，选定对象将在二维或三维空间从源点移动到目标点；当只选择两对点时，可以在二维或三维空间移动、旋转和缩放选定对象，以便与其他对象对齐，其中第一对点定义对齐的基点，第二对点定义旋转的角度，完成输入第二对点后，系统会给出缩放对象的提示；当选择三对点时，选定对象可在三维空间移动和旋转，使之与其他对象对齐。

可以使用"ALIGN"命令来对齐上一小节中的实体模型，具体步骤说明如下。

1）打开随书光盘"CH9"文件夹中的"BD_对齐.dwg"文件。

2）单击"对齐"按钮■，或者选择"修改"→"三维操作"→"对齐"菜单命令，然后根据命令行提示执行如下操作。

```
命令:_align
选择对象: 找到 1 个              //选择长方体
选择对象: ↙
指定第一个源点:                  //选择点1，如图9-113所示
指定第一个目标点:                //选择点4，如图9-113所示
指定第二个源点:                  //选择点2，如图9-113所示
指定第二个目标点:                //选择点5，如图9-113所示
指定第三个源点或 <继续>:          //选择点3，如图9-113所示
指定第三个目标点:                //选择点6，如图9-113所示
```

选定对象　　　　　　　　源点和目标点　　　　　结果

图9-112　在二维中利用两对点来对齐管道

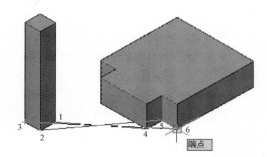

图9-113　对齐操作

### 9.9.7 剖切

使用"修改"菜单中的"三维操作"→"剖切"命令（"SLICE"命令，其对应工具为"剖切"按钮），可以通过剖切或分割现有对象创建新的三维实体和曲面。用户可以通过多种方式定义剖切面，包括指定点或者选择曲面或平面对象。可以直接用作剪切平面的对象包括曲面、圆、椭圆、圆弧或椭圆弧、二维样条曲线和二维多段线线段等。实际上剪切平面是通过两个或三个点定义的，方法是指定 UCS 的主要平面，或选择曲面对象（而非网格）。

在剖切实体时，可以根据设计需要确定保留剖切实体的一半或全部，即可以保留剖切三维实体的一个或两个侧面。注意：剖切实体不保留创建它们的原始形式的历史记录，而保留源实体的图层和颜色特性。

剖切实体的一般步骤可以概括如下。

1）选择"修改"菜单中的"三维操作"→"剖切"命令，或者在命令窗口的"输入命令"提示下输入"SLICE"并按〈Enter〉键。

2）选择要剖切的对象，按〈Enter〉键。

3）定义剖切面。可以有多种方式。

4）指定要保留的部分，或输入"B"以将两半都保留（即选择"保留两个侧面（B）"选项）。

**操作实例：剖切操作**

1）打开随书光盘"CH9"文件夹中的"BD_剖切.dwg"文件。在该文件中，存在着一个三维机械零件模型，如图 9-114 所示。启用正交模式、对象捕捉和对象追踪等模式。

2）选择"修改"菜单中的"三维操作"→"剖切"命令，或者打开"三维建模"工作空间功能区的"实体"选项卡，在"实体编辑"面板中单击"剖切"按钮，接着根据命令行提示执行如下操作。

图 9-114　三维机械零件模型

```
命令: _slice
选择要剖切的对象: 找到 1 个              //选择要剖切的实体
选择要剖切的对象: ✓                     //按〈Enter〉键
指定 切面 的起点或 [平面对象(O)/曲面(S)/Z 轴(Z)/视图(V)/XY(XY)/YZ(YZ)/ZX(ZX)/三点(3)] <三点>:
YZ✓                                   //选择"YZ"选项
指定 YZ 平面上的点 <0,0,0>:✓            //按〈Enter〉键接受默认点（0,0,0）
在所需的侧面上指定点或 [保留两个侧面(B)] <保留两个侧面>:
                                      //在图 9-115 所示的位置处单击一点
正在检查 861 个交点...
```

得到的剖切结果如图 9-116 所示。

### 9.9.8 加厚

使用"修改"菜单中的"三维操作"→"加厚"命令（"THICKEN"命令，其对应工具为"加厚"按钮），可以通过加厚曲面的方式生成实体，如图 9-117 所示。

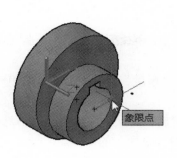
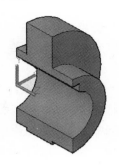

图 9-115　指定要保留的一侧　　　　　　　图 9-116　剖切结果

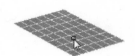  

加厚

图 9-117　加厚曲面

将一个或多个曲面以加厚的方式转换为实体的步骤如下。

1）选择"修改"菜单中的"三维操作"→"加厚"命令，或者在命令窗口的"输入命令"提示下输入"THICKEN"并按〈Enter〉键。

2）选择要加厚的曲面，按〈Enter〉键。

3）指定加厚厚度，按〈Enter〉键。

### 9.9.9　提取边

使用"修改"菜单中的"三维操作"→"提取边"命令（"XEDGES"命令，其对应工具为"提取边"按钮 ），可以通过从三维实体、面域或曲面中提取边来创建线框几何图形。

通过提取边来创建线框几何图形的方法如下。

1）选择"修改"菜单中的"三维操作"→"提取边"命令，或者在命令窗口的"输入命令"提示下输入"XEDGES"并按〈Enter〉键。

2）选择实体、曲面、面域、边（在三维实体或曲面上）和面（在三维实体或曲面上）这些对象的任意组合。

3）按〈Enter〉键。

### 9.9.10　转换为实体

使用"修改"菜单中的"三维操作"→"转换为实体"命令（"CONVTOSOLID"命令），可以将满足要求的具有一定厚度的三维网格、多段线和圆转换为三维实体。

将具有厚度的对象转换为实体的步骤如下。

1）选择"修改"菜单中的"三维操作"→"转换为实体"命令，或者在命令窗口的"输入命令"提示下输入"CONVTOSOLID"按〈Enter〉键。

2）选择合适的一个或多个具有厚度的对象类型，然后按〈Enter〉键。

**操作实例：转换实体操作**

1）新建一个图形文件，在三维空间中绘制一个半径为 30 的圆，圆心位置在坐标系原点。

2）打开"特性"选项板，为选定的圆设置"厚度"为"15"，如图 9-118 所示。按〈Esc〉键退出特性设置。

3）在"修改"菜单中选择"三维操作"→"转换为实体"命令，接着选择具有厚度的该圆，按〈Enter〉键，则被选定的对象转换为图 9-119 所示的实体。

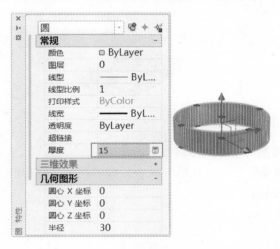
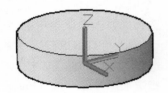

图 9-118　为圆设置厚度值　　　　　图 9-119　转换为实体

## 9.9.11　转换为曲面

使用"修改"菜单中的"三维操作"→"转换为曲面"命令（"CONVTOSURFACE"命令），可以将有效对象（如二维实体，面域，开放的、具有厚度的零宽度多段线，具有厚度的直线，具有厚度的圆弧，以及三维平面等）转换为曲面。

将一个或多个对象转换为曲面的步骤如下。

1）选择"修改"菜单中的"三维操作"→"转换为曲面"命令，或者在命令窗口的"输入命令"提示下输入"CONVTOSURFACE"并按〈Enter〉键。

2）选择要转换的对象，然后按〈Enter〉键。

## 9.9.12　干涉检查

使用"修改"菜单中的"三维操作"→"干涉检查"命令（"INTERFERE"命令，其对应工具为"干涉"按钮），可以通过对比两组对象或一对一地检查所有实体来检查实体模型中的干涉（三维实体相交或重叠的区域）。

在进行干涉检查时，如果定义了单个选择集（一组对象），"INTERFERE"将对比检查集合中的全部实体；如果定义了两个选择集（两组对象），"INTERFERE"将对比检查第一个选择集中的实体与第二个选择集中的实体。

在启动干涉检查的操作过程中，系统将会弹出图 9-120 所示的"干涉检查"对话框，使用该对话框可以在干涉对象之间循环以及缩放干涉对象。

用户也可以指定在关闭对话框时删除干涉检查的过程中创建的临时干涉对象。

**操作实例：干涉检查**

1）打开随书光盘"CH9"文件夹中的"BD_干涉检查.dwg"文件。在该文件中，存在着两个具有体积且相互重叠的零件模型，如图9-121所示。

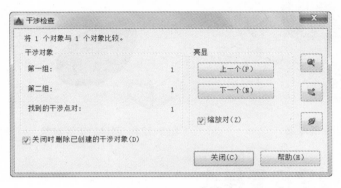

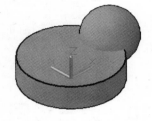

图9-120　"干涉检查"对话框　　　　　　　　　图9-121　已有模型

2）单击"干涉"按钮 ，或者选择"修改"菜单中的"三维操作"→"干涉检查"命令，接着根据命令行提示执行如下操作。

命令：_interfere

选择第一组对象或 [嵌套选择(N)/设置(S)]：找到 1 个　　　　　　　//选择圆柱体

选择第一组对象或 [嵌套选择(N)/设置(S)]：✓　　　　　　　　　　//按〈Enter〉键

选择第二组对象或 [嵌套选择(N)/检查第一组(K)] <检查>：找到 1 个　　//选择球体

选择第二组对象或 [嵌套选择(N)/检查第一组(K)] <检查>：✓　　　　//按〈Enter〉键

3）此时，系统弹出"干涉检查"对话框，以及在实体相交处创建和亮显临时实体，取消勾选"关闭时删除已创建的干涉对象"复选框，如图9-122所示。

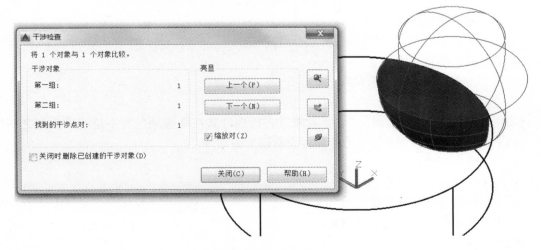

图9-122　干涉检查

单击"干涉检查"对话框的"关闭"按钮，完成干涉检查操作。

4）分别单击圆柱体和球体以选中它们，如图 9-123 所示，然后在键盘上按〈Delete〉键将它们删除掉。此时可以观察到只剩下创建的干涉对象了，如图 9-124 所示。

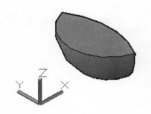

图 9-123　选中要删除的对象　　　　　　　图 9-124　创建的干涉对象

# 9.10　为三维图形指定视觉样式

AutoCAD 视觉样式是一组用来控制视口中边和着色的显示设置。一旦应用了新视觉样式或更改了其设置，就可以在视口中查看其视觉效果。

## 9.10.1　使用预定义的视觉样式

在 AutoCAD 2016 中提供以下 10 种主要的预定义视觉样式。

**1．"二维线框"视觉样式**

通过使用直线和曲线表示边界的方式显示对象。注意光栅图像、OLE 对象、线型和线宽均可见。

**2．"线框"视觉样式**

即"三维线框"视觉样式，显示用直线和曲线表示边界的对象。

**3．"消隐"视觉样式**

使用线框表示法显示对象，而隐藏表示背面的线。

**4．"真实"视觉样式**

使用平滑着色和材质显示对象。

**5．"概念"视觉样式**

使用平滑着色和古氏面样式显示对象。古氏面样式在冷暖颜色而不是明暗效果之间转换；效果缺乏真实感，但是可以更方便地查看模型的细节。

**6．"着色"视觉样式**

使用平滑着色显示对象。

**7．"带边缘着色"视觉样式**

使用平滑着色和可见边显示对象。

**8．"灰度"视觉样式**

使用平滑着色和单色灰度显示对象。

**9."勾画"视觉样式**

使用线延伸和抖动边修改器显示手绘效果的对象。

**10."X 射线"视觉样式**

以局部透明度显示对象。

如果要使用某一种预定义的视觉样式，则可以打开"视图"→"视觉样式"级联菜单，从中选择所需要的一种预定义视觉样式选项。也可以在"三维建模"工作空间的功能区"常用"选项卡中，使用"视图"面板的"视觉样式"下拉列表框来指定一种视觉样式。

## 9.10.2　自定义视觉样式

允许用户自定义视觉样式。即允许通过更改面设置和边设置，并使用阴影和背景来创建自己的视觉样式。

自定义视觉样式的一般步骤如下。

1）在"视图"→"视觉样式"级联菜单中选择"视觉样式管理器"命令，打开图 9-125 所示的"视觉样式管理器"。

**说明**：在"视觉样式管理器"面板中提供了 4 个实用的工具按钮，即"创建新的视觉样式"按钮、"将选定的视觉样式应用于当前视口"按钮、"将选定的视觉样式输出到工具选项板"按钮和"删除选定的视觉样式"按钮，它们位于"图形中的可用视觉样式"列表下方。

2）在"视觉样式管理器"面板中单击"创建新的视觉样式"按钮，弹出"创建新的视觉样式"对话框，从中指定新样式名称和说明信息，如图 9-126 所示，然后单击"确定"按钮。

图 9-125　"视觉样式管理器"面板

图 9-126　"创建新的视觉样式"管理器

3）该新视觉样式出现在"视觉样式管理器"面板的"图形中的可用视觉样式"列表框中，如图 9-127 所示。接着，在"视觉样式管理器"面板中，根据需要分别进行面设置、环境设置、边设置和光源设置。

图 9-127　新视觉样式显示在列表中

4）自定义好视觉样式后，在"视觉样式管理器"面板中单击"将选定的视觉样式应用于当前视口"按钮，可以将该视觉样式应用于当前视口。

## 9.11　渲染基础

模型设计好后，可以根据实际情况设置其材质、场景、环境光源等，然后对其进行渲染处理，以获得具有照片级真实感和材质感的图像效果，如图 9-128 所示。

在 AutoCAD 2016 中，不但可以渲染整个视图，还可以渲染一组选定的对象或者在视口中的可见部分。默认情况下，渲染过程为渲染图形内当前视图中的所有对象。

在"视图"菜单中选择"渲染"命令，打开图 9-129a 所示的级联菜单。在该级联菜单中，可以设置光源、材质、贴图、渲染环境和高级渲染参数等。如果使用功能区，那么用户

图 9-128　渲染效果

可以在"三维建模"工作空间功能区的"可视化"选项卡中找到与渲染相关的工具按钮和命令，如图 9-129b 所示。有兴趣的读者可以尝试去创建和编辑相关的光源、阳光和位置、材质等。

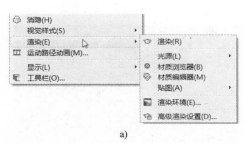

a)

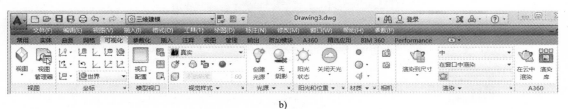

b)

图 9-129　渲染相关的菜单命令和工具

a)"视图"→"渲染"级联菜单　b) 功能区的"可视化"选项卡

在"视图"菜单中选择"渲染"→"高级渲染设置"命令，打开图 9-130 所示的"渲染预设管理器"选项板（面板）。"渲染预设管理器"选项板可以使用户快速访问渲染的相关功能。

图 9-130　"渲染预设管理器"选项板

以使用"三维建模"工作空间为例，在功能区中切换至"可视化"选项卡，从"渲染"面板的"渲染位置"下拉列表框中选择"窗口"选项，从"当前预设"下拉列表框中选择"高"选项，单击"渲染到尺寸"按钮 以渲染默认尺寸的模型效果，系统会弹出一个单独的窗口来输出渲染结果，如图 9-131 所示。

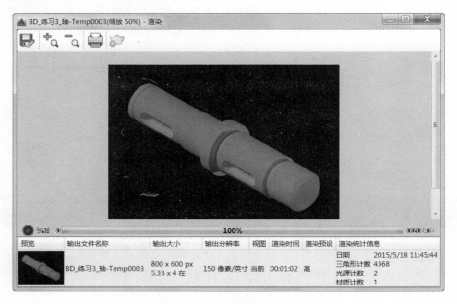

图 9-131 简单渲染图像

## 9.12 思考练习

1）在 AutoCAD 2016 的三维空间中建模主要有哪些优点？

2）在 AutoCAD 2016 中可以设计哪几种类型的模型？它们分别具有什么特点或特征？

3）在三维空间中创建对象时，可以使用三维笛卡儿坐标、柱坐标或球坐标来定位点。请以特例说明这些坐标系在非动态输入模式下的输入格式（分绝对坐标和相对坐标来说明）。

4）如何绘制三维多段线？如何修改三维多段线？

5）绘制三维网格的命令有哪些？请分别举例来说明如何绘制这些三维网格。

6）什么是指三维实体的布尔运算？

7）可以将什么对象转换为实体？可以将什么对象转换为曲面？

8）"三维对齐"和"对齐"命令的功能有什么不同？在什么场合下这两个命令都可以使用？

9）在 AutoCAD 2016 中提供了哪几种默认视觉样式？

10）思考：如何将渐变色设置为某视口的背景？

11）上机练习：绘制图 9-132 所示的螺旋线，其中"特性"选项板给出了该螺旋的相关参数。然后使用"扫掠"命令创建图 9-133 所示的圆柱弹簧三维模型，其弹簧丝半径为 3。

12）上机练习：在三维建模空间中创建一个长为 50、宽为 40、高为 15 的长方体，然后将该长方体旋转到图 9-134 所示的大概位置（"三维旋转"操作练习）。

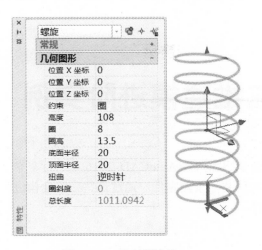

图 9-132　绘制螺旋线

图 9-133　完成的弹簧实体

13）上机练习：在三维建模空间中创建一个直径为 10、高为 30 的圆柱体，其底面的中心点为（100,0,0），然后采用三维阵列的方式创建 6 个圆柱体，如图 9-135 所示。

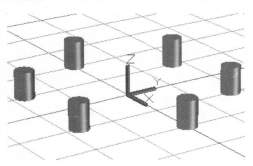

图 9-134　练习结果 1

图 9-135　练习结果 2

14）上机练习：创建图 9-136 所示的一个三维实体对象，具体的尺寸由读者自己决定。要求在设计操作中应用到"拉伸""三维阵列""差集"和"交集"等命令。在随书光盘的"CH9"文件夹中，提供了该练习题完成的模型参考文件"BD_练习 15.dwg"。

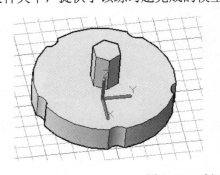

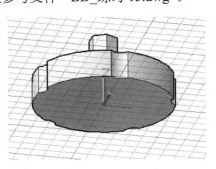

图 9-136　创建三维实体对象

# 第 10 章　三维建模进阶实例

**本章导读：**

本章主要结合典型的进阶实例来辅助介绍如何在 AutoCAD 2016 中进行复杂三维实体模型的设计，实例包括定位连接件、连杆零件和油泵盖零件。通过这些三维建模进阶实例，让读者掌握三维建模的思路、步骤及技巧等。

## 10.1　定位连接件

在本实例中，要创建的三维实体模型为一个在某机器上使用的定位连接件，其模型如图 10-1 所示。

下面介绍其具体的设计过程。

1）新建图形文件。使用"快速访问"工具栏中的"新建"按钮▢，创建一个新图形文件，该图形文件以"BD_制图模板.dwt"为样板。"BD_制图模板.dwt"样板文件位于随书光盘的"CH10"文件夹中。切换至"三维建模"工作空间，并通过"快速访问"工具栏设置显示菜单栏。

2）绘制二维图形。综合使用"直线"按钮▟、"圆：圆心，半径"按钮◉、"偏移"按钮▧及"修剪"按钮／等工具命令，在 XY 平面中完成图 10-2 所示的二维图形。完成所需的二维图形后，可以将作为辅助线的中心线删除。

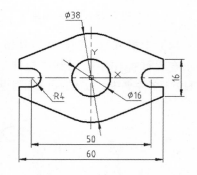

图 10-1　定位连接件　　　　　　　　　　　　图 10-2　绘制二维图形

3）生成面域。选择"绘图"→"面域"命令，或者单击"面域"按钮◎，接着根据命令行提示来执行下列操作。

命令：_region

选择对象：指定对角点：找到 17 个　　//通过从左到右指定两个角点来框选对象，如图 10-3 所示

选择对象：✓

已提取 2 个环。

已创建 2 个面域。

4）对两个面域进行差集运算。选择"修改"→"实体编辑"→"差集"菜单命令，或者单击"差集"按钮⑩，接着根据命令行提示来执行下列操作。

命令：_subtract 选择要从中减去的实体、曲面和面域...

选择对象：找到 1 个　　　　　　　　　//选择大面域

选择对象：✓

选择要减去的实体、曲面和面域...

选择对象：找到 1 个　　　　　　　　　//选择小面域（小圆形状的面域）

选择对象：✓

5）使用西南等轴测视角视图。从"视图"面板的"三维导航"下拉列表框中选择"西南等轴测"选项，或者在"视图"菜单中选择"三维视图"→"西南等轴测"命令。此时，图形的显示效果如图 10-4 所示。

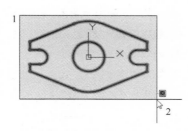

图 10-3　窗口选择

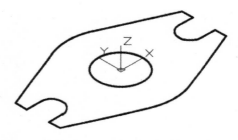

图 10-4　使用西南等轴测

6）拉伸面域生成实体。在功能区的"实体"选项卡中确保选中"实体历史记录"按钮⑦，接着单击"拉伸"按钮⑩，根据命令行提示进行如下操作。

命令：_extrude

当前线框密度：ISOLINES=4，闭合轮廓创建模式 = 实体

选择要拉伸的对象或 [模式(MO)]：_MO 闭合轮廓创建模式 [实体(SO)/曲面(SU)] <实体>：_SO

选择要拉伸的对象或 [模式(MO)]：找到 1 个　　　　　　　//选择面域

选择要拉伸的对象或 [模式(MO)]：✓

指定拉伸的高度或 [方向(D)/路径(P)/倾斜角(T)/表达式(E)] <30.0000>：5✓

生成的实体如图 10-5 所示。

7）指定视觉样式。打开功能区"常用"选项卡的"视图"面板，从"视图样式"下拉列表框中选择"概念"选项，或者在"视图"菜单中选择"视觉样式"→"概念"命令，则模型的视觉效果如图 10-6 所示。

8）绘制封闭二维多段线。从功能区的"常用"选项卡中单击"二维多段线"命令⌒，或者选择"绘图"→"多段线"菜单命令，接着根据命令行提示来执行如下操作。

命令：_pline

指定起点：50，-50,0✓

当前线宽为 0.0000

指定下一个点或 [圆弧(A)/半宽(H)/长度(L)/放弃(U)/宽度(W)]：@5<0✓

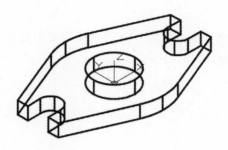

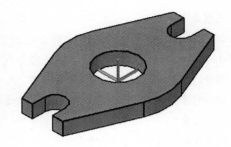

图 10-5 通过拉伸生成实体 图 10-6 概念视觉效果

指定下一点或 [圆弧(A)/闭合(C)/半宽(H)/长度(L)/放弃(U)/宽度(W)]: A↙

指定圆弧的端点或

[角度(A)/圆心(CE)/闭合(CL)/方向(D)/半宽(H)/直线(L)/半径(R)/第二个点(S)/放弃(U)/宽度(W)]: @8<270↙

指定圆弧的端点或

[角度(A)/圆心(CE)/闭合(CL)/方向(D)/半宽(H)/直线(L)/半径(R)/第二个点(S)/放弃(U)/宽度(W)]: L↙

指定下一点或 [圆弧(A)/闭合(C)/半宽(H)/长度(L)/放弃(U)/宽度(W)]: @5<180↙

指定下一点或 [圆弧(A)/闭合(C)/半宽(H)/长度(L)/放弃(U)/宽度(W)]: @2.5<270↙

指定下一点或 [圆弧(A)/闭合(C)/半宽(H)/长度(L)/放弃(U)/宽度(W)]: @5<0↙

指定下一点或 [圆弧(A)/闭合(C)/半宽(H)/长度(L)/放弃(U)/宽度(W)]: A↙

指定圆弧的端点或

[角度(A)/圆心(CE)/闭合(CL)/方向(D)/半宽(H)/直线(L)/半径(R)/第二个点(S)/放弃(U)/宽度(W)]: @13<90↙

指定圆弧的端点或

[角度(A)/圆心(CE)/闭合(CL)/方向(D)/半宽(H)/直线(L)/半径(R)/第二个点(S)/放弃(U)/宽度(W)]: L↙

指定下一点或 [圆弧(A)/闭合(C)/半宽(H)/长度(L)/放弃(U)/宽度(W)]: @5<180↙

指定下一点或 [圆弧(A)/闭合(C)/半宽(H)/长度(L)/放弃(U)/宽度(W)]: C↙

绘制的二维多段线如图 10-7 所示。

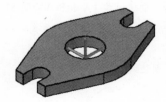

绘制的二维多段线

图 10-7 绘制二维多段线

9）拉伸封闭多段线生成实体。单击"拉伸"按钮![icon]，接着根据命令行提示来进行如下操作。

命令: _extrude

当前线框密度: ISOLINES=4，闭合轮廓创建模式 = 实体

选择要拉伸的对象或 [模式(MO)]: _MO 闭合轮廓创建模式 [实体(SO)/曲面(SU)] <实体>: _SO

选择要拉伸的对象或 [模式(MO)]: 找到 1 个                //选择二维多段线

选择要拉伸的对象或 [模式(MO)]: ↙

指定拉伸的高度或 [方向(D)/路径(P)/倾斜角(T)/表达式(E)] <5.0000>: 8↙

创建的实体如图 10-8 所示。

10）调整视角。为了下面的三维对齐操作，可以先把视角调整一下。例如，在"视图"菜单中选择"动态观察"→"自由动态观察"命令，使用鼠标调整观察角度，参考的观察角度如图 10-9 所示。

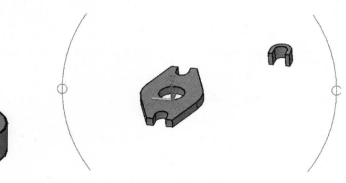

图 10-8　拉伸而成的实体　　　　　图 10-9　调整观察角度

11）三维对齐。从功能区"常用"选项卡的"修改"面板中单击"三维对齐"按钮，或者选择"修改"→"三维操作"→"三维对齐"菜单命令，接着根据命令行提示来进行如下操作。

命令: _3dalign

选择对象: 找到 1 个　　　　　　　　//选择小 U 形实体

选择对象: ↙

指定源平面和方向 ...

指定基点或 [复制(C)]:　　　　　　//选择小 U 形实体的端点 1，如图 10-10 所示

指定第二个点或 [继续(C)] <C>:　　//选择小 U 形实体的端点 2，如图 10-10 所示

指定第三个点或 [继续(C)] <C>:　　//选择图 10-10 所示的圆心点 3

指定目标平面和方向 ...

指定第一个目标点:　　　　　　　　//在主实体上选择端点 4，如图 10-11 所示

指定第二个目标点或 [退出(X)] <X>:　//在主实体上选择端点 5，如图 10-11 所示

指定第三个目标点或 [退出(X)] <X>:　//在主实体上选择圆心点 6，如图 10-11 所示

 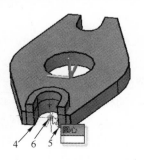

图 10-10　指定三点　　　　　　　图 10-11　指定三个目标点

12）使用西南等轴测。在"视图"菜单中选择"三维视图"→"西南等轴测"命令。

13）三维镜像。从"修改"面板中单击"三维镜像"按钮%，或者选择"修改"菜单中的"三维操作"→"三维镜像"命令，根据命令行提示来执行如下操作。

命令: _mirror3d

选择对象: 找到 1 个　　　　　　　　　//选择要对齐到主实体的小 U 形实体

选择对象: ✓

指定镜像平面 (三点) 的第一个点或

[对象(O)/最近的(L)/Z 轴(Z)/视图(V)/XY 平面(XY)/YZ 平面(YZ)/ZX 平面(ZX)/三点(3)] <三点>: YZ✓

指定 YZ 平面上的点 <0,0,0>: ✓

是否删除源对象? [是(Y)/否(N)] <否>: ✓

三维镜像操作的结果如图 10-12 所示。

14）并集运算。单击"并集"按钮⊚，或者选择"修改"→"实体编辑"→"并集"菜单命令，接着根据命令行提示执行下列操作。

命令: _union

选择对象: 找到 1 个　　　　　　　　　//选择主实体

选择对象: 找到 1 个，总计 2 个　　　//选择其中一个 U 形实体

选择对象: 找到 1 个，总计 3 个　　　//选择另一个 U 形实体

选择对象: ✓

执行并集运算后，原本单独的三个实体合并成一个单独的实体。注意实体轮廓线的变化，如图 10-13 所示。

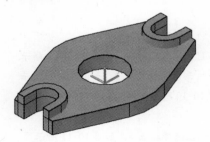

图 10-12　三维镜像的结果

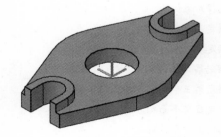

图 10-13　合并成一个实体

15）生成圆柱体。单击"圆柱体"按钮▣，根据命令行提示执行以下操作。

命令: _cylinder

指定底面的中心点或 [三点(3P)/两点(2P)/切点、切点、半径(T)/椭圆(E)]: 0,0,0✓

指定底面半径或 [直径(D)] <10.0000>: 12.5✓

指定高度或 [两点(2P)/轴端点(A)] <8.0000>: 2.5✓

生成该圆柱体后的模型效果如图 10-14 所示。

16）差集运算。单击"差集"按钮⊚，或者选择"修改"→"实体编辑"→"差集"菜单命令，然后根据命令行提示执行如下操作。

命令: _subtract

选择要从中减去的实体、曲面和面域...

选择对象: 找到 1 个  //选择主实体

选择对象: ✓

选择要减去的实体、曲面和面域...

选择对象: 找到 1 个  //选择圆柱体

选择对象: ✓

执行该差集运算后, 从主实体中减去了圆柱体所占据的体积, 完成的效果如图 10-15 所示。

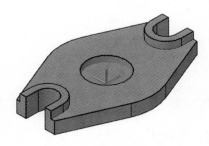 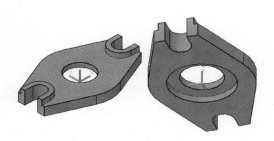

图 10-14  创建圆柱体          图 10-15  差集运算的结果

17) 保存文件。

## 10.2  连杆零件

在本实例中, 要创建的三维实体模型为一个连杆零件, 其模型如图 10-16 所示。 下面介绍其具体的设计过程。

1) 新建图形文件。使用"快速访问"工具栏中的"新建"按钮 □ 创建一个新图形文件, 该图形文件以"BD_制图模板.dwt"为样板。"BD_制图模板.dwt"样板文件位于随书光盘的"CH10"文件夹中。

2) 另存为文件。将该新图形文件另存为"BD_连杆.dwg"。

3) 绘制二维图形。使用绘图工具绘制图 10-17 所示的二维剖面, 不用标注尺寸。

  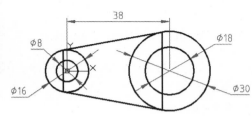

图 10-16  连杆零件          图 10-17  绘制二维剖面

4) 生成面域。将"细实线"层设置为当前图层, 接着选择"绘图"→"面域"命令, 或者单击"面域"按钮 ◎, 然后根据命令行提示执行下列操作。

命令:_region

选择对象: 指定对角点: 找到 8 个  //采用窗口选择的方式框选所有二维图形

选择对象: ✓

已提取 5 个环。

已创建 5 个面域。

5）使用西南等轴测。在"视图"菜单中选择"三维视图"→"西南等轴测"命令。此时图形如图 10-18 所示。

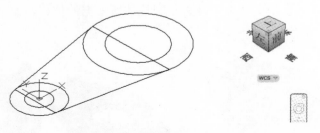

图 10-18 使用西南等轴测

6）以拉伸的方式创建梯形实体。单击"拉伸"按钮📐，根据命令行提示进行如下操作。

命令: _extrude

当前线框密度: ISOLINES=4，闭合轮廓创建模式 = 实体

选择要拉伸的对象或 [模式(MO)]: _MO 闭合轮廓创建模式 [实体(SO)/曲面(SU)] <实体>: _SO

选择要拉伸的对象或 [模式(MO)]: 找到 1 个　　　　　//选择梯形面域，如图 10-19 所示

选择要拉伸的对象或 [模式(MO)]: ✓

指定拉伸的高度或 [方向(D)/路径(P)/倾斜角(T)/表达式(E)] <2.5000>: 6✓

拉伸结果如图 10-20 所示。

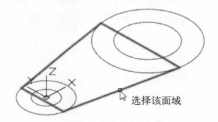

图 10-19 选择要拉伸的面域 1

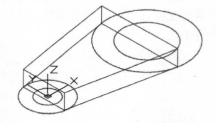

图 10-20 拉伸结果 1

7）以拉伸的方式创建两个圆柱体。单击"拉伸"按钮📐，接着根据命令行提示进行如下操作。

命令: _extrude

当前线框密度: ISOLINES=4，闭合轮廓创建模式 = 实体

选择要拉伸的对象或 [模式(MO)]: _MO 闭合轮廓创建模式 [实体(SO)/曲面(SU)] <实体>: _SO

选择要拉伸的对象或 [模式(MO)]: 找到 1 个　　　　　//选择圆形面域1，如图 10-21 所示

选择要拉伸的对象或 [模式(MO)]: 找到 1 个，总计 2 个　　//选择圆形面域2，如图 10-21 所示

选择要拉伸的对象或 [模式(MO)]: ✓

指定拉伸的高度或 [方向(D)/路径(P)/倾斜角(T)/表达式(E)] <6.0000>: 35✓

创建的拉伸体如图 10-22 所示。

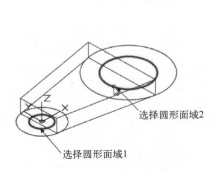

选择圆形面域2

选择圆形面域1

图 10-21 选择要拉伸的对象 1

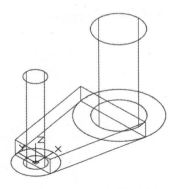

图 10-22 创建拉伸体 1

8）以拉伸的方式创建圆柱体。单击"拉伸"按钮🔲，接着根据命令行提示进行如下操作。

命令: _extrude

当前线框密度: ISOLINES=4，闭合轮廓创建模式 = 实体

选择要拉伸的对象或 [模式(MO)]: _MO 闭合轮廓创建模式 [实体(SO)/曲面(SU)] <实体>: _SO

选择要拉伸的对象或 [模式(MO)]: 找到 1 个            //选择图 10-23 所示的面域

选择要拉伸的对象或 [模式(MO)]: ✓

指定拉伸的高度或 [方向(D)/路径(P)/倾斜角(T)/表达式(E)] <35.0000>: 10✓

创建的拉伸体如图 10-24 所示。

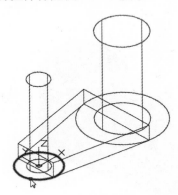

图 10-23 选择要拉伸的面域 2

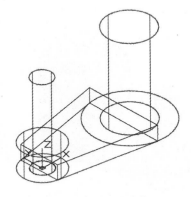

图 10-24 拉伸结果 2

9）继续以拉伸的方式创建圆柱体。单击"拉伸"按钮🔲，接着根据命令行提示进行如下操作。

命令: _extrude

当前线框密度: ISOLINES=4，闭合轮廓创建模式 = 实体

选择要拉伸的对象或 [模式(MO)]: _MO 闭合轮廓创建模式 [实体(SO)/曲面(SU)] <实体>: _SO

选择要拉伸的对象或 [模式(MO)]: 找到 1 个            //选择要拉伸的面域，如图 10-25 所示

选择要拉伸的对象或 [模式(MO)]: ✓

指定拉伸的高度或 [方向(D)/路径(P)/倾斜角(T)/表达式(E)] <10.0000>: 28✓

创建的拉伸体如图 10-26 所示。

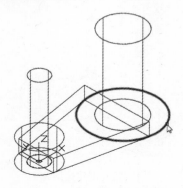 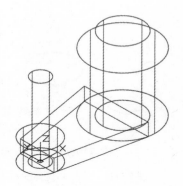

图 10-25 选择要拉伸的面域 3　　　　　　图 10-26 创建拉伸体 3

10）指定视觉样式。在"视图"菜单中选择"视觉样式"→"概念"命令，则模型的视觉效果如图 10-27 所示。

11）并集运算。单击"并集"按钮，或者选择"修改"→"实体编辑"→"并集"菜单命令，接着根据命令行提示执行下列操作。

命令: _union

选择对象: 找到 1 个　　　　　　　　//选择实体 1，如图 10-28 所示

选择对象: 找到 1 个，总计 2 个　　　//选择实体 2，如图 10-28 所示

选择对象: 找到 1 个，总计 3 个　　　//选择实体 3，如图 10-28 所示

选择对象: ✓

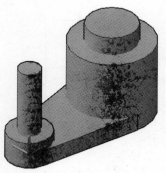 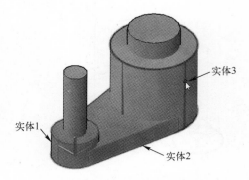

图 10-27 指定视觉样式　　　　　　图 10-28 选择要合并的对象

12）差集运算。单击"差集"按钮，或者选择"修改"→"实体编辑"→"差集"菜单命令，然后根据命令行提示执行如下操作。

命令: _subtract 选择要从中减去的实体、曲面或面域...

选择对象: 找到 1 个　　　　　　　　//选择图 10-29 所示的实体

选择对象: ✓

选择要减去的实体、曲面或面域 ..

选择对象: 找到 1 个　　　　　　　　//选择图 10-30 所示的圆柱体 1

选择对象: 找到 1 个, 总计 2 个　　　//选择图 10-30 所示的圆柱体 2

选择对象: ↙

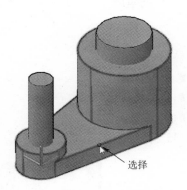

图 10-29　选择要从中减去的实体

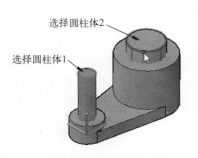

选择圆柱体2

选择圆柱体1

图 10-30　选择要减去的圆柱体

执行该差集运算得到的实体模型如图 10-31 所示。此时, 可以通过按〈F8〉键来关闭正交模式。

13) 创建 UCS。

命令: UCS↙

当前 UCS 名称: *世界*

指定 UCS 的原点或 [面(F)/命名(NA)/对象(OB)/上一个(P)/视图(V)/世界(W)/X/Y/Z/Z 轴(ZA)] <世界>:

　　　　　　　　　　　　　　　　　　//借助对象捕捉功能选择图 10-32 所示的中点

指定 X 轴上的点或 <接受>:↙

新建的 UCS 如图 10-33 所示。

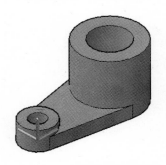

图 10-31　差集运算的结果

中点

图 10-32　指定新原点

图 10-33　新建 UCS

14) 将当前 UCS 绕 X 轴旋转 90°。

命令: UCS↙

当前 UCS 名称: *没有名称*

指定 UCS 的原点或 [面(F)/命名(NA)/对象(OB)/上一个(P)/视图(V)/世界(W)/X/Y/Z/Z 轴(ZA)] <世界>:

X↙

指定绕 X 轴的旋转角度 <90>: 90↙

此时, UCS 如图 10-34 所示。

15）在 XY 平面上绘制闭合的二维多段线。单击"多段线"按钮 ，或者选择"绘图"→"多段线"菜单命令，接着根据命令行提示执行如下操作。

命令: _pline

指定起点: -10,0✓

当前线宽为 0.0000

指定下一个点或 [圆弧(A)/半宽(H)/长度(L)/放弃(U)/宽度(W)]: 5,0✓

指定下一点或 [圆弧(A)/闭合(C)/半宽(H)/长度(L)/放弃(U)/宽度(W)]: 5,15✓

指定下一点或 [圆弧(A)/闭合(C)/半宽(H)/长度(L)/放弃(U)/宽度(W)]: C✓

在 XY 平面上绘制的闭合二维多段线如图 10-35 所示。

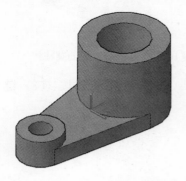
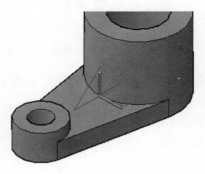

图 10-34 将当前 UCS 绕 X 轴旋转 90°      图 10-35 绘制闭合的二维多段线

16）通过拉伸闭合二维多段线来创建拉伸体。单击"拉伸"按钮 ，根据命令行提示进行如下操作。

命令: _extrude

当前线框密度: ISOLINES=4，闭合轮廓创建模式 = 实体

选择要拉伸的对象或 [模式(MO)]: _MO 闭合轮廓创建模式 [实体(SO)/曲面(SU)] <实体>: _SO

选择要拉伸的对象或 [模式(MO)]: 找到 1 个       //选择闭合的二维多段线

选择要拉伸的对象或 [模式(MO)]: ✓

指定拉伸的高度或 [方向(D)/路径(P)/倾斜角(T)/表达式(E)] <28.0000>: -3✓

创建的拉伸体如图 10-36 所示。

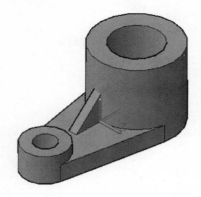

图 10-36 创建拉伸体

17）三维镜像。单击"三维镜像"按钮 ✄，或者选择"修改"菜单中的"三维操作"→"三维镜像"命令，根据命令行提示执行如下操作。

命令：_mirror3d

选择对象：找到 1 个　　　　　　　　　　　　//选择要镜像的三维实体，如图 10-37 所示

选择对象：✓

指定镜像平面 (三点) 的第一个点或

[对象(O)/最近的(L)/Z 轴(Z)/视图(V)/XY 平面(XY)/YZ 平面(YZ)/ZX 平面(ZX)/三点(3)] <三点>：XY✓

指定 XY 平面上的点 <0,0,0>：✓

是否删除源对象？[是(Y)/否(N)] <否>：✓

三维镜像的结果如图 10-38 所示。

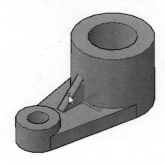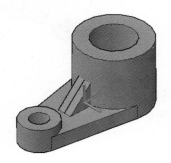

图 10-37　选择要镜像的三维实体　　　　　　　图 10-38　镜像结果

18）并集运算。单击"并集"按钮 ⊚，或者选择"修改"→"实体编辑"→"并集"菜单命令，接着根据命令行提示执行下列操作。

命令：_union

选择对象：找到 1 个　　　　　　　　　　//选择图 10-39 所示的实体 A

选择对象：找到 1 个，总计 2 个　　　　//选择图 10-39 所示的实体 B

选择对象：找到 1 个，总计 3 个　　　　//选择图 10-39 所示的实体 C

选择对象：✓

并集运算的结果如图 10-40 所示。

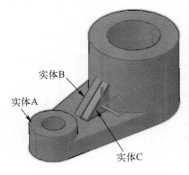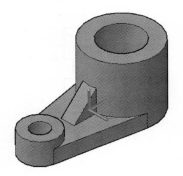

图 10-39　选择要合并的对象　　　　　　　　图 10-40　并集运算的结果

19）保存文件。

## 10.3 油泵盖

在本实例中，要创建的三维实体模型为一个油泵盖，其模型如图 10-41 所示。

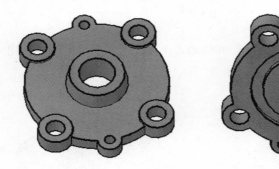

图 10-41 油泵盖

下面介绍其具体的设计过程。

1）新建图形文件。使用"快速访问"工具栏中的"新建"按钮，创建一个新图形文件，该图形文件以"BD_制图模板.dwt"为样板。"BD_制图模板.dwt"样板文件位于随书光盘的"CH10"文件夹中。

2）另存为文件。将该新图形文件另存为"BD_油泵盖.dwg"。

3）绘制二维图形。使用直线绘制命令完成图 10-42 所示的二维剖面，不必标注尺寸。

4）生成面域。选择"绘图"→"面域"命令，或者单击"面域"按钮，接着根据命令行提示执行下列操作。

命令: _region

选择对象: 指定对角点: 找到 10 个          //选择图 10-43 所示的位于窗口内的对象

选择对象: ↙

已提取 1 个环。

已创建 1 个面域。

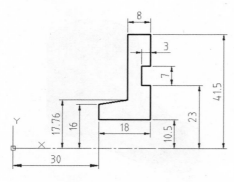

图 10-42 绘制二维剖面

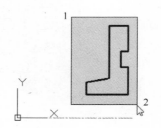

图 10-43 以窗口选择的方式选择要生成面域的对象

5）使用西南等轴测。在"视图"菜单中选择"三维视图"→"西南等轴测"命令。

6）创建旋转体。选择"绘图"→"建模"→"旋转"菜单命令，或者单击"旋转"按钮，接着根据命令行提示执行如下操作。

命令: _revolve

当前线框密度: ISOLINES=4，闭合轮廓创建模式 = 实体

选择要旋转的对象或 [模式(MO)]: _MO 闭合轮廓创建模式 [实体(SO)/曲面(SU)] <实体>: _SO

选择要旋转的对象或 [模式(MO)]: 找到 1 个                //选择之前创建的面域

选择要旋转的对象或 [模式(MO)]: ✓

指定轴起点或根据以下选项之一定义轴 [对象(O)/X/Y/Z] <对象>:✓

选择对象:                               //选择中心线

指定旋转角度或 [起点角度(ST)/反转(R)/表达式(EX)] <360>:✓

创建的旋转体如图 10-44 所示。

7）指定视觉样式。在"视图"菜单中选择"视觉样式"→"概念"命令，则模型的视觉效果如图 10-45 所示。

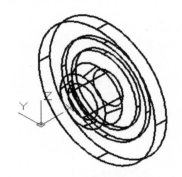
图 10-44　创建旋转体

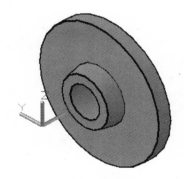
图 10-45　概念视觉样式

8）调整参考视角并临时设置三维对象捕捉模式。

在"视图"菜单中选择"动态观察"→"自由动态观察"命令，使用鼠标调整观察角度，或者直接使用图形窗口右上角的"ViewCube"工具调整三维视图的方向。调整好的参考视角如图 10-46 所示。

在状态栏中确保选中"三维对象捕捉"按钮（按〈F4〉键可启用或关闭"三维对象捕捉"模式），接着右击该按钮并从弹出的快捷菜单中选择"对象捕捉设置"命令，打开"草图设置"对话框，在"三维对象捕捉"选项卡的"对象捕捉模式"选项组中勾选"顶点"复选框和"面中心"复选框，如图 10-47 所示，单击"确定"按钮。

按〈F3〉键来关闭"对象捕捉"模式，即让状态栏中的"对象捕捉"按钮处于没有被选中的状态。确保启用"三维对象捕捉"模式。

9）将主实体与坐标系对齐。

选择"修改"→"三维操作"→"对齐"菜单命令，然后根据命令行提示执行如下操作。

命令: _align

选择对象: 找到 1 个        //选择主实体（旋转体）

图 10-46 调整视角          图 10-47 设置三维对象捕捉模式

选择对象: ↙

指定第一个源点:          //通过在图 10-48a 所示的外端面位置单击以选择其三维中心点

指定第一个目标点: 0,0,0↙

指定第二个源点:          //通过在另一个外端面圆周处单击以选择该面中心,如图 10-48b 所示

指定第二个目标点: 0,0,18↙

指定第三个源点或 <继续>:↙

是否基于对齐点缩放对象? [是(Y)/否(N)] <否>:↙

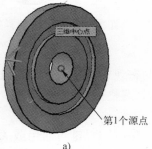

第1个源点

a)

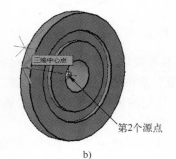

第2个源点

b)

图 10-48 指定两个源点

a) 指定第一源点   b) 指定第二源点

完成对齐操作后,在"视图"菜单中选择"三维视图"→"西南等轴测"命令,则模型显示如图 10-49 所示。

10)创建圆柱体。

命令: CYLINDER↙

指定底面的中心点或 [三点(3P)/两点(2P)/切点、切点、半径(T)/椭圆(E)]: 41.5,0↙

指定底面半径或 [直径(D)] <12.5000>: 10↙

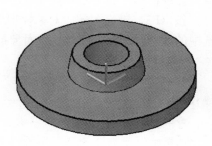

图 10-49 对齐结果

指定高度或 [两点(2P)/轴端点(A)] <-3.0000>: 10↙

创建的圆柱体如图 10-50 所示。

11）三维环形阵列。选择"修改"菜单中的"三维操作"→"三维阵列"命令，接着根据命令行提示执行如下操作。

命令: _3darray

正在初始化... 已加载 3DARRAY。

选择对象: 找到 1 个                    //选择刚创建的圆柱体

选择对象: ↙

输入阵列类型 [矩形(R)/环形(P)] <矩形>:P↙     //选择"环形（P）"选项

输入阵列中的项目数目: 4↙

指定要填充的角度 (+=逆时针, -=顺时针) <360>: ↙

旋转阵列对象? [是(Y)/否(N)] <Y>: ↙

指定阵列的中心点: 0,0,0↙

指定旋转轴上的第二点: 0,0,10↙

执行该三维环形阵列操作后得到的模型效果如图 10-51 所示。

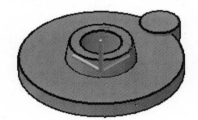
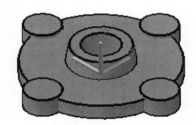

图 10-50　创建圆柱体　　　　　　　图 10-51　三维环形阵列

12）并集运算。选择"修改"→"实体编辑"→"并集"菜单命令，或者单击"并集"按钮◎，接着根据命令行的提示执行下列操作。

命令: _union

选择对象: 找到 1 个            //选择主实体

选择对象: 找到 1 个，总计 2 个     //选择第一个圆柱体

选择对象: 找到 1 个，总计 3 个     //选择第二个圆柱体

选择对象: 找到 1 个，总计 4 个     //选择第三个圆柱体

选择对象: 找到 1 个，总计 5 个     //选择第四个圆柱体

选择对象: ↙

13）创建小圆柱体。在创建该小圆柱体之前，按〈F4〉键以关闭"三维对象捕捉"模式，按〈F3〉键启用"对象捕捉"模式，并根据需要设置所需的对象捕捉模式，如"端点""中点""圆心""象限点""交点"和"切点"，在本步骤的下面操作中将用到"中点"捕捉模式。

命令: CYLINDER↙

指定底面的中心点或 [三点(3P)/两点(2P)/切点、切点、半径(T)/椭圆(E)]:

//捕捉并选择图 10-52 所示的弧线轮廓中点

指定底面半径或 [直径(D)] <10.0000>: 7↙

指定高度或 [两点(2P)/轴端点(A)] <10.0000>: 8↙

完成该步骤所创建的小圆柱体如图 10-53 所示。

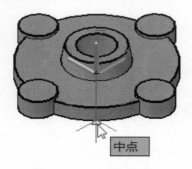

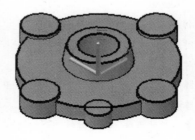

图 10-52　捕捉弧线轮廓中点　　　　图 10-53　创建小圆柱体

14) 三维环形阵列。选择"修改"菜单中的"三维操作"→"三维阵列"命令，接着根据命令行提示执行如下操作。

命令: _3darray

选择对象: 找到 1 个　　　　　　　　　　//选择上个步骤创建的小圆柱体

选择对象: ↙

输入阵列类型 [矩形(R)/环形(P)] <矩形>:P↙

输入阵列中的项目数目: 2↙

指定要填充的角度 (+=逆时针, -=顺时针) <360>: ↙

旋转阵列对象? [是(Y)/否(N)] <Y>: ↙

指定阵列的中心点: 0,0,0↙

指定旋转轴上的第二点: 0,0,1↙

完成该步骤的模型效果如图 10-54 所示。

15) 并集运算。选择"修改"→"实体编辑"→"并集"菜单命令，或者单击"并集"按钮，接着根据命令行提示执行下列操作。

命令: _union

选择对象: 找到 1 个　　　　　　　//选择主实体

选择对象: 找到 1 个, 总计 2 个　　　//选择第一个小圆柱体

选择对象: 找到 1 个, 总计 3 个　　　//选择第二个小圆柱体

选择对象: ↙

并集运算的合并效果如图 10-55 所示。

16) 在 XY 平面上绘制若干个圆。在"视图"菜单中选择"三维视图"→"平面视图"→"当前 UCS"命令或"世界 UCS"命令。接着进行绘制圆的操作，使用鼠标指定圆心时注意观察状态栏中实时更新的坐标值，确保 Z 值为 0。

命令: C↙

CIRCLE

指定圆的圆心或 [三点(3P)/两点(2P)/切点、切点、半径(T)]: 41.5,0↙

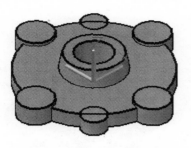

图 10-54　三维环形阵列的结果

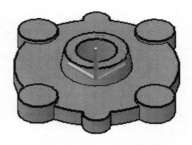

图 10-55　并集运算结果

指定圆的半径或 [直径(D)]: 5.5↙

命令: C↙
CIRCLE
指定圆的圆心或 [三点(3P)/两点(2P)/切点、切点、半径(T)]: 0,41.5↙
指定圆的半径或 [直径(D)] <5.5000>:↙

命令: C↙
CIRCLE
指定圆的圆心或 [三点(3P)/两点(2P)/切点、切点、半径(T)]: −41.5,0↙
指定圆的半径或 [直径(D)] <5.5000>:↙

命令: C↙
CIRCLE
指定圆的圆心或 [三点(3P)/两点(2P)/切点、切点、半径(T)]: 0, −41.5↙
指定圆的半径或 [直径(D)] <5.5000>:↙

命令: C↙
CIRCLE
指定圆的圆心或 [三点(3P)/两点(2P)/切点、切点、半径(T)]:
　　　　　　　　　　　　　　//捕捉并选择图 10-56a 所示的圆心
指定圆的半径或 [直径(D)] <5.5000>: 3↙

命令: C↙
CIRCLE
指定圆的圆心或 [三点(3P)/两点(2P)/切点、切点、半径(T)]:
　　　　　　　　　　　　　　//捕捉并选如图 10-56b 所示的圆心
指定圆的半径或 [直径(D)] <3.0000>:↙

绘制好这些圆之后，可以在"视图"菜单中选择"三维视图"→"西南等轴测"命令。

17）拉伸操作。单击"拉伸"按钮，根据命令行提示进行如下操作。

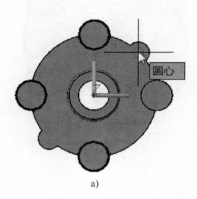
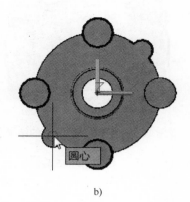

a)                                                                b)

图 10-56　指定圆心位置

a) 指定圆心位置 1　b) 指定圆心位置 2

命令: _extrude

当前线框密度: ISOLINES=4, 闭合轮廓创建模式 = 实体

选择要拉伸的对象或 [模式(MO)]: _MO 闭合轮廓创建模式 [实体(SO)/曲面(SU)] <实体>: _SO

选择要拉伸的对象或 [模式(MO)]: 指定对角点: 找到 7 个　　//以窗口选择的方式框选所有对象

选择要拉伸的对象或 [模式(MO)]: ↙

不能扫掠或拉伸该类型的对象。

1 个对象已从选择集中删除。

指定拉伸的高度或 [方向(D)/路径(P)/倾斜角(T)/表达式(E)] <8.0000>: 30↙

创建的拉伸体如图 10-57 所示。

18) 差集运算。选择 "修改" → "实体编辑" → "差集" 菜单命令, 或者单击 "差集" 按钮◍, 然后根据命令行提示执行如下操作。

命令: _subtract 选择要从中减去的实体、曲面和面域…

选择对象: 找到 1 个　　　　　　　　　//选择主实体

选择对象: ↙

选择要减去的实体、曲面和面域…

选择对象: 找到 1 个　　　　　　　　　//选择拉伸体 1

选择对象: 找到 1 个, 总计 2 个　　　　//选择拉伸体 2

选择对象: 找到 1 个, 总计 3 个　　　　//选择拉伸体 3

选择对象: 找到 1 个, 总计 4 个　　　　//选择拉伸体 4

选择对象: 找到 1 个, 总计 5 个　　　　//选择拉伸体 5

选择对象: 找到 1 个, 总计 6 个　　　　//选择拉伸体 6

选择对象: ↙

完成该差集运算后得到的油泵盖模型如图 10-58 所示。

19) 保存文件。

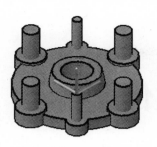

图 10-57 创建拉伸体

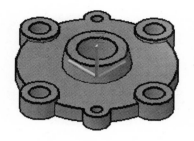

图 10-58 完成的油泵盖

## 10.4 思考练习

1）总结一下：对于较为复杂的三维实体，其设计思路大致是怎样的？

2）创建一个新图形文件，该图形文件以 AutoCAD 2016 系统自带的"acadiso3D.dwt"为样板。在新图形文件中创建一种连杆零件的三维实体模型。由读者随意发挥。

3）上机练习：创建图 10-59 所示的轴零件，具体的尺寸由读者确定。

4）上机练习：按照图 10-60 所示的尺寸图，创建其三维模型。

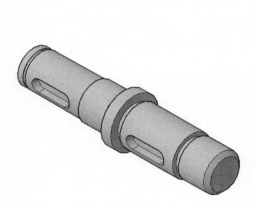

图 10-59 轴零件

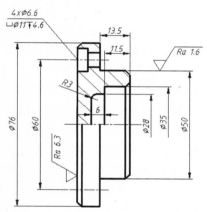

图 10-60 衬盖零件尺寸图

# 第 11 章 参数化图形

**本章导读:**

AutoCAD 2016 提供了增强的参数化图形设计功能。通过参数化图形功能，用户可以为二维几何图形添加约束，所谓约束是一种可决定对象彼此间的放置位置及其标注的规则。对图形使用约束后，如果对一个对象进行更改，那么受其参数影响的其他对象也可能相应地发生变化。

本章首先简单介绍了参数化图形，接着重点介绍了创建几何约束关系、标注约束、编辑受约束的几何图形、约束设置与参数管理器。

## 11.1 参数化图形简介

在 AutoCAD 2016 中可以进行参数化图形设计，所谓的参数化图形是一项用于具有约束的设计的技术，而约束是应用至二维几何图形的关联和限制。参数化图形中的两种常用约束是几何约束和标注约束，其中，几何约束用于控制对象相对于彼此的关系，标注约束则用于控制对象的距离、长度、角度和半径值等。

用户可以通过约束图形中的几何图形来保持图形的设计规范和要求。可以立即将多个几何约束应用于指定对象，也可以在标注约束中包括公式和方程式，还可以通过修改变量来快速进行设计修改。在参数化图形的实际设计中，通常先在设计中应用几何约束来确定设计的形状，然后再应用标注约束来确定对象的具体大小。

在 AutoCAD 中创建或更改设计时，图形可以有三种状态，即未约束、欠约束和完全约束。未约束是指未将约束应用于任何几何图形；欠约束是指将某些约束应用于几何图形，但未完全约束；完全约束是指将所有相关几何约束和标注约束应用于几何图形，并且完全约束的一组对象中还需要包括至少一个固定约束以锁定几何图形的位置。

通过约束进行设计的典型方法有如下两种，注意在实际设计中所选的方法取决于设计实践以及主题的要求。

**方法一：**首先创建一个新图形，对新图行进行完全约束，然后以独占方式对设计进行控制，如释放并替换几何约束，更改标注约束中的参数值。

**方法二：**建立欠约束的图形，之后可以对其进行更改，如使用编辑命令和夹点的组合，添加或更改约束等。

可以应用约束的对象有图形中的对象与块参照中的对象；某个块参照中的对象与其他块参照中的对象（而非同一个块参照中的对象）；外部参照的插入点与对象或块，而非外部参照中的所有对象。

使用"草图与注释"工作空间并确保功能区处于启用状态时，用户可以在功能区的"参数化"选项卡中找到参数化图形的相关命令，如图 11-1 所示，"参数化"选项卡提供了"几何"面板、"标注"面板和"管理"面板。

图 11-1 参数化图形的相关命令

# 11.2 创建几何约束关系

几何约束控制对象相对于彼此的关系，即几何约束可以确定对象之间或对象上的点之间的关系。对图形使用约束后，如果对一个对象所做的更改可能会影响其他对象。例如，如果一条直线被约束为与圆弧相切，更改该圆弧的位置时将自动保留切线，如图 11-2 所示。

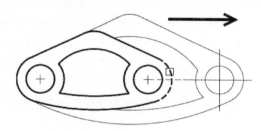

图 11-2 应用几何约束示例

## 11.2.1 各种几何约束应用

在图形中可以创建的几何约束类型包括水平、竖直、垂直、平行、相切、相等、平滑、重合、同心、共线、对称和固定。创建几何约束关系的典型步骤很简单，即选择所需的约束命令或约束图标后，选择相应的有效对象或参照即可。

在这里首先列举几何约束命令的应用内容，如表 11-1 所示。

表 11-1 几何约束命令的应用内容

| 约束类型 | 光标图标 | 约束图标 | 菜 单 命 令 | 约束功能及应用特点 |
|---|---|---|---|---|
| 水平 | — | ⊤⊤⊤ | "参数"→"几何约束"→"水平" | 约束一条直线或一对点，使其与当前 UCS 的 X 轴平行；对象上的第二个选定点将设定为与第一个选定点水平 |
| 竖直 | \| | ⫴ | "参数"→"几何约束"→"竖直" | 约束一条直线或一对点，使其与当前 UCS 的 Y 轴平行；对象上的第二个选定点将设定为与第一个选定点垂直 |
| 垂直 | ⊻ | ⊻ | "参数"→"几何约束"→"垂直" | 约束两条直线或多段线线段，使其夹角始终保持为 90°，第二个选定对象将设为与第一个对象垂直 |
| 平行 | // | // | "参数"→"几何约束"→"平行" | 选择要置为平行的两个对象，第二个对象将被设为与第一个对象平行 |
| 相切 | ⌒ | ⌒ | "参数"→"几何约束"→"相切" | 约束两条曲线，使其彼此相切或其延长线彼此相切 |

（续）

| 约束类型 | 光标图标 | 约束图标 | 菜单命令 | 约束功能及应用特点 |
|---|---|---|---|---|
| 相等 | ＝ | ＝ | "参数"→"几何约束"→"相等" | 约束两条直线或多段线线段使其具有相同长度，或约束圆弧和圆使其具有相同半径值；使用"多个"选项可以将两个或多个对象设为相等 |
| 平滑 | ⌒ | ⌒ | "参数"→"几何约束"→"平滑" | 约束一条样条曲线，使其与其他样条曲线、直线、圆弧或多段线彼此相连并保持 G2 连续性；注意选定的第一个对象必须为样条曲线，第二个选定对象将设为与第一条样条曲线 G2 连续 |
| 重合 | ⊥ | ⊥ | "参数"→"几何约束"→"重合" | 约束两个点使其重合，或者约束一个点使其位于对象或对象延长部分的任意位置，注意第二个选定点或对象将设为与第一个点或对象重合 |
| 同心 | ◎ | ◎ | "参数"→"几何约束"→"同心" | 约束选定的圆、圆弧或椭圆，使其具有相同的圆心点，注意第二个选定对象将设为与第一个对象同心 |
| 共线 | ✓ | ✓ | "参数"→"几何约束"→"共线" | 约束两条直线，使其位于同一无限长的线上；注意应将第二条选定直线设为与第一条共线 |
| 对称 | [:] | [:] | "参数"→"几何约束"→"对称" | 约束对象上的两条曲线或两个点，使其以选定直线为对称轴彼此对称 |
| 固定 | 🔒 | 🔒 | "参数"→"几何约束"→"固定" | 约束一个点或一条曲线，使其固定在相对于世界坐标系的特定位置和方向上，例如使用固定约束，可以锁定圆心 |

创建所需的约束后，它们可以限制可能会违反约束的所有更改。这对于图形设计是很有实际帮助的。

**操作实例：几何约束应用**

1）单击"圆：圆心，半径"按钮 ⊘，根据命令行提示执行如下操作来绘制一个圆。

命令：_circle

指定圆的圆心或 [三点(3P)/两点(2P)/切点、切点、半径(T)]: 120,100↙

指定圆的半径或 [直径(D)]: 38↙

2）单击"直线"按钮 ✏，根据命令提示进行如下操作。

命令：_line

指定第一个点: 130,180↙

指定下一点或 [放弃(U)]: 230,80↙

指定下一点或 [放弃(U)]: ↙

绘制好该直线段的图形如图 11-3 所示。

3）为圆创建固定约束。在功能区中打开"参数化"选项卡，并从"几何"面板中单击"固定"按钮 🔒，或者从菜单栏中选择"参数"→"几何约束"→"固定"命令，接着使用鼠标在绘图区单击圆以捕捉其圆心，从而为圆建立一个固定约束来锁定其位置，注意固定约束的显示标识，如图 11-4 所示。

图 11-3 绘制好的图形

图 11-4 为圆建立一个固定约束

4）创建相切约束。单击"相切"按钮，或者从菜单栏中选择"参数"→"几何约束"→"相切"命令，接着使用鼠标在绘图区依次选择圆和直线，从而为圆和直线这两个对象建立一个相切约束关系，结果如图 11-5 所示。

5）选择直线，使其显示出夹点，接着使用指定夹点来编辑直线时，直线或其延长线仍然会保持与圆相切。例如选择图 11-6 所示的端点夹点，接着根据命令行提示进行如下操作。

```
** 拉伸 **
指定拉伸点或 [基点(B)/复制(C)/放弃(U)/退出(X)]:          //按空格键遍历夹点编辑模式
** MOVE **
指定移动点 或 [基点(B)/复制(C)/放弃(U)/退出(X)]:          //按空格键遍历夹点编辑模式
** 旋转 **
指定旋转角度或 [基点(B)/复制(C)/放弃(U)/参照(R)/退出(X)]: 60✓   //输入旋转角度为 60°
```

编辑结果表明直线（或其延长线）仍然与圆保持相切关系，如图 11-7 所示。

图 11-5　添加相切约束　　图 11-6　选择夹点　　图 11-7　两者保持相切

## 11.2.2　自动约束

可以将几何约束快速地自动应用于选定对象或图形中的所有对象，这需要单击"自动约束"按钮，或者执行相应的"参数"→"自动约束"菜单命令。

将多个几何约束自动应用于选定对象的步骤如下。

1）单击"自动约束"按钮，或者在菜单栏中选择"参数"→"自动约束"命令。

2）选择要约束的对象。

3）选择要自动约束的对象后按〈Enter〉键，这时候命令提示将显示该命令应用的约束的数量。

在执行"自动约束"命令的过程中，可以设置将多个几何约束应用于对象的顺序，即在出现的"选择对象或 [设置(S)]:"提示下输入"S"并按〈Enter〉键，即选择"设置（S）"选项，系统弹出"约束设置"对话框，并自动切换到"自动约束"选项卡，如图 11-8 所示。从约束列表中选择一种约束类型，接着单击"下移"按钮或"上移"按钮，可以更改在对象上使用自动约束（"AUTOCONSTRAIN"）命令时约束的优先级。

**操作实例：在图形中应用自动约束**

1）打开"自动约束.dwg"文件（该文件位于随书光盘的"CH11"文件夹中），该文件中存在的原始图形如图 11-9 所示。

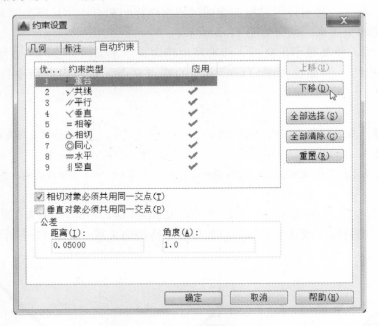

图 11-8 "约束设置"对话框

2）单击"自动约束"按钮□，或者在菜单栏中选择"参数"→"自动约束"命令。

3）根据命令行提示进行如下操作。

命令: _AutoConstrain

选择对象或 [设置(S)]:指定对角点: 找到 9 个          //指定两个角点框选所有的图形对象

选择对象或 [设置(S)]: ✓          //按〈Enter〉键

已将 18 个约束应用于 9 个对象          //结果如图 11-10 所示

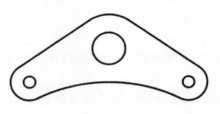

图 11-9 原始图形

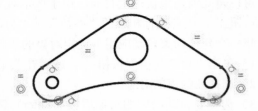

图 11-10 自动约束的结果

### 11.2.3 使用约束栏

约束栏提供了有关如何约束对象的信息，如图 11-11 所示。约束栏显示了一个或多个图标，这些图标表示已应用于对象的几何约束，即使用约束栏可以显示一个或多个与图形中的对象关联的几何约束。有时为了获得满意的图形表达效果，可以将图形中的某些约束栏拖放到合适的位置，此外还可以控制约束栏处于显示状态还是处于隐藏状态。

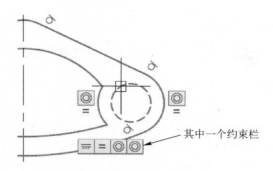

图 11-11　使用约束栏

　　在约束栏上滚动浏览约束图标时，将亮显与该几何约束关联的对象，如图 11-12 所示。将鼠标悬停在已应用几何约束的对象上时，会亮显与该对象关联的所有约束栏，如图 11-13 所示。

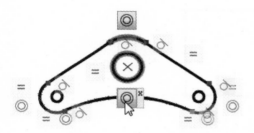

图 11-12　在约束栏上浏览约束图标时

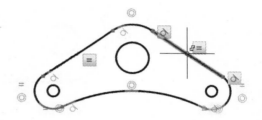

图 11-13　将鼠标置于对象处时

　　用户可以单独或全局显示/隐藏几何约束和约束栏。所使用的命令位于图 11-14 所示的"参数"→"约束栏"级联菜单中，包括"选择对象"命令、"全部显示"命令和"全部隐藏"命令。如果启用功能区，那么可以在图 11-15 所示的"参数化"选项卡中找到相应的约束栏操作工具命令。它们的具体功能含义如下。

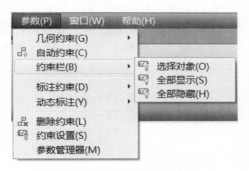

图 11-14　"约束栏"菜单

图 11-15　"参数化"功能区选项卡

- "显示/隐藏"按钮：用于显示或隐藏选定对象的几何约束。选择某个对象以亮显相关几何约束。
- "全部显示"按钮：用于显示图形中的所有几何约束。可以针对受约束几何图形的所有或任意选择集显示或隐藏约束栏。

● "全部隐藏" 按钮：用于隐藏图形中的所有几何约束。可以针对受约束几何图形的所有或任意选择集隐藏约束栏。

# 11.3 标注约束

另一种重要的约束是标注约束，它会使几何对象之间或对象上的点之间保持指定的距离和角度，还会确定某些对象的大小（如圆弧和圆的大小）。例如，在图 11-16 所示的示例中，指定水平直线的长度始终为 78，垂直直线的长度始终保持为 46，小圆的直径尺寸始终保持为 16。应该要注意到的是，将标注约束应用于对象时，系统会自动创建一个约束变量以保留约束值，在默认情况下，这些名称为 "d1" 或 "dia1" 等，不过用户可以在参数管理器中对其进行重命名。

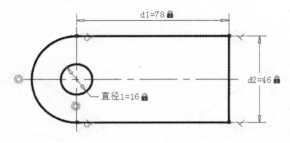

图 11-16　标注约束示例

如果更改标注约束的值，会计算对象上的所有约束，并自动更新受影响的对象。此外，可以向多段线中的线段添加约束，就像这些线段是独立的对象一样。注意标注约束中显示的小数位数由 "LUPREC" 和 "AUPREC" 系统变量控制。

## 11.3.1　标注约束的形式

标注约束可以创建为动态约束和注释性约束两种形式。要创建动态约束，则需要启用动态约束模式；要创建注释性约束，则需要启用注释性约束模式。在功能区的 "参数化" 选项卡中单击 "标注" 面板溢出按钮，从中单击 "动态约束模式" 按钮或 "注释性约束模式" 按钮可启用相应的标注约束模式，如图 11-17 所示。

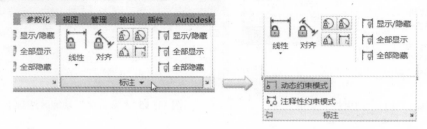

图 11-17　启用动态约束模式或注释性约束模式

### 1. 动态约束

初始默认情况下创建的标注约束为动态约束，它们对于常规参数化图形和设计任务来说非常理想。动态约束具有这些特征：缩小或放大时保持大小相同；可以在图形中轻松全局打开或关闭；使用固定的预定义标注样式进行显示；自动放置文字信息，并提供三角形夹点，可以使用这些夹点更改标注约束的值；打印图形时不显示。

在图形中创建动态约束后，可以使用"参数"→"动态标注"级联菜单中的相关命令来设置动态约束的显示与否。其中，"参数"→"动态约束"→"全部显示"菜单命令（其对应的工具为"全部显示"按钮 ）用于设置显示图形中的所有动态标注约束；"参数"→"动态约束"→"全部隐藏"菜单命令（其对应的工具为"全部隐藏"按钮 ）用于隐藏图形中的所有动态标注约束；"参数"→"动态约束"→"选择对象"菜单命令（其对应的工具为"显示/隐藏"按钮 ）用于显示或隐藏选定对象的动态标注约束。

当需要控制动态约束的标注样式或者需要打印标注约束时，可以使用"特性"选项板将动态约束更改为注释性约束，如图 11-18 所示。

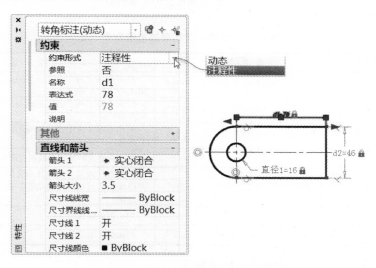

图 11-18　将动态约束更改为注释性约束

**2．注释性约束**

注释性约束具有这些特征：缩小或放大时大小发生变化，随图层单独显示，使用当前标注样式显示，提供与标注上的夹点具有类似功能的夹点功能，打印图形时显示。

如果需要，可打印注释性约束后，使用"特性"选项板将注释性约束转换回动态约束。

此外，可以将所有动态约束或注释性约束转换为参照参数。参照参数是一种从动标注约束（动态或注释性），它并不控制关联的几何图形，但是会将类似的测量报告给标注对象。可以将参照参数用作显示可能必须要计算的测量结果的简便方式。参照参数中的文字信息始终显示在括号中，如图 11-19 所示，参照参数需要通过"特性"选项板来设置。

## 11.3.2　创建标注约束

创建标注约束的步骤和创建标注尺寸的步骤相似，但前者在指定尺寸线的位置后，可输入值或指定表达式（名称=值）。

下面列举用于创建标注约束的常用命令，见表 11-2。

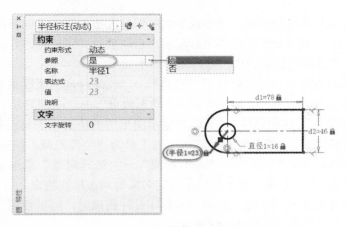

图 11-19　将动态约束设置为参照参数

表 11-2　创建标注约束的常用命令

| 标注约束 | 工具图标 | 菜单命令 | 功能用途 |
|---|---|---|---|
| 对齐 | | "参数"→"标注约束"→"对齐" | 约束对象上两个点之间的距离，或者约束不同对象上两个点之间的距离 |
| 水平 | （水平） | "参数"→"标注约束"→"水平" | 约束对象上两个点之间或不同对象上两个点之间X方向的距离 |
| 竖直 | | "参数"→"标注约束"→"竖直" | 约束对象上两个点之间或不同对象上两个点之间Y方向的距离 |
| 线性 | （线性） | —— | 约束两点之间的水平或竖直距离 |
| 角度 | | "参数"→"标注约束"→"角度" | 约束直线段或多段线线段之间的角度、由圆弧或多段线圆弧扫掠得到的角度，或对象上三个点之间的角度 |
| 半径 | | "参数"→"标注约束"→"半径" | 约束圆或圆弧的半径 |
| 直径 | | "参数"→"标注约束"→"直径" | 约束圆或圆弧的直径 |

**操作实例：在图形中创建各种动态标注约束**

1）打开"标注约束.dwg"文件（该文件位于随书光盘的"CH11"文件夹中），该文件中存在的原始图形如图 11-20 所示。

2）切换到"动态约束模式"。在功能区的"参数化"选项卡中单击"标注"→"动态约束模式"按钮，切换到"动态约束模式"，如图 11-21 所示，从而设置创建标注约束时将动态约束应用至对象。

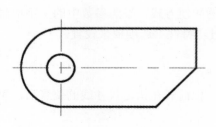

图 11-20　原始图形

图 11-21　启用动态约束模式

3）创建水平标注约束。单击"水平标注约束"按钮，或者在菜单栏中选择"参数"→"标注约束"→"水平"命令，接着分别指定两个约束点，如图 11-22 所示，然后指定尺寸线位置，如图 11-23 所示，此时可以输入值或指定表达式（名称=值），在这里接受默认的值，按〈Enter〉键确定，完成创建的水平标注约束如图 11-24 所示。

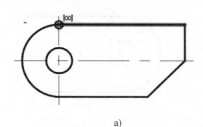

a)

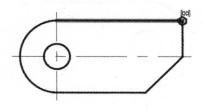

b)

图 11-22　指定两个约束点

a) 指定第一个约束点　b) 指定第二个约束点

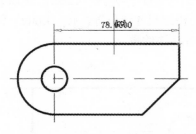

图 11-23　指定尺寸线位置

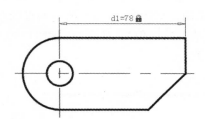

图 11-24　创建水平标注约束

4）创建竖直标注约束。单击"竖直标注约束"按钮，接着根据命令行提示进行如下操作。

命令：_DcVertical

指定第一个约束点或 [对象(O)] <对象>:↙

选择对象：　　　　　　　　　　　　　//选择图 11-25 所示的直线

指定尺寸线位置：　　　　　　　　　 //使用鼠标在指定尺寸线的位置处单击

标注文字 = 23

此时，按〈Enter〉键接受默认的尺寸参数值，创建的竖直标注约束如图 11-26 所示。

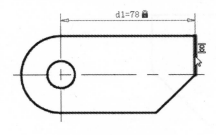

图 11-25　选择直线对象

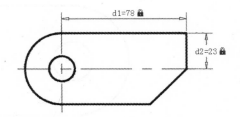

图 11-26　完成竖直标注约束

5）创建直径标注约束。单击"直径标注约束"按钮，选择圆并指定尺寸线位置，接受默认的表达式（值）并按〈Enter〉键，从而完成图 11-27 所示的直径标注约束。

6）创建半径标注约束。单击"半径标注约束"按钮，选择圆弧并指定尺寸线位置，输入值或指定表达式（半径 1=23），然后按〈Enter〉键，完成图 11-28 所示的半径标注约束。

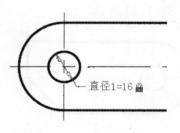

图 11-27　直径标注约束

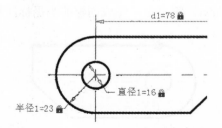

图 11-28　半径标注约束

7）创建对齐标注约束。单击"对齐标注约束"按钮，在"指定第一个约束点或 [对象(O)/点和直线(P)/两条直线(2L)] <对象>:"提示下输入"O"，并按〈Enter〉键以确认选择"对象"选项，选择图 11-29 所示的直线对象，接着指定尺寸线位置，按〈Enter〉键接受默认的标注表达式（值），从而完成图 11-30 所示的对齐标注约束。

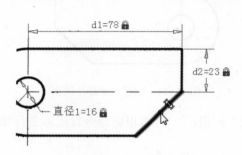

图 11-29　选择倾斜的直线对象

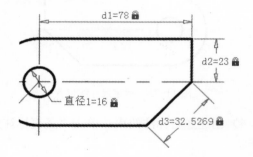

图 11-30　创建对齐标注约束

8）创建角度标注约束。单击"角度标注约束"按钮，分别选择两条直线并指定尺寸线位置，直接按〈Enter〉键接受默认的标注表达式（值），从而完成图 11-31 所示的角度标注约束。

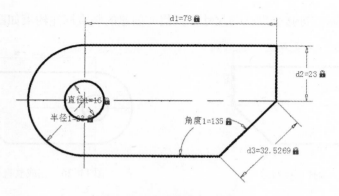

图 11-31　创建角度标注约束

9）将两个选定的动态标注约束更改为参照参数。选择对齐标注约束和半径标注约束，接着在"快速访问"工具栏中单击"特性"按钮，或者在功能区"视图"选项卡的"选项板"面板中单击"特性"按钮▦，打开"特性"选项板，从"参照"下拉列表框中选择"是"选项，如图 11-32 所示。

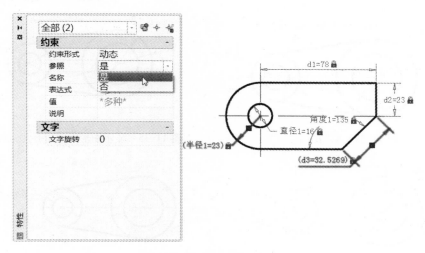

图 11-32　更改为参照参数

10）关闭"特性"选项板，最后完成的标注约束效果如图 11-33 所示。

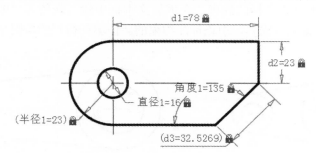

图 11-33　完成所有的标注约束

## 11.3.3　将标注转换为标注约束

将现有标注转化为标注约束需要用到功能区"参数化"选项卡"标注"面板中的"转换"按钮▯。这也是使图形成为参数化图形或部分参数化图形的一个途径。请看下面一个典型范例，在该范例中将选定的普通标注转换为标注约束，并通过修改一个标注约束的尺寸值来驱动图形。

**操作实例：将现有标注转换为标注约束，并使用所需标注约束来修改图形**

1）打开"将标注转换为标注约束.dwg"文件（该文件位于随书光盘的"CH11"文件夹中），该文件中存在的原始图形如图 11-34 所示。该图形已经建立了若干个几何约束，在功能区"参数化"选项卡的"几何"面板中单击"全部显示"按钮▦，可以显示图形中的所有几何约束，如图 11-35 所示。

2）在功能区"参数化"选项卡的"标注"面板中单击"转换"按钮▯，选择要转换的关联标注，本例先选择水平尺寸标注，接着按照逆时针方向依次选择其他四个直径尺寸标注，如图 11-36 所示，然后按〈Enter〉键，从而将所选的这些尺寸都转换为标注约束，如图 11-37 所示。

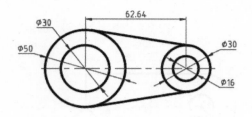

图 11-34　原始图形

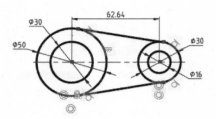

图 11-35　显示图形中的所有几何约束

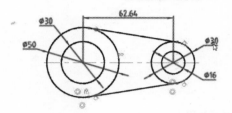

图 11-36　选择要转换的关联标注

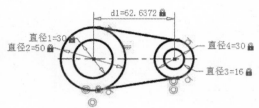

图 11-37　将选定尺寸标注转换为标注约束

3）双击"d1"水平距离标注约束，在屏显文本框中输入新值为"92"，如图 11-38 所示，然后按〈Enter〉键确认输入，由该标注约束的新值驱动得到的新图形如图 11-39 所示。

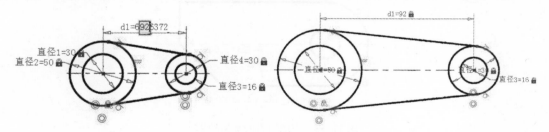

图 11-38　修改一个标注约束的值　　　　　图 11-39　修改一处标注约束得到的新图形

4）在功能区"参数化"选项卡的"几何"面板中单击"全部隐藏"按钮，隐藏图形中的所有几何约束；再在"参数化"选项卡的"标注"面板中单击"全部隐藏"按钮，隐藏图形中的所有动态标注约束；最后可以调整中心线长度，并补齐中心线，完成的结果如图 11-40 所示。

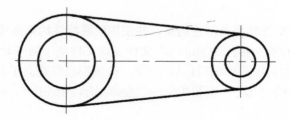

图 11-40　完成结果

# 11.4 编辑受约束的几何图形

对于未完全约束的几何图形，编辑它们时约束会精确地发挥作用，但是要注意可能会出现意外结果。而更改完全约束的图形时，要注意到几何约束和标注约束对控制结果的影响。

对受约束的几何图形进行设计更改，通常可以使用标准编辑命令、"特性"选项板、参数管理器和夹点模式。

删除约束（这里指删除选定对象上的所有约束）的方法是：从功能区"参数化"选项卡的"管理"面板中单击"删除约束"按钮，或者从菜单栏的"参数"菜单中选择"删除约束"命令，接着选择所需对象并按〈Enter〉键，则从选定的对象删除所有几何约束和标注约束。

# 11.5 约束设置与参数管理器

本节介绍约束设置与参数管理器的应用知识。

## 11.5.1 约束设置

在功能区的"参数化"选项卡中单击"几何"或"标注"面板标签旁的"设置"按钮，或者在"参数"菜单中选择"约束设置"命令，系统弹出"约束设置"对话框。该对话框有三个选项卡，即"几何"选项卡、"标注"选项卡和"自动约束"选项卡。

"几何"选项卡主要用于控制约束栏上约束类型的显示，定制内容包括约束栏显示设置、约束栏透明度等，如图 11-41 所示。

"标注"选项卡主要用于控制约束栏上的标注约束设置，包括显示标注约束时设定行为中的系统配置，如图 11-42 所示。其中"标注名称格式"的可选选项有"名称和表达式""名称"和"值"。

图 11-41 "约束设置"对话框的"几何"选项卡

图 11-42 "约束设置"对话框的"标注"选项卡

"自动约束"选项卡主要用于控制约束栏上的自动约束设置，例如控制应用于选择集的约束，以及使用"AUTOCONSTRAIN"命令时约束的应用顺序。

### 11.5.2 参数管理器

在"参数"菜单中选择"参数管理器"命令，或者在功能区"参数化"选项卡的"管理"面板中单击"参数管理器"按钮 $f_x$，打开图11-43所示的"参数管理器"面板（简称参数管理器）。在该参数管理器的列表中可以像常规表格一样更改相应的内容，例如可以更改指定约束的名称、表达式和值。按钮 用于创建新参数组，按钮 用于创建新的用户参数，而按钮 用于删除选定参数。如果在参数管理器中单击"展开参数过滤器树"按钮 ，则将展开参数过滤器树，如图11-44所示。

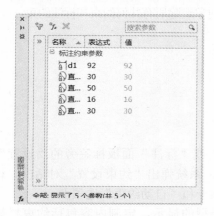
图 11-43 "参数管理器"面板

图 11-44 展开参数过滤器树

# 11.6 思考练习

1）如何理解 AutoCAD 2016 中的参数化图形概念？

2）在图形中可以创建哪几种几何约束类型？

3）什么是约束栏？如何应用约束栏？

4）在标注约束中，什么是动态约束和注释性约束？如何在这两种标注约束中切换？

5）如何设置显示/隐藏选定对象的几何约束？

6）上机操作：新建一个图形文档，创建图 11-45 所示的参数化图形，即在图形中创建所需的几何约束和动态标注约束，使其成为完全约束图形，并练习修改标注约束的值来观察该参数化图形的变化情况。

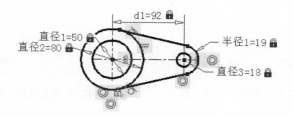
图 11-45 创建参数化图形的练习